U0159723

电子技术工程应用丛书

电子系统设计与工程应用

田孝华 刘小虎 胡亚维 著

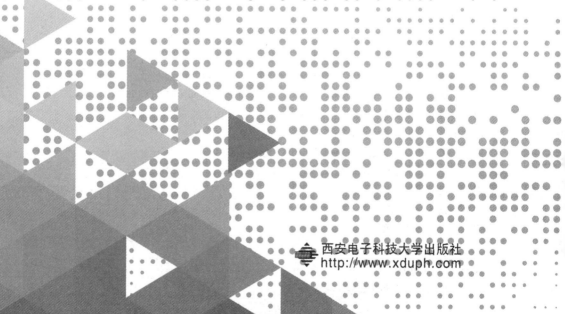

西安电子科技大学出版社
http://www.xduph.com

内 容 简 介

本书全面论述了电子系统的设计与应用技术。全书共 7 章。第 1 章介绍了电子系统及其功能组成、电子系统设计方法与开发流程、电子系统设计应考虑的主要因素、常用 EDA 软件以及电子系统设计的资料查找方法；第 2 章论述了电子系统的基本结构和主要性能指标、发射机和接收机组成与性能指标，并介绍了分贝的概念及其应用；第 3 章论述了信息传感与转换技术及其工程应用，包括信息传感技术、数/模与模/数转换技术以及信源编译码技术；第 4 章论述了信道编译码、块交织、扰码、RAKE 接收等数字基带信号处理技术，并通过实例讨论了数字信号处理技术的应用；第 5 章论述了调制解调与中频单元的设计及其工程应用，包括调制与解调、混频与滤波、中频放大以及同步技术；第 6 章论述了射频通道与天线的设计，包括电波传播与天线、馈线、信号隔离与射频滤波、射频放大、频率合成技术、电磁兼容技术；第 7 章论述了嵌入式技术在人机交互与控制、设备自检与监测和 Internet 互联设备中的应用，以及供电系统设计和常用总线与接口技术。

本书聚焦电子工程应用，内容系统全面，论述简明清晰，每章均有设计实例，实用性强，既可作为应用型本科高年级学生和研究生的教材与参考用书，也可供从事电子系统设计与开发工作的工程技术人员、科研工作者以及大专院校教师参考。

★本书配有电子教案，有需要者可登录出版社网站下载。

图书在版编目(CIP)数据

电子系统设计与工程应用/田孝华，刘小虎，胡亚维著. —西安：西安电子科技大学出版社，2021.6

ISBN 978 - 7 - 5606 - 6051 - 6

Ⅰ. ① 电… Ⅱ. ① 田… ② 刘… ③ 胡… Ⅲ. ①电子系统 Ⅳ. ① TN103

中国版本图书馆 CIP 数据核字(2021)第 084982 号

策划编辑 李惠萍
责任编辑 王晓莉 阎 彬
出版发行 西安电子科技大学出版社(西安市太白南路 2 号)
电 话 (029)88242885 88201467 邮 编 710071
网 址 www.xduph.com 电子邮箱 xdupfxb001@163.com
经 销 新华书店
印刷单位 咸阳华盛印务有限责任公司
版 次 2021 年 6 月第 1 版 2021 年 6 月第 1 次印刷
开 本 787 毫米×1092 毫米 1/16 印 张 14.5
字 数 314 千字
印 数 1～2000 册
定 价 36.00 元

ISBN 978 - 7 - 5606 - 6051 - 6/TN

XDUP 6353001 - 1

＊＊＊如有印装问题可调换＊＊＊

电子系统是指由电子元器件或部件组成，能够产生、传输、采集与处理电信号及信息的完整的电子装置。现在电子系统已经渗透到了人们生活与工作的方方面面。随着电子信息技术的发展与万物互联时代的到来，向小型化、智能化、综合化、平台通用化、网络一体化方向发展的电子产品将在人们的生活与工作中发挥越来越重要的作用。

电子系统设计是指在系统功能量化的基础上，完成对系统整体与功能单元模块的实现方案与性能指标、信号格式以及模块间信号传输协议与连接接口的设计。电子系统设计是电子系统或电子产品研制中必不可少的一个环节。本书主要讨论电子系统设计中的整体实现方案与功能单元模块实现方案、整体性能指标与功能单元性能指标的设计问题。

本书内容具有以下特点：

第一，研制一个电子系统或电子产品，往往涉及的知识点多、知识面广，甚至跨学科，但大多数电子系统设计书籍只是对一些常用知识点进行讨论，而本书在归纳总结电子系统典型功能组成与技术实现框图的基础上，对各个功能模块的设计进行了全面、系统的讨论，系统性强。

第二，作者长期从事电子系统与电子产品的设计与开发，书中内容来源于工程项目，且包含工程案例，对电子设计工程技术人员和电子信息工程专业的高年级学生具有重要参考价值。

第三，在电子系统设计中，实现方案的设计与指标参数的设计同等重要，且后者往往是电子设计初学者的薄弱环节，本书除探讨实现方案的设计外，还包含了指标参数设计与最优实现方案设计等内容，整体内容丰富全面。

全书共分7章，各章内容概括如下：

第1章为电子系统设计概述，介绍了电子系统及其功能组成、电子系统的设计方法与开发流程、电子系统设计中应考虑的主要因素，并对常用EDA软件与电子系统设计资料的查找方法进行了简单介绍。

第2章为电子系统基本结构与性能指标，论述了电子系统的传统实现结构与基于软件无线电的实现结构，分别给出了电子系统、发射机、接收机的主要性能指标与技术实现框图，并介绍了分贝的概念及其典型应用。

第3章为信息传感与转换，在论述传感器基本概念和性能指标的基础上，讨论了传声器、温度传感器以及光电传感器的应用电路设计；在介绍 A/D、D/A 转换器性能指标的基础上给出了工程应用中 A/D 与 D/A 转换器的选择原则，并以 AD1674、ADC0809 以及 DAC0832 为例，讨论了 A/D 与 D/A 转换器的应用电路设计；以 AP280 为例，讨论了语音编解码器的工程应用电路设计。

第4章为数字基带信号处理，论述了信道编译码、块交织、扰码、RAKE 接收等数字基带信号处理技术，并通过实例研究了数字信号处理技术在参数测量中的应用。

第5章为调制解调与中频单元，首先论述了调制解调方式的选择，并对工程上广泛使用的 DQPSK 调制与解调工作原理进行了讨论；其次对中频单元中的混频与滤波、中频放大以及同步技术进行了研究；最后以 Z87200 为例，讨论了其在数据传输与测距中的应用。

第6章为射频通道与天线，首先在介绍电波传播特性的基础上，简单讨论了天线及其性能参数；其次对射频通道中的馈线、信号隔离器、射频滤波器、射频放大器以及频率合成器进行了研究，并详细讨论了射频滤波器与频率合成器的设计；最后对电磁兼容技术进行了简单介绍。

第7章为其他单元电路设计，首先讨论了嵌入式技术在电子系统中的应用，包括在人机交互与控制单元、设备自检与监测单元以及 Internet 互联设备中的应用；其次讨论了电子系统中非常重要的供电系统的设计，并进行了实例分析；最后对常用总线与接口技术进行了简单介绍。

本书第1、2、4章由田孝华撰写，第5、6章由刘小虎撰写，第3、7章由胡亚维撰写，全书由田孝华统稿。空军哈尔滨飞行学院陈坤博士、空军工程大学余旺盛博士认真审阅了全书，并提出了许多宝贵的修改意见与建议，在此表示衷心的感谢。在本书的撰写与出版过程中，得到了西安培华学院领导的关心与支持，同时，西安电子科技大学出版社毛红兵副总编、李惠萍编辑给予了大量的帮助与支持，在此一并致谢。

由于作者知识水平有限，书中存在疏漏与不足之处在所难免，恳请广大读者批评指正。

著　者

2021 年 2 月 12 日

Catalog 目录

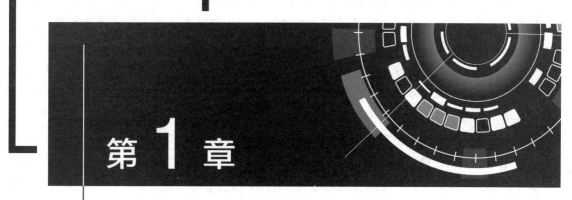

第 1 章

电子系统设计概述

1.1 电子系统及其功能组成

系统是指由两个及两个以上各不相同但又相互联系、相互制约的单元组成的，在给定环境下能够完成一定功能的综合体。一个系统有可能包含若干个功能明确的子系统。电子系统是指由电子元器件或部件组成的，能够产生、传输、采集与处理电信号及信息的完整的电子装置。更通俗地说，能够完成一个特定功能的完整的电子装置都可以称为电子系统。

电子系统伴随电子器件的产生而产生，并随着电子器件的实现水平，特别是器件的集成化水平、处理速度、专用集成芯片（ASIC）以及计算机辅助设计（CAD）等工具的发展而发展。电子系统方便了日常生活，改善了生活质量，提高了专业人员的工作效率。可以说，电子系统已经渗透到生活与工作的方方面面，无论是普通大众还是专业人员，离开电子系统几乎寸步难行！随着电子技术的发展与万物互联时代的来临，电子系统将向小型化、智能化、综合化、平台通用化、网络一体化的方向发展，并且几乎无一例外地采用硬件与软件高度结合的方式。

电子系统的应用领域非常广泛，与日常生活密切相关的电视机、空调、冰箱、半导体收音机、手机等均属于电子系统或电子产品的范畴。除此之外，具有特定功能的移动通信系统、卫星通信系统、雷达系统、导航系统、电子对抗系统、测控仪器、汽车电子系统、机载综合航空电子系统等复杂系统更是电子系统的重要组成部分，它们在电子系统家族中的地位举足轻重。

通常一个产品在批量生产与推广应用之前，一般都要经历需求分析、功能量化、系统方案设计与论证、系统开发、测试修改与鉴定、试用与产品定型等几个阶段，电子系统也不例外。所谓电子系统设计，是指在功能量化的基础上，对系统整体与功能单元模块的实现方案、性能指标、信号格式以及模块间信号传输协议及连接接口进行的设计。其中，在实现方案的设计中包括关键元器件的选取，在连接接口设计中包括连接接口的实现方式与信号线的定义等。本书主要围绕电子系统工程实现中的整体实现方案与功能单元模块实现方案、整体性能指标与功能单元性能指标的设计问题进行讨论。首先，本书在对大量真实电子系统深入分析、研究的基础上，归纳总结出电子系统的典型功能组成框图；然后，以该功能组成框图为主线，通过专题的形式对各个功能模块的设计问题展开详细讨论。本书内容是作者对主持和参与的多个工程项目的归纳与总结，通过专题中涉及的真实工程案例，达到让读者理解设计来源于工程项目、服务于工程项目的目的。

由于电子系统设计是一个非常复杂的问题，涉及的知识面非常广，要求设计人员不仅具备广阔的专业理论知识与丰富的工程项目经验，而且对层出不穷的现代电子实现技术要有准确认识与实时把握，因此，电子系统的设计往往既是项目开发中的重点，也是项目开发中的难点。为了使设计的方案在项目开发中达到事半功倍的效果，避免浪费时间与增加开发成本，本书主要围绕设计问题展开专题研究，对方案的工程实现不予讨论。

尽管不同电子系统功能各异，其实现方案也千差万别，但从功能组成来看它们都有很多相同或相似的地方。现代电子系统典型功能组成如图 1.1 所示。

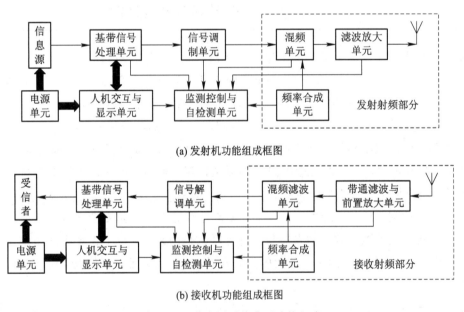

(a) 发射机功能组成框图

(b) 接收机功能组成框图

图 1.1　现代电子系统典型功能组成

信息源将各种消息转换为电信号。基带信号处理单元，顾名思义，用于完成对基带信号的处理。若系统功能不同以及信道环境有差异，则基带信号处理单元的组成就会有较大差异。其中，模拟体制的电子系统通常在完成对信号的调理后，即可将信号输入到信号调制单元，而数字体制的电子系统基带信号处理单元比模拟体制复杂，且不同数字系统的组成也存在很大差异，一般包括信号调理、模/数转换、信源编码、块交织、信道编码、伪码扩频、扰码加密等功能模块。来自基带信号处理单元的信号在调制单元完成对信号的调制，使载波的幅度、相位、频率等电参量随基带信号的变化规律而发生变化，从而将基带信号的频谱搬移到中频上。混频单元实现已调制中频信号与射频载波的混频，进一步将有用信号的频谱搬移到发射的频率上，以实现信号在传输媒质中的有效传输。滤波放大单元有两个功能：一是经带通滤波，保留混频输出信号中的载波与中频之和的射频分量，滤除载波与中频之差的射频分量，减小无用分量产生的干扰；二是对射频信号进行功率放大，满足系统作用距离对输出功率的要求。滤波之后，信号经射频电缆或波导传送到发射天线，完成有效辐射。人机交互与显示单元用于完成系统操作菜单、系统参数等的选择与输入，以便系统按照用户要求工作，并显示关键参数与关键指标等。监测控制与自检测单元一方面完成系统的开机自检，检查系统是否完好，一方面对系统的关键指标进行实时检查，判断系统性能是否满足工作要求。一旦出现异常，该单元将产生相应的控制信号，完成对系统工作状态的控制与切换，如实现主、备机的切换等。频率合成单元根据人机交互单元输出的、与系统工作频率或工作波道对应的控制信号，产生对应射频频率的载波，供混频单元混频。电源单元将交流市电转换为直流电，并产生不同大小的直流电压。

　　天线接收的信号经射频电缆或波导后输入到带通滤波与前置放大单元，以抑制带外噪声，并对微弱信号进行低噪声放大，以提高信噪比。来自天线的信号通常包括有用信号和噪声两部分，其中有用信号的带宽有限，经过一定距离的传播后衰减成功率极小的微弱信号，而噪声覆盖整个频带，带通滤波器仅让通带内的频谱成分通过。这样，接收的信号与噪声经带通滤波器后，有用信号无损地通过带通滤波器，而噪声信号仅有一小段频谱成分通过带通滤波器，信噪比将得到改善。前置放大器又称为低噪声放大器，其作用是在本身产生的噪声尽量小的条件下对信号进行一定的放大，使输出信号幅度增大。前置放大器之所以要求是低噪声，主要是为了保证放大后的信噪比相比于放大前不会出现明显下降。例如，某前置放大器对信号的放大倍数为 10 倍，输入该放大器的信号幅度为 $1\,\mu V$，在放大器本身产生的噪声幅度为 $10\,\mu V$ 左右时，放大器输出信号与噪声的幅度相等（均为 $10\,\mu V$），将无法识别有用信号。但在放大器本身产生的噪声幅度为 $2\,\mu V$ 左右时，放大器输出信号的幅度是噪声的 5 倍，则可识别出有用信号。前置放大器输出的信号被送到混频滤波单元，混频滤波单元将有用信号的频谱搬移到射频与载频的差频上，以方便在较低的中频上处理信号，同时滤除混频产生的不需要的频率分量。中频信号在解调单元完成对信号的解调，得到需要的基带信号，基带信号在基带信号处理单元经与发射机中的基带信号处理单元严格对应的模块（例如，发射机中如果有块交织＋信道编码模块，则接收机中就一定有信道解码＋解交织模块与之对应）处理后，恢复出信号给受信者。另外，由于电磁环境的复杂性以及干扰的存在，接收机的基带信号处理单元除了完成与发射机对应的功能外，有时在将信号送到受信者之前还需进行干扰抑制处理，将处理后的输出信号再送给受信者。接收机中的人机交互与显示单元、监测控制与自检测单元、频率合成单元以及电源单元的功能与发射机中的模块相同，这里不再赘述。

　　本书将以图 1.1 所示的功能组成框图为主线，分专题进行讨论。另外，需要特别说明的是，不是每个电子系统都包含图中的所有功能模块，需按实际需要来设计。

1.2 电子系统设计方法与开发流程

尽管根据电子系统完成的功能、作用范围、工作环境以及实现技术等的要求不同，其设计方案、需解决的关键问题、研制周期以及实现复杂程度存在很大差异，但不管设计的电子系统功能多强大，技术指标要求多苛刻，对于设计者来说，首先要考虑的一个共同问题是采用什么方法来构建这个系统。本节介绍电子系统的设计方法与开发流程。

1.2.1 电子系统设计方法

在电子系统设计中，采用的方法通常有三种，即自底向上设计法、自顶向下设计法和核心器件设计法。

1. 自底向上设计法

传统的电子系统设计采用"Bottom‐up"（自底向上）设计方法，该方法是一种局部到系统的方法，即先考虑底层电路，再由电路拼接成整体。该方法基于以下事实：设计人员在长期的实践中，在电子电路设计与调试方面积累了相当丰富的经验，熟悉各种单元电路的功能以及可达到的最佳技术指标。当设计人员需要构建一个电子系统时，自然会根据要实现的系统的各个功能要求，从熟悉的单元电路中选出适用的来设计一个个功能模块，组成一个个子系统，直至系统所要求的全部功能都实现为止。这种方法与设计人员的经验与技巧息息相关，其设计步骤如图 1.2 所示。

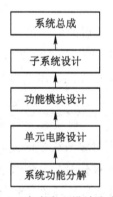

图 1.2　自底向上设计法步骤

自底向上设计法由于电路设计在先，设计人员的思想将受限于选用的现成电路，不便于实现系统化的、清晰易懂的，以及可靠性高、可维护性好的设计。该方法在系统组装与测试过程中运用较多。

2. 自顶向下设计法

现代电子系统的设计多采用"Top‐down"（自顶向下）的设计方法，该方法是一种从系统整体到局部的方法，即将整个系统电路划分成一个个子系统，然后连接成系统。详细来说，设计人员首先根据用户需求对系统功能与技术指标进行量化，然后将系统划分为若干个相对独立、功能各异的功能模块，并对各个模块的功能、指标以及连接关系进行描述，同时验证各个模块组合后的功能与指标是否能够达到系统的整体要求，最后再根据需要将模块进一步分解成下层子模块或者最底层的电路级要求，进行最底层的电路设计。这种设计方法具有逐步细化、逐步验证、逐步求精的特点，每一步分解都对方案的可行性进行验证，避免了底层电路变化而更改整个系统构成的问题，有利于提高设计工作的效率。自顶向下设计方法一般可以将整个设计划分为系统级设计、子系统级设计、部件级设计以及元器件级设计 4 个层次。该方法的设计步骤如图 1.3 所示。

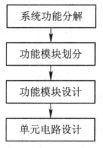

图 1.3　自顶向下设计法步骤

在设计中采用自顶向下设计法时，要注意以下问题：

（1）在设计的每一个层次中，必须保证所完成的设计能实现所要求的功能与技术指标，并且技术指标要留有一定裕量。

（2）要重视设计过程中问题的及时反馈与处理。解决问题采用"本层解决，下层向上层反馈"的原则，不可以将问题传向下层。若本层无法解决，则将问题反馈到上层解决。

（3）功能与技术指标的实现采用子系统、模块化设计的方式完成。要保证每个子系统、部件都有明确的功能与确定的技术指标。输入与输出信号关系应明确、直观、清晰。应做到在对子系统、部件进行修改与调整甚至替换时，不会对总体设计产生影响。

（4）现代电子系统均采用软硬件协同实现，在设计中，要充分利用微处理器以及可编程逻辑器件的灵活可编程功能，尽量避免全硬件化的实现方法。

由于自顶向下设计法具有由表及里、从全局到局部、逐步求精的优点，所以在目前的电子系统设计中该设计方法已经成为一种流行的设计方法。

3. 核心器件设计法

随着微电子技术的飞速发展，集成电路的规模和存储容量越来越大，功能越来越强，集成化程度越来越高，工作速度越来越快，涌现出了大量的专用集成电路（ASIC）。早先需要大量分立器件或中小规模集成电路构成的特定功能的电路，现在往往通过一片 ASIC 或几片集成电路即可实现。特别是可编程数字逻辑器件的出现，使得电路设计更加灵活，电路一次开发成功率越来越高，开发周期越来越短，对电路设计者的开发经验要求也越来越低，非常适用于电子系统设计与开发的初学者。专用集成电路与可编程数字逻辑器件的出现对电子系统的设计方法产生了巨大影响，大量现代电子系统的设计也往往围绕这类核心器件展开，我们将这种围绕核心器件而展开的电子系统设计方法称为核心器件设计法。在这种设计法中，由于核心器件功能强大，对外围电路与外部信号都有具体的限定条件，往往需要编程才能正常工作，而且一旦在电子系统中采用这类器件，整个系统的结构都必须符合这类器件的要求，因此，此种设计法具有围绕核心器件展开的特点。这种设计法在功能单元电路的设计中使用得非常普遍。

1.2.2 电子系统开发流程

一个电子系统在批量生产与推广应用之前，一般都要经历需求分析、功能量化、系统方案设计与论证、系统开发、测试修改与鉴定、试用与产品定型等几个阶段，这些阶段构成了电子系统的开发流程。下面对电子系统开发流程的各个环节分别进行阐述。

1. 需求分析

当某个人、某个企业或开发团队产生了想研制具有某种功能的电子系统或电子产品的想法时，在立项与开发之前，首先要做的事情就是进行市场需求分析，充分了解市场现状，研判此电子系统研制的必要性。依据项目是军用还是民用，市场调研的侧重点要有所区别。军用项目一般要与对应的业务部门进行详细交流沟通，让他们了解研发者的真实想法，并为项目研制的必要性、推广前景提供参考意见，以此作为该项目是否立项与开发的重要依据。民用项目要重点调研市场相似产品的具体情况、市场需求的紧迫性、推广量、用户能接受的价格等，为项目的开展提供依据。市场需求分析是非常重要的环节，决定着该项目是否进一步开展，在市场需求分析中要做到内容全面、数据可靠。

2. 功能量化

功能量化就是将用户用通俗语言表达的、比较笼统或者含混不清的需求转换为用专业术语表达的详细的功能需求。功能量化越细致，方案设计（包括实现方案设计与指标设计）就会越准确。功能量化是必不可少的环节，在实际操作中，通常将功能量化为几点具体的要求。对于纵向项目来说，必须清楚地表达系统实现的功能，一方面方便上级业务部门进行准确的评判，另一方面可使课题组成员对项目有清楚的把握；对于横向委托研制项目来说，由于委托方不一定是专业人员，因此功能量化过程更加重要，需要用户与研制人员反复沟通与修改才能得到一个完整的系统量化功能，同时也为项目的验收提供依据。

3. 系统方案设计与论证

系统方案设计与论证在电子系统的设计与开发流程中处于核心地位。系统方案设计包括整体实现方案与整体指标设计、功能单元模块实现方案与单元指标设计、信号格式设计、模块间信号传输协议与连接接口设计以及关键元器件的选取等内容，量化后的系统功能与关键指标是系统方案设计的依据。在系统方案设计中，一般先由总设计师、分项目设计师以及研制人员共同完成系统方案的初步设计，即按照系统功能与关键指标把系统划分成若干功能模块，形成整体实现框图，并规划出各功能模块要完成的任务，确定各功能模块的结构与输入输出关系；然后召开专家论证会，对初步方案进行修改与完善，形成最终的系统方案。在系统方案设计中要注意合理分配软、硬件资源，尽量利用软件来实现硬件也可以完成的功能。合理的系统方案能使开发者少走弯路，缩短开发周期，降低开发成本。

需要说明的是，系统方案设计的成败与选取的关键器件密切相关。在一个项目开发中可能需要使用多个关键器件，对这些关键器件的性能指标要进行重点分析，准确研判对电子系统整体指标的影响，确保满足系统要求。切忌在开发过程中随意改变关键器件，否则会既浪费开发人员的精力，影响开发进度，又增加开发成本，并且还会使研发人员对设计师产生不信任感。

4. 系统开发

系统开发是电子系统设计与开发流程中的重要阶段，也往往是花费时间最长的阶段。在该阶段需完成的任务包括各个功能模块的硬件电路设计、制板与调试，软件流程设计、编程与调试，信号处理算法的设计、仿真验证与实现，系统联调与功能测试等。在功能模块硬件电路设计中，要做好关键器件资源的合理规划，以保证用户功能的顺利实现。在软件设计中，要注意哪些功能在主程序中实现，哪些功能在中断中实现，哪些中断优先级高，哪些中断优先级低，并依据项目要求对随机存取存储器（RAM）、只读存储器（ROM）的存储量进行合理设计，以免资源浪费。另外，地址分配要进行统一规划，不同对象的地址一定不能重叠，以免出现无法预料的结果。在程序编写过程中要注意以下几点：

（1）要始终贯彻模块化编程的思想，以增加程序的可读性，减小调试难度。

（2）做到程序框图逻辑性完整、无漏洞、容错性好。

（3）尽量减小中断服务程序的长度，以减小对其他中断响应的影响，通常的做法是在中断服务程序中设置中断标志，在主程序对中断标志进行判断，并进行相应的处理。

（4）养成对程序进行注释的习惯，以便于以后对程序进行修改。

在信号处理算法的设计中，要对解决问题可能有效的算法做到心中有数，在初步遴选算法的基础上，通过仿真来检验算法的有效性，并从中优选出用于工程实现的信号处理算法，应避免不加评估就直接将算法用于工程实现的情况发生。系统联调是建立在各个功能模块独立调试运行达到要求的基础上的，在系统联调过程中，不可避免会出现这样那样的问题，有的问题容易解决，有的问题则很难找到原因。在这种情况下，首先一定要冷静，联调中出现问题是很正常的，调整好心态，问题就解决了一半；其次团队之间要有相互协作的精神，联调中出现的问题往往不是单元电路本身的问题，需要相互配合才能找到出现问题的原因；最后要养成利用专业知识解决问题的习惯，一旦出现问题，当务之急是查找导致问题的所有可能的原因，然后一一排查。需要说明的是联调中经验是非常重要的，但全凭经验解决问题也是不可取的，解决问题的最佳方法是经验与专业知识相结合。

5. 测试修改与鉴定

系统开发完成后，开发者要对设计与开发的电子系统进行性能测试，项目鉴定时也要进行专门的性能测试，并要提供测试报告。性能测试包括系统功能测试与指标参数测试两个方面，并以此为依据评判研制的系统是否达到要求。虽然功能测试与指标测试二者缺一不可，但指标测试是测试环节的核心，它直接决定了该项目的实用性。从作者以往研制的项目来看，测试中出现的主要问题是指标参数达不到要求或者指标在临界值附近，产品在市场应用时反映的问题也往往是指标达不到要求所致。因此，在指标测试中，要严把质量关，测试设备需经过专业机构的校准。当指标达不到要求时，要反复对系统进行调试与修改，直到满足要求为止。放松对指标的严格要求将给售后服务与维修人员带来无尽的烦恼，应坚持问题不出厂的原则，切忌让系统带着问题去试用。

对于重要的电子系统来说，研制样机完成后一般会由研制单位申请、业务部门组织行业专家召开成果鉴定会，以对产品的功能、性能指标以及创新性进行鉴定，对存在的不足提出改进意见。研制样机在鉴定前要进行产品试用，并由试用单位出具试用情况证明。在召开鉴定会时，会成立测试组、资料组以及鉴定委员会，由测试组对样机进行全面测试，并提供测试报告；由资料组对鉴定材料进行核查。鉴定材料一般包括研制总结报告、技术说明书(含详细的电路原理图、PCB图、元器件清单以及软件流程框图等)、使用说明书、样机试用单位证明、测试报告等。鉴定会由业务部门组织，鉴定委员会主席主持，会议一般包括项目负责人研制情况汇报、委员会参观样机、测试组情况说明、资料组情况说明、委员会讨论与质询等几个环节，最后形成鉴定结论。只有通过了鉴定会的研制样机才能转入下一个阶段。

6. 试用与产品定型

在试用与产品定型阶段，首先根据鉴定会的意见对研制系统存在的不足进行修改完善；其次，由于研制的样机重点是考虑功能与性能指标的实现，因此为了满足市场需求，要对结构、可靠性等方面按需进行调整，在研制样机的基础上生产型号样机并试用；再次，在所有问题得到解决和样机成熟的条件下，召开产品定型会，确定产品的具体型号；最后，将型号样机转交生产部门进行批量生产，正式投入市场。

1.3 电子系统设计应考虑的主要因素

电子系统设计是一个综合工程，对设计者的专业技能要求非常高。对于整体方案设计人员来说，不仅需要有深厚、宽广的专业理论知识，而且要具备丰富的工程实践经验和有从事过大量电子产品开发的经历。更为重要的是，电子系统实现技术日新月异，对其新技术和新产品要有十分精准的了解与掌握。对于功能模块的设计与开发人员来说，对电子系统单元电路的工作原理要理解透彻，各种实现方法的利弊要掌握清楚，应具备选择最优实现方案与技术的能力，并且要有良好的分析问题与解决实际问题的能力与方法。对于射频通道设计人员来说，应具备丰富的射频电路调试经验和良好的电磁兼容知识以及解决射频互干扰的能力。可以说，依据设计的任务与要求不同，对设计人员的要求也不一样，设计中需要考虑的因素也存在很大区别。这里我们仅对一些共性问题进行简单介绍。

1. 注重网络资源的充分利用

互联网技术已深入到日常生活与工作中，可以说各行各业已经离不开互联网，对于电子系统的设计与开发也是如此。在电子系统设计与开发中，互联网将在以下两方面发挥重要作用：

（1）资料的查找。无论是工作原理、常用实现技术、元器件等传统资料，还是最新实现方法与技术资料，都能在网上一览无余，并且相比于其他方法，利用互联网查阅资料更快捷、更高效、更详细。因此，要充分利用互联网查阅资料。

（2）疑难问题的咨询解答。在设计与开发中不可避免地会碰到这样那样的问题，对于新器件、新技术的使用更是如此，而身边又一时无法找到合适的人员请教。在这种情况下，利用网上的专题论坛解决问题也许是最佳途径。它不仅解决了传统方法受时间、地域、相互之间不熟悉等因素影响的问题，而且几乎能解决工程实践中遇到的所有问题。

2. 注重开发与设计工具的合理利用

传统电子系统设计方法通常采用的是方案设计与实验验证相结合的方法，即在完成系统方案设计的基础上，采用实验的方法验证关键技术与难点技术的可行性以及技术指标能否满足要求。这种方法周期长、成本高，对设计与开发进度会造成一定影响。随着电子实现技术的飞速发展，与其相适应的仿真技术与仿真手段得到了极大丰富，仿真功能也变得越来越强大，实验将不再是唯一的验证方法，合理利用仿真工具验证关键技术与难点技术的可行性将变为现实。并且由于这种验证方法具有周期短、成本低的优点，在电子系统方案设计中，采用仿真技术验证方案的可行性将变为一种普遍采用的且行之有效的方法。由此可见，掌握并合理利用开发与设计工具是电子系统开发过程中必不可少的方法和手段。

3. 注重算法有效性验证与关键技术的预先研究

在电子系统方案设计中，都会用到一些需要预先研究的关键技术或者信号处理算法，而且考虑到设计人员与开发团队的知识与经验积累不同，即使是设计同一个电子系统，不同团队需要预先研究的内容也不一样。在电子系统开发之前，必须对没有把握的关键技术与信号处理算法进行预先研究，将疑难问题预先解决，千万不能存在侥幸心理，更不能想当然办事，应以疑难问题事先解决为原则。

4. 注重应用开发评估板的有效利用

随着电子技术的不断发展与制造工艺的不断提高，新电子器件层出不穷，其处理速度以及功能的综合化方面较以往的产品有了大幅度提高，给电子系统设计带来了诸多方便。以前需要多个集成芯片才能完成的功能，现在采用单个芯片就可以轻松实现，且性能较以往更好，以前受器件处理速度限制无法实现的某些设计方案现在也变成了可能。正是由于新器件有这样那样的优势，一经投入市场便得到电子系统设计者的青睐。为了缩短设计者对新器件的开发周期以及扩大新器件的市场占有量，大量元器件生产厂家在推出新产品的同时，也配套推出了这些器件典型工程应用的开发评估板以及开发工具。作为电子系统的设计与开发人员，应充分利用元器件生产厂家提供的这些资源为项目服务，能利用开发评估板完成的功能尽量用开发评估板完成。在项目中直接利用开发评估板有以下几个方面的优点：

（1）开发评估板的电路原理图与印制电路板图经过厂家的优化，电路成熟，性能可靠，开发者不用调试硬件，可以将精力集中在硬件资源的利用与软件编程上，提高了开发效率。

（2）开发评估板硬件资源丰富，一般都能满足开发者的需要。

（3）与开发评估板配套的软件，特别是例程在开发中可直接运用，能有效节省开发时间。

（4）配备的光盘资料或者厂家网站上有非常详细的器件数据手册（Data sheet）与各种各样的应用笔记（Applied note）供开发者参考，资料丰富。

5. 重视电磁兼容问题

电磁兼容有两层含义：一是指电子系统在其工作的电磁环境下能否正常工作；二是指电子系统本身形成的电磁信号对其周围的影响程度。电磁兼容问题几乎是每个电子系统设计者与开发者都会碰到的问题。在设计电子系统时，既要考虑如何减小自身产生的电磁干扰信号和外部存在的电磁信号对本系统的不利影响，又要考虑如何将本系统产生的电磁干扰信号抑制在允许的范围内。

电子系统的电磁兼容涉及诸多因素，它通常与工作频率、电路布线以及结构设计有关。如果处理不当，不只是影响设备的电磁兼容性，甚至会影响到电子系统的性能指标以及实现的功能，所以应引起高度重视。传统的观点认为电磁兼容只需要在射频部分考虑，这是一种片面的认识。由于器件运行速度越来越快，因此在现代电子系统设计中，在基带信号处理单元中也需要考虑这个问题。电磁兼容问题在后面章节还要单独进行讨论。

1.4　常用 EDA 软件

EDA 是电子设计自动化（Electronic Design Automation）的缩写，EDA 技术是在 20 世纪 90 年代初从计算机辅助设计（CAD）、计算机辅助制造（CAM）、计算机辅助测试（CAT）和计算机辅助工程（CAE）的概念发展而来的。EDA 技术是以计算机为工具，设计者在 EDA 软件平台上，用规定的语言（如汇编语言、C 语言、VHDL 语言等）编写程序，然后由计算机自动地完成逻辑编译、化简、分割、综合、优化、布局、布线和仿真，另外也包括对特定目标芯片的适配编译、逻辑映射和编程下载等工作。EDA 技术的出现，极大地方便与缩短了电子系统开发周期，提高了电路设计的效率和可操作性，减轻了设计者的劳动强度。EDA 技术一经出现，便得到了迅速发展，目前在机械、电子、通信、航空航天、化工、矿产、生物、医学、军事等各个领域均得到了广泛应用。电子系统设计师利用 EDA 工具可以从概念、算法、协议等开始设计电子系统，并可以将电子产品从电路设计、性能分析到设计出 IC 版图或 PCB 版图的整个过程在计算机上自动处理完成。可以说，熟练掌握与运用电子系统设计、开发相关的 EDA 软件将是电子系统设计师必须具备的一项基本技能。电子设计 EDA 软件包括电路设计与仿真工具、PCB 设计软件、FPGA/CPLD 开发软件、嵌入式系统开发软件、DSP 开发软件以及射频设计仿真软件等。下面对最常用、最基本的 EDA 软件进行功能性介绍，详细内容可参考相关专业书籍。

1. MATLAB

MATLAB 是目前应用最为广泛的一款软件，也是电子系统设计者必须学会的一个软件。MATLAB 是 matrix 和 laboratory 两个词的组合，意为矩阵工厂（矩阵实验室），是美国

MathWorks 公司出品的商业数学软件,与 Mathematica、Maple 软件并称为三大数学软件,在数学类科技应用软件中,在数值计算方面首屈一指。该软件将数值分析、矩阵计算、科学数据可视化以及非线性动态系统的建模和仿真等诸多强大功能集成在一个易于使用的视窗环境中,为科学研究、工程设计以及数值计算等众多科学领域提供了一种全面的解决方案。其应用领域包括数据分析、无线通信、深度学习、图像处理与计算机视觉、信号处理、金融与风险管理、机器人、控制系统等。

MATLAB 的基本数据单位是矩阵,它的指令表达式与数学、工程中常用的形式十分相似,用 MATLAB 解算问题比用 C 语言完成相同的功能简捷。利用 MATLAB 可以进行矩阵运算、绘制函数和数据、实现算法、创建用户界面、连接其他编程语言的程序等。其优势特点包括:高效的数值计算及符号计算功能,能使用户从繁杂的数学运算分析中解脱出来;完备的图形处理功能,实现了计算结果和编程的可视化;友好的用户界面及接近数学表达式的自然化语言,使学者易于学习和掌握;功能丰富的应用工具箱,为用户提供了大量方便实用的处理工具。

MATLAB 开发环境界面友好,用户使用方便。MATLAB 开发环境由 MATLAB 桌面和命令窗口、历史命令窗口、编辑器和调试器、路径搜索和供用户浏览帮助、工作空间、文件的浏览器组成。MATLAB 提供了完整的联机查询、帮助系统,极大地方便了用户的使用。简单的编程环境提供了比较完备的调试系统,程序不必经过编译就可以直接运行,而且能够及时报告出现的错误及进行出错原因分析。

MATLAB 是一种基于最为流行的 C++语言的高级矩阵/阵列语言,其语法特征与 C++语言极为相似,而且更加简单,更加符合设计人员对数学表达式的书写格式,且具有移植性好和拓展性极强的特点。MATLAB 语言包含控制语句、函数、数据结构、输入和输出语句等。用户既可以在命令窗口中将输入语句与执行命令同步,也可以与编写好的应用程序(M 文件)一起运行。

MATLAB 具有强大的数据处理与图形处理功能。MATLAB 拥有 600 多个工程中要用到的数学运算函数,方便用户的各种计算。函数中所使用的算法都是科研和工程计算中的最新研究成果,而且经过了各种优化和容错处理。MATLAB 的这些函数集包括从最简单、最基本的函数到诸如矩阵、特征向量、快速傅立叶变换等复杂函数。函数所能解决的问题大致包括矩阵运算和线性方程组的求解、微分方程及偏微分方程组的求解、符号运算、傅立叶变换和数据的统计分析、工程中的优化问题、稀疏矩阵运算、复数的各种运算、三角函数和其他初等数学运算、多维数组操作以及建模动态仿真等。MATLAB 具有强大的数据可视化功能,可用于科学计算和工程绘图,且可以将向量和矩阵用图形表现,以及可以对图形进行标注和打印。高层次的作图包括二维和三维的可视化、图像处理、动画和表达式作图。另外,新版本的 MATLAB 还着重在图形用户界面(GUI)的制作上做了很大改善,以满足用户特殊要求。

MATLAB 拥有具有数百个内部函数的主工具箱和三十几种常用工具包,为用户编程提供了极大的方便。常用工具箱可分为功能性工具箱和学科工具箱。功能性工具箱用来扩充 MATLAB 的符号计算，以及可视化建模仿真、文字处理及实时控制等功能。学科工具箱由特定领域的专家开发，用户可以直接使用工具箱学习、应用和评估不同的方法，而不需要自己编写代码。特别是，除内部函数外，所有 MATLAB 主工具箱文件和各种工具箱都可读、可修改，极大地方便了用户的二次开发。常用工具箱包括 MATLAB 主工具箱（MATLAB main toolbox）、控制系统工具箱（Control system toolbox）、通信工具箱（Communication toolbox）、财金工具箱（Financial toolbox）、系统辨识工具箱（System identification toolbox）、模糊逻辑工具箱（Fuzzy logic toolbox）、高阶谱分析工具箱（Higher-order spectral analysis toolbox）、图像处理工具箱（Image processing toolbox）、计算机视觉系统工具箱（Computer vision system toolbox）、线性矩阵不等式控制工具箱（LMI control toolbox）、模型预测控制工具箱（Model predictive control toolbox）、μ 分析与综合工具箱（μ-Analysis and synthesis toolbox）、神经网络工具箱（Neural network toolbox）、优化工具箱（Optimization toolbox）、偏微分工具箱（Partial differential toolbox）、鲁棒控制工具箱（Robust control toolbox）、信号处理工具箱（Signal processing toolbox）、样条工具箱（Spline toolbox）、统计工具箱（Statistics toolbox）、符号数学工具箱（Symbolic math toolbox）、仿真工具箱（Simulink toolbox）、小波变换工具箱（Wavelet toolbox）、DSP 系统工具箱（DSP system toolbox）等。

MATLAB 语言与其他编程环境接口方便，可移植性强。MATLAB 语言可以利用 MATLAB 编译器和 C/C++语言数学库与图形库，将自己的 MATLAB 语言程序自动转换为独立于 MATLAB 语言运行的 C 语言和 C++语言代码，而且允许用户编写可以和 MATLAB 语言进行交互的 C 语言或 C++语言程序。

2. Multisim

Multisim 是美国国家仪器（NI）有限公司推出的、以 Windows 为基础的一个专门用于电子电路仿真与设计的 EDA 工具软件，具有丰富的仿真分析能力，适用于板级的模拟/数字电路板的设计工作。它包含电路原理图的图形输入、电路硬件描述语言输入两种输入方式。通过 Multisim 可以完成从理论到原理图和从原理图到电路图的设计与仿真的完整的综合设计流程，为实际电路设计提供高效的功能性验证，缩短电子电路的开发周期。

Multisim 仿真的内容非常丰富，可进行包括器件建模与仿真、电路构建与仿真、系统组成与仿真，以及仪表仪器原理与制造仿真等在内的仿真工作。在器件建模与仿真中，可以建模及仿真的器件有模拟器件（二极管、三极管、功率管等）、数字器件（74 系列、COMS 系列、PLD、CPLD 等）以及现场可编程门阵列（FPGA）器件。在电路的构建及仿真中，可实现对单元电路、功能电路、单片机硬件电路的构建及相应软件调试的仿真。在系统的组成及仿真中，利用包括大部分编码器、调制器、滤波器、信号源以及信道等在内的 200 多个通用通信和数学模块的 Commsim 通信系统软件，可实现系统级的仿真，并可以通过选择时域、频域、XY 图、对数坐标、比特误码率、眼图和功率谱等多种方式来观察仿真结果。在仪表仪器的原理及制造仿真中，可以任意制造出属于自己的虚拟仪器仪表，并在计算机仿真环境和实际环境中使用。

利用 Multisim，不仅可以创建具有完整组件库的电路图，并利用工业标准 SPICE 模拟器模仿电路行为，对设计的电路进行快速、轻松、高效的设计和验证，而且可以提供直流工作点分析、交流分析、瞬态分析、傅里叶分析、噪声分析、失真度分析、传输函数分析等强大的电路分析功能。除此之外，Multisim 还提供有独特的射频（RF）模块与微处理器（MCU）模块，并兼容第三方工具源代码，包含设置断点、单步运行、查看和编辑内部 RAM、特殊功能寄存器等高级调试功能。

Multisim 不仅为用户提供所需的虚拟仪器仪表，实现对电路的观测，而且可以完成对其他 EDA 软件需要的文件格式的输出。另外，Multisim 为用户提供有丰富的元器件，并以开放的形式管理这些元器件，使得用户能够根据需要添加所需的元器件。

3. Altium Designer

Altium Designer 是 Altium 公司推出的一体化的电子产品开发系统，是电子系统原理图和 PCB 设计的首选。设计人员利用该软件，不仅能够完成电路原理图（Schematic）的绘制、印刷电路板（PCB）文件的制作以及电路的仿真（Simulation）等设计工作，而且还能实现 FPGA 的开发、嵌入式的开发以及 3D PCB 的设计，可以有效地帮助用户提高设计效率和可靠性。

Altium Designer 是经过不断积累与完善而推出的。1985 年 Protel Technologe 公司推出了 DOS 版的 Protel，后续又推出了 Protel 99SE。2001 年，Protel Technologe 公司改名为 Altium 公司，整合了多家 EDA 软件公司，成为业内的龙头。Altium 公司在 Protel 99SE 的基础上，于 2002 年推出了 Protel DXP，2006 年又推出了新品 Altium Designer 6.0 版本。经过不断更新，2015 年推出了最新版本的 Altium Designer 15.x。

Altium Designer 除了全面继承包括 Protel 99SE、Protel DXP 在内的先前一系列版本的功能和优点外，还进行了许多改进，增加了很多高端功能。例如：该软件对板级设计的传统界面进行了拓宽，全面集成了 FPGA 设计功能和可编程片上系统（SOPC）设计功能，从而使得设计人员能将电子系统设计中的 PCB 设计、FPGA 设计以及嵌入式设计集成在一个平台上进行。也就是说，Altium Designer 软件通过把包括原理图设计、电路仿真、PCB 绘制与编辑、拓扑逻辑自动布线、信号完整性分析以及设计输出在内的 PCB 设计、FPGA 设计以及嵌入式设计完美融合，为设计者提供了全新的设计解决方案，使设计者可以轻松进行设计。由此可见，Altium Designer 不仅功能强大，而且对于电子设计与开发人员来说，是进行 PCB 设计的首选 EDA 软件；要进行 PCB 设计必须学会并自如运用 Altium Designer 系统。

4. FPGA/CPLD 开发软件

1) Quartus Ⅱ

Quartus Ⅱ 是 Altera 公司的综合性 PLD/FPGA 可编程逻辑开发软件，支持原理图、VHDL（Very-High-Speed Integrated Circuit Hardware Description Language）、Verilog HDL 以及 AHDL（Altera HDL）等多种设计输入形式，内嵌综合器以及仿真器，可以完成从设计输入到硬件配置的完整 PLD 设计流程，是可编程数字逻辑器件设计开发的理想平台。由于其强大的设计能力和直观易用的接口，受到了数字系统设计者的欢迎。

Quartus II 可以在 Windows XP、Linux 以及 Unix 操作系统上使用。使用 Quartus II，用户除了可以使用脚本完成设计流程外，还可以使用其完善的用户图形界面设计方式。Quartus II 具有运行速度快、界面统一、功能集中、易学易用等特点。

Quartus II 支持 Altera 的 IP(Intellectual Property)核，包含 LPM/Mega Function 宏功能模块库，使用户可以充分利用成熟的模块简化设计的复杂性并加快设计速度。对第三方 EDA 工具的良好支持也使用户可以在设计流程的各个阶段使用熟悉的第三方 EDA 工具。此外，Quartus II 通过和 DSP Builder 工具与 Matlab/Simulink 相结合，可以方便地实现各种 DSP 应用系统；支持 Altera 的 SOPC 开发；Quartus II 集系统级设计、嵌入式软件开发、可编程逻辑设计于一体，是一种综合性的开发平台。

Quartus II 提供了完全集成且与电路结构无关的开发包环境，具有数字逻辑设计的全部特性。这些特性包括：

(1) 可利用原理图、结构框图、Verilog HDL、AHDL 和 VHDL 完成电路描述，并将其保存为设计实体文件。

(2) 支持芯片(电路)平面布局连线编辑。

(3) 利用 LogicLock 增量设计方法，用户可建立并优化系统，也可添加对原始系统性能影响较小或无影响的后续模块。

(4) 具有功能强大的逻辑综合工具。

(5) 具有完备的电路功能仿真与时序逻辑仿真工具。

(6) 支持定时/时序分析与关键路径延时分析。

(7) 可使用 Signal Tap II 逻辑分析工具进行嵌入式的逻辑分析。

(8) 支持软件源文件的添加和创建，并将它们链接起来生成编程文件。

(9) 使用组合编译方式可一次完成整体设计流程。

(10) 可自动定位以及编译错误。

(11) 具有高效的器件编程与验证工具。

(12) 可读入标准的 EDIF 网表文件、VHDL 网表文件和 Verilog 网表文件。

(13) 能生成第三方 EDA 软件使用的 VHDL 网表文件和 Verilog 网表文件。

2) Quartus prime

Quartus prime 是一款由英特尔公司设计开发的 FPGA 开发工具，提供系统级 SOPC 设计环境；可以设计开发英特尔 FPGA、SoC、CPLD 等，从设计输入、综合优化到验证与仿真等。同时支持采用英特尔 Stratix 10、英特尔 Arria 10 和英特尔 Cyclone 10 GX 器件家族的高级特性。

Quartus prime 的性能特点包括：支持英特尔 Stratix 10 TX、MX、SX 和 GX 器件；具有更短的英特尔 Stratix 10 设计编译时间，加快了 FPGA 开发速度；峰值虚拟内存的设计使内存需求显著减少，所有英特尔 Stratix 10 设计都可在不到 64 GB 的内存空间中编译；并行分析支持提供了在运行编译的同时，对设计结果进行分析的功能；部分重新配置(PR) 功能可对 FPGA 的一部分设计进行动态重新配置，同时其余的 FPGA 设计继续正常进行。

3) ISE

Xilinx(赛灵思)是全球领先的可编程逻辑完整解决方案的供应商。他们主要研发、制造并销售应用范围广泛的高级集成电路、软件设计工具以及定义系统级功能的 IP 核，长期以来一直推动着 FPGA 技术的发展。Xilinx FPGA 主要分为两大类：一类侧重低成本应用，容量中等，性能可以满足一般的逻辑设计要求，如 Spartan 系列；另一类侧重于高性能应用，容量大，性能可满足各类高端应用，如 Virtex 系列。Xilinx 的开发工具一直在不断升级，由早期的 Foundation 系列逐步发展到目前的 ISE 9.1i 系列，且集成了 FPGA 开发需要的所有功能。

Foundation Series ISE 具有界面友好、操作简单的特点，再加上 Xilinx 的 FPGA 芯片占有很大的市场，使其成为非常通用的 FPGA 工具软件。ISE 作为高效的 EDA 设计工具集合，与第三方软件扬长补短，使软件功能越来越强大，为用户提供了更加丰富的 Xilinx 平台。

ISE 的主要功能包括设计输入、综合、仿真、实现和下载，涵盖了 FPGA 开发的全过程。从功能上讲，其工作流程无需借助任何第三方 EDA 软件。

（1）设计输入。ISE 提供的设计输入工具包括用于 HDL 代码输入和查看报告的 ISE 文本编辑器(The ISE Text Editor)、用于原理图编辑的工具 ECS(The Engineering Capture System)、用于生成 IP 核的 Core Generator、用于状态机设计的 State CAD 以及用于约束文件编辑的 Constraint Editor 等。

（2）综合。ISE 的综合工具不但包含 Xilinx 自身提供的综合工具 XST，同时还可以内嵌 Mentor Graphics 公司的 Leonardo Spectrum 和 Synplicity 公司的 Synplify，实现无缝链接。

（3）仿真。ISE 本身自带具有图形化波形编辑功能的仿真工具 HDL Bencher，同时又提供了使用 Model Tech 公司的 Modelsim 进行仿真的接口。

（4）实现。此功能包括了翻译、映射、布局布线等，还具备时序分析、管脚指定以及增量设计等高级功能。

（5）下载。下载功能包括 BitGen，用于将布局布线后的设计文件转换为位流文件，还包括 ImPACT，用于设备配置和通信，以及控制将程序烧写到 FPGA 芯片中。

5. 嵌入式系统开发软件

1) ARM 开发软件

（1）ARM RealView Developer Suite。RealView Developer Suite 工具是 ARM 公司推出的 ARM 集成开发工具，支持所有 ARM 系列核，并与众多第三方实时操作系统及工具商合作简化开发流程。

开发工具包含完全优化的 ISO C/C++编译器、C++标准模板库、强大的宏编译器、支持代码和复杂数据存储器布局的连接器等组件，除此之外，还有基于命令行的符号调试器、指令集仿真器、生成无格式的二进制文件的工具、Intel 32 位和 Motorola 32 位 ROM 映像代码的指令集模拟工具、库创建工具等可选 GUI 调试器。

（2）IAR EWARM。Embedded Workbench for ARM 是 IAR Systems 公司为 ARM 微

处理器开发的集成开发环境(简称 IAR EWARM)。比较其他的 ARM 开发环境,IAR EWARM 具有入门容易、使用方便和代码紧凑等特点。

IAR EWARM 中包含一个全软件的模拟器(Simulator),用户不需要任何硬件支持就可以模拟各种 ARM 内核、外部设备甚至中断的软件运行环境。IAR EWARM 主要由高度优化的 IAR ARM C/C++ Compiler、IAR ARM Assembler 以及一个通用的 IAR XLINK Linker 组成。

(3) Keil ARM - MDKARM。Keil uVision 调试器可以帮助用户准确地调试 ARM 器件的片内外围设备(I^2C、CAN、UART、SPI、中断、I/O 口、A/D 转换器、D/A 转换器和 PWM 模块等功能)。ULINK USB-JTAG 转换器将 PC 的 USB 端口与用户的目标硬件相连(通过 JTAG 或 OCD),使用户可在目标硬件上调试代码。通过使用集成开发环境/调试器和 ULINK USB-JTAG 转换器,用户可以很方便地编辑、下载和在实际的目标硬件上测试嵌入的程序。

2) 单片机开发软件

(1) Keil C51。Keil C51 是美国 Keil Software 公司出品的 51 系列兼容单片机 C 语言软件开发系统,通过集成开发环境(uVision IDE)将 C 编译器、宏汇编、连接器、库管理和仿真调试器等组合在一起,提供完整的单片机开发方案,是单片机开发使用最多的一款开发软件。

Keil C51 开发工具 uVision IDE 能从设备数据库选择要使用的微控制器(支持所有的 8051 系列芯片),并完成编辑、编译、连接、调试、仿真等整个开发流程。首先,由 IDE 本身或其他编辑器编辑 C 语言源文件或汇编源文件;然后,分别由 C51 及 A51 编译器编译生成目标文件(.OBJ),并与库文件一起经 L51 连接定位生成绝对目标文件(.ABS),再由 OH51 将绝对目标文件转换成标准的 Hex 文件;最后,通过仿真器对目标板进行调试,或者通过下载线(一种程序下载工具)直接将程序写入目标板的存储器中,以实现脱机运行。

Keil uVision 调试器能够准确地模拟 8051 设备的片上外围设备(I^2C、CAN、UART、SPI、中断、I/O 端口、A/D 转换器、D/A 转换器和 PWM 模块)。此外,使用模拟器可以在没有目标设备的情况下编写和测试应用程序。当在目标硬件上测试软件应用时,可以通过 ULINK USB-JTAG 适配器将程序下载到目标系统中。

(2) IAR。除了上面的 Keil C51 之外,单片机还有一款也经常使用的开发软件 IAR。IAR 软件是目前支持单片机种类最多的一款软件,几乎支持所有的主流单片机。针对某一款具体的单片机,IAR 都有一个单独的安装包。对于所有的单片机来说,使用 IAR 进行开发,流程基本类似,很容易掌握。

6. DSP 开发软件

1) CCS

CCS(Code Composer Studio)开发环境是最有影响力的 DSP 生产厂家 TI 公司开发的一个完整的 DSP 集成开发环境。所有 TI 公司的 DSP 都可以在该环境下开发,但不同的系统有不同版本的 CCS 开发环境,如 TMS320F2812 的集成开发环境是 CCS2000。CCS 开发环境可实现全空间透明仿真，不占用用户任何资源。其软件包含了用于优化的 C/C++ 编译器、源码编辑器、项目构建环境、调试器、描述器以及多种其他功能等。在 CCS 集成开发环境下可完成应用开发流程的每个步骤。

CCS 开发环境支持汇编语言和 C 语言两种。TI 公司的每个 DSP 系列都有对应的一套汇编指令，采用汇编语言编程，效率更高；采用 C 语言编程比汇编语言容易，可移植性更强。只要实时性能满足要求，通常采用 C 语言编程。对于实时性要求非常高的应用场合，则可采用汇编语言编程或混合编程。

CCS 开发环境下的 DSP 开发过程如下：

(1) 打开 CCS，新建工程，并完成包括 DSP 芯片型号选择在内的所有设置与配置。

(2) 新建文件，并采用 C 语言或汇编语言编写用户程序。

(3) 采用 C 编译器(C Compiler)将用户程序转换成与 DSP 型号对应的汇编语言代码。

(4) 使用汇编器(Assemble)将汇编语言代码转换为可重新定位的 COFF 目标文件。

(5) 使用链接器(Linker)将可重新定位的 COFF 文件转换为单个可执行的 COFF 目标模块。由用户编写的链接器伪指令将目标文件段结合在一起，指定段或符号放置的地址或存储器区域。通过 CCS 开发环境设置，可实现步骤(3)~(5)的自动执行。

(6) 通过仿真器(XDS)对程序进行调试。

(7) 将调试好的程序下载到 DSP 目标板，然后脱机运行。如果 EPROM 编程器与 COFF 文件不兼容，可采用转换工具将其转换为所需要的格式。

2) Visual DSP++

Visual DSP++ 是另一家有影响力的 DSP 生产厂家 ADI 公司针对 ADI 公司 DSP 器件开发的软件开发平台，支持 ADI 公司 BF60x 之外的所有系列 DSP 处理器，包括 Blackfin 系列和 ADSP - 21XX 系列定点处理器、SHARC 系列和 Tiger SHARC 系列浮点处理器的各种型号处理器。

Visual DSP++ 采用直观的、易于使用的用户界面，通过图形窗口的方式与用户进行信息交换。Visual DSP++ 集成了集成开发环境(IDE)和调试器(Debugger)两大部分，简称为集成开发与调试环境(IDDE)，为用户提供了更强大的程序开发和调试功能。Visual DSP++ 具有灵活的管理体系，为处理器应用程序和项目的开发提供了一整套工具。随着 Visual DSP++ 版本的不断升级，相应的 DSP 开发和调试功能也不断增强。

Visual DSP++ 开发工具包中集成了开发 DSP 程序所需的各种工具组件，包括集成开发和调试环境(IDDE)、带有实时运行库的 C/C++ 语言最优化编译器、汇编程序、链接器、预处理器和档案库、程序加载器、分割器、模拟器、EZ-KIT Lite 评估系统、仿真器等。对于开发人员来说，除了模拟器与 EZ-KIT Lite 评估系统以外，其他组件是 DSP 开发的基本组件。

对于开发者来说，需要注意的是，TI 的 DSP 与 ADI 的 DSP 在程序下载方面有较大差别。

7. 射频仿真软件

由于微波系统的设计越来越复杂，电路指标要求越来越高，电路功能越来越多和电路尺寸越做越小，而设计周期却越来越短，使得传统的设计方法已不能满足系统设计的需要，因此使用微波 EDA 软件进行微波元器件与微波系统的设计已成为微波电路设计的必然趋势。常用的微波 EDA 仿真软件主要有 ADS、Sonnet 电磁仿真软件、IE3D 和 Microwave office等仿真软件，下面将简单进行介绍。

1) ADS 仿真软件

ADS(Advanced Design System)仿真软件是美国安捷伦公司开发的大型综合设计软件，该软件为系统和电路工程师提供从离散射频/微波模块到集成 MMIC 的各种形式的射频设计。

该软件可以在微机上运行，其前身是工作站运行的版本 MDS(Microwave Design System)。该软件还提供了一种新的滤波器设计向导，可分析和综合射频/微波电路滤波器，并可提供对平面电路进行场分析和优化的功能。该软件可根据给定的频率范围、材料特性、参数数量和用户需要自动产生无源器件。该软件涵盖了小至元器件，大到系统级的设计和分析。尤其是其强大的仿真设计手段可在时域或频域内实现对数字或模拟、线性或非线性电路的综合仿真分析与优化，并可对设计结果进行成品率分析与优化，从而大大提高复杂电路的设计效率，使之成为设计人员的有效工具。

2) Sonnet 仿真软件

Sonnet 是一种基于矩量法的电磁仿真软件，主要用于微波、毫米波频段的电路设计以及电磁兼容/电磁干扰设计。SonnetTM 用于平面高频电磁场分析，频率从 1MHz 到几千 GHz。Sonnet 的主要应用有：微带匹配网络、微带电路、微带滤波器、带状线电路、带状线滤波器、过孔(层的连接或接地)、偶合线分析、PCB 板电路分析、PCB 板干扰分析、桥式螺线电感器、平面高温超导电路分析、毫米波集成电路(MMIC)设计和分析、混合匹配的电路分析、HDI 和 LTCC 转换、单层或多层传输线的精确分析、多层的平面电路分析、单层或多层的平面天线分析、平面天线阵分析、平面偶合孔的分析等。

3) IE3D 仿真软件

IE3D 也是一个基于矩量法的电磁场仿真工具，主要用于分析多层介质环境下的三维金属结构的电流分布。它利用积分的方式求解 Maxwell 方程组，以解决电磁波的不连续性效应、耦合效应以及辐射效应问题。IE3D 在微波/毫米波集成电路(MMIC)、RF 印制板电路、微带天线、线天线和其他形式的 RF 天线、HTS 电路及滤波器、IC 的内部连接和高速数字电路封装等方面的设计是一个非常有用的工具。

4) Microwave office 仿真软件

Microwave Offices 仿真软件主要用于射频和微波电路的设计。由全球高频电子自动化设计软件供应商 AWR(Applied Wave Research)公司推出，是一种面向对象的数据库，包括从设计概念到实现实际结构所需的所有工具，且这些工具集成在一个独立的、便于操作的环境中。

Microwave Office 软件包括线性和非线性线路模拟器、EM 分析工具、版图对示意图的检查、统计设计能力和嵌入式(DRC)数据记录控制器的参数单元数据库等所有必要的技术。Microwave Office 软件通过一个统一的数据模型和包括所有设计域的设计环境，可缩小高频设计过程与已存在的设计方法在理论上的差距，也可增强系统规范与电路性能。在设计过程中，由于考虑了整个高频非理想系统、电路、布线、封装以及电路板实现的影响，因此采用该软件设计的产品其研制周期大大缩短。

Microwave Office 软件具有强大的时域与频域分析能力和电磁分析能力，且与 Sonnet 软件互用性好，该软件已成为毫米波集成电路设计开发的标准。

1.5　电子系统设计资料查找

1.5.1　整体方案设计资料查找

在电子系统整体方案设计阶段，一般要弄清楚四个方面的问题：

(1) 整个系统的工作原理。

(2) 到目前为止有哪些已采用过的算法与整体方案。

(3) 在算法实现与整体设计中要采用哪些主要的技术手段。

(4) 当前同类电子系统的技术水平或性能价格比评价。

通过这四个方面的研究，达到对电子系统总体上初步了解的目的，并可对电子系统的可行性有一个初步判断。围绕这四个方面的内容，其资料查找可采用以下方法进行。

1. 由教科书查找电子系统原理性资料

如果设计者面对的电子系统设计课题不是原创性的新系统，而是在已有类似产品的前提下的仿造、改造或新型号设计，即电子系统的工作原理已公开，应首先查找与该电子系统有关的专业教科书。专业教科书的特点是其内容和深度都是经本专业专家集体审定的，内容比较全面。但一般教科书在讲述电子系统时，只注重原理介绍，往往不涉及技术细节，并且不同时期的教科书侧重点有所区别，为了全面弄清楚电子系统的工作原理，多查找几本相关的书籍也是很有必要的。

2. 从设备专著和期刊中深入了解设备的原理

在中文科技书籍中，有对某一种设备、系统进行全面深入阐述的，也有对其中的某一部分进行专题阐述的，它们统称为专著。针对专用电子设备的专著，通过中国图书馆图书分类法可以很方便地找到它们在图书馆中的索引号。通常这类专著的书名往往会有电子设备的名称，利用检索工具可以很方便地找到所需要的书籍。

从科技期刊中也能查找到电子设备原理、组成、相关算法等方面的资料。科技期刊中的一些学术论文较快地反映了某一电子设备或系统的研制信息，包括原理、算法、整体方框图以及技术指标等内容。科技期刊上的文章反映的是国际与国内最近研究成果，具有先进性。有的文章是对国内外某一设备的性能或发展的综合性评述，有助于设计人员了解某一设备的科技发展情况。

3. 通过查找国家标准或国际标准明确对电子设备的规范性要求

当某一种设备的技术已基本成熟时，往往会为该设备制定国家标准或国际标准。标准的制定有利于产品质量的控制，可保证设备的通用性和零配件的互换性，也有利于设备的推广。标准有强制性与建议性之分，同时标准也在不断更改与完善。有时新标准制定时不但要反映出技术的新进展，还要兼容以往老标准。一些电子设备的标准对设备的整体结构、数据格式、数据的电参数等都有明确要求。甚至有些标准不但对系统设计提出了要求，还相应地建立了系统测试标准，对系统测试方法、使用的仪表及性能都有明确规定。

4. 通过查找市场现有设备技术说明了解当前技术水平和性价比情况

在电子系统整体方案设计阶段，首先要搞清楚技术指标的可行性，而判断可行性的一种快捷方法就是查找目前市场上同类设备的技术指标与价格。产品说明书中有其技术指标。通常大型正规生产厂家都制定有厂内标准，且厂内标准一般高于国家标准与国际标准，以保证出厂产品的质量。产品说明书上标出的技术指标不应低于国家标准。通过了解技术指标，可以了解、比较现在上市设备的技术水平，为电子系统的可行性提供判断依据。

1.5.2 单元电路方案设计资料查找

电子系统的整体方案确定后，各类电信号的采集、存储、运算、处理、传输和控制需要通过设计各种电子电路来实现。这一阶段的设计工作称为单元电路方案设计。设计单元电路之前需要查阅相关资料。在查阅单元电路资料时，可根据不同的查阅目的从教科书、专著、科技期刊、电路手册、专利、元器件手册以及以前研制项目的资料等方面去查找。

1. 原理性电路资料查找

单元电路设计的第一步就是选择合适的电路类型与结构，而选择电路类型与结构的基础就是对各种电路工作原理的了解。专业教材大都会全面介绍各种典型电路的工作原理，从这些教材中了解电路工作原理，并选择合适的电路是最基本的方法。需要注意的是这些教材主要涉及的是基本原理，技术细节讨论较少。

2. 实用性电路资料查找

有许多专著性的书籍在电路的理论性与实用性两方面都进行了详细阐述，包括原理概述、设计公式、参数选取、应用细节以及典型实用电路等内容。例如《集成运算放大器原理与应用》《集成运放的实用技术》《实用电子电路手册（模拟电路分册）》《实用电子电路手册（数字电路分册）》以及《电子电路 300 例》等书籍对于扩大设计者的思路和眼界以及查找参考电路都很有益处。

3. 基于集成器件手册对应用电路与参数的查找

目前，无论是模拟电路还是数字电路，大都是由集成电路为主要器件构成的。生产集成电路的厂家在给出集成器件功能与参数的同时，几乎都给出了该器件一些典型的应用电路与外围电路器件的参数值。器件手册上的参考电路有助于该器件在电路设计中的应用，手册给出的外围器件参数对设计者通常具有重要的参考价值。

4. 从科技期刊与专利中查找

科技期刊中不但有某一设备的构成原理、整机方案，而且有些论文还会给出具体电路，或者尽管有些论文未给出具体电路，但会给出设计电路的思路，因此，科技期刊也是单元电路设计参考资料的重要来源。另外，专利也是查找单元电路资料的重要来源。目前已有将电路方面的专利汇集在一起的书籍，如《实用电子电路专利 300 例》一书。

1.5.3 元器件资料查找

查找元器件资料的目的主要有以下几个方面：

（1）查询某类元器件的工作原理。

（2）查找该器件的典型应用电路。

（3）根据电路功能和参数需求查找合适的元器件型号。

（4）根据已知元器件型号查找元器件的功能与参数。

（5）已知元器件型号与参数查找替代的元器件。

元器件资料的查找可通过互联网、元器件手册以及厂商提供的数据光盘等几种途径来实现。

1. 元器件基本工作原理的查找

电子元器件是一种工业产品，由于接触元器件的人员有生产者与应用者之分，有关元器件工作原理的资料也有生产者与应用者之分。对于应用电子技术解决实践需求的设计者来说，是以使用元器件为目的的。有关电子元器件原理的资料可通过实践与实验类教材和以应用为目的的专业书籍，以及生产厂家提供的数据手册（Data sheet）来查找。

2. 替代元器件资料的查找

元器件是有生命周期的，一般要经历新产品试用期、推广期、衰退期，直到停产。停产后的元器件难以买到，此外，由于货源关系，也可能导致买不到原来型号的器件，再就是有了更新、更好且与原来型号兼容的新器件。在这种情况下，往往要通过查阅资料来寻找替代的元器件。

元器件的替代一方面可通过在专门的替代手册中寻找，如《最新集成电路替代手册》一书，另一方面在已知原有器件的功能与参数的条件下，也可从一般手册中寻找。

在寻找替代元器件时要注意以下两点：

（1）管脚的兼容性。在寻找替代元器件时首先要考虑替代元器件的管脚是否与原元器件的管脚一致，不一致将会给元器件的安装带来麻烦。

（2）参数的区别。有些器件管脚和功能是兼容的，但器件的电路参数存在差别，在替代前要分析参数指标是否满足要求。

最后需要特别强调的是，互联网对于电子系统设计与开发具有重要的作用，无论是整体方案设计资料的查找，还是单元电路方案设计资料的查找以及元器件资料的查找，都可以将互联网作为首选渠道。为了方便电子系统设计者在网上查阅资料，表 1.1 给出了常用电子工程类搜索引擎与典型网站网址。

表 1.1　常用电子工程类搜索引擎与网站网址

网站名称	网站网址
百度搜索	http://www.bzu.edu
21IC 中国电子网	http://www.21ic.com
器件数据手册网	http://www.datasheet.com
中国芯片手册网	http://www.21icsearch.com
老古开发网	http://www.laogu.com
周立功单片机网	http://www.mcustudy.com
电子工程专辑网	http://www.eetchina.com
微波论坛网	http://www.microwavebbs.com
中国 PCB 技术网	http://www.pcbtech.net
可编程逻辑器件中文网	http://www.fpga.com.cn
五六电子网	http://www.56dz.com

作业与思考题

1.1　现代电子系统由哪几部分典型功能组成？请简述各部分的作用。

1.2　电子系统在推广应用之前通常要经历几个阶段？各个阶段的主要工作是什么？

1.3　你认为在电子系统的设计中应注意哪些问题？

1.4　在单元电路设计中，获取参考资料有哪些方法？

1.5　选择一个你熟悉的 EDA 软件，结合具体实例说明其开发过程。

本章参考文献

[1]　郭宇锋，成谢锋. 电子系统设计与实践教程. 北京：人民邮电出版社，2014.

[2]　王加祥，雷洪利，曹闹昌，等. 电子系统设计. 西安：西安电子科技大学出版社，2012.

[3]　李金平，沈明山，姜于祥. 电子系统设计. 3 版. 北京：中国工信出版集团，电子工业出版社，2017.

[4]　贾立新，王涌. 电子系统设计与实践. 北京：清华大学出版社，2011.

[5]　朱金刚，王效灵. 电子系统设计. 杭州：浙江工商大学出版社，2011.

电子系统设计与工程应用

[6] 张金. 电子系统设计基础. 北京：电子工业出版社，2011.

[7] 刘克刚. 复杂电子系统设计与实践. 北京：电子工业出版社，2010.

[8] 杨刚. 电子系统设计与实践. 北京：电子工业出版社，2009.

[9] 陆应华. 电子系统设计教程. 北京：国防工业出版社，2009.

[10] 王建校，张虹. 电子系统设计与实践. 北京：高等教育出版社，2008.

[11] 郭勇，余小平. 电子系统综合设计. 北京：北京大学出版社，2007.

[12] 俞承芳. 电子系统设计. 上海：复旦大学出版社，2007.

[13] 李小根. 电子系统设计与实践. 成都：四川大学出版社，2007.

[14] 马建国. 电子系统设计. 北京：高等教育出版社，2004.

[15] 胡晓冬. MATLAB 从入门到精通. 北京：人民邮电出版社，2018.

[16] 陈明，郑彩云，张铮. MatLab 函数和实例速查手册. 北京：人民邮电出版社，2014.

[17] 程勇. 实例讲解 Multisim10 电路仿真. 北京：人民邮电出版社，2010.

[18] 史久贵. 基于 Altium Designer 的原理图与 PCB 设计. 北京：机械工业出版，2010.

[19] 周润景，苏良碧. 基于 Quartus II 的数字系统 Verilog HDL 设计实例详解. 北京：电子工业出版社，2010.

[20] 斯洛斯. ARM 嵌入式系统开发：软件设计与优化. 沈建华，译. 北京：北京航空航天大学出版社，2005.

[21] 张雄伟. DSP 芯片的原理与开发应用. 5 版. 北京：电子工业出版社，2016.

[22] 刘书明，罗勇江. ADSP TS20XS 系列 DSP 原理与应用设计. 北京：电子工业出版社，2007.

[23] 罗勇江，刘书明，肖科. Visual DSP＋＋集成开发环境实用指南. 北京：电子工业出版社，2008.

[24] Texas Instruments Incorporated. TI DSP 集成开发环境(CCS)使用手册. 彭启琮，张诗雅，常冉，译. 北京：清华大学出版社，2006.

第 1 章　电子系统设计概述

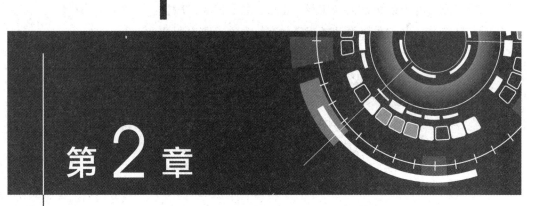

第2章

电子系统基本结构与性能指标

2.1 电子系统基本结构

在系统功能与性能指标确定的条件下设计与开发电子系统,首先要考虑的是采用哪种结构来实现。电子系统结构不同,设计的方案与采用的具体实现方法则不同,其实现成本、通用性、难易程度等方面也存在很大差异。电子系统按照实现的功能不同可以分为多种类型,如通信系统、雷达系统、导航系统、电子对抗系统、测控仪器系统、汽车电子系统等,数不胜数。由于电子系统种类繁多,采用某种通用的结构去实现所有的电子系统显然是不现实的。这里以通信系统、雷达系统、导航系统、电子对抗系统等典型电子系统为代表讨论其实现结构。

2.1.1 传统实现结构

对于通信系统来说,按照传递信息的媒质不同,可以分为有线通信系统与无线通信系统;按照传输的是模拟信号还是数字信号,可以分为模拟通信系统与数字通信系统。由于数字通信体制具有抗干扰能力强、传输差错可以控制、易于加密且保密性强、便于采用数字信号处理技术对信息进行处理以及可以传递各种消息等优点,现有系统大多采用数字通信体制。模拟信号也通过模/数转换变成数字信号,采用数字通信系统传输。另外,由于无线通信系统相对于有线通信系统具有受地理条件影响小、安装架设方便、机动性强、成本低的优点,在现代通信中大多采用无线数字通信体制,例如4G与5G移动通信系统就是典型的例子。无线数字通信系统传统实现结构如图2.1所示。

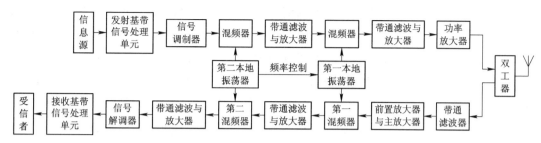

图 2.1　无线数字通信系统传统实现结构

　　信息源的作用是将待传送的消息转换成电信号，该电信号输入到发射基带信号处理单元，发射基带信号处理单元对基带信号进行相应的处理。在数字通信系统中，通常将调制前与解调后的信号称为基带信号。依据工作环境与实现功能的不同，不同系统的发射基带信号处理单元的组成也不同。对于数字通信系统来说，该单元最基本的功能就是将模拟信号转换成数字信号。该变换属于信源编码的范畴，也是信源编码的任务之一。除此之外，信源编码的主要任务还包括减少冗余信息，提高数字信号传输的有效性。可将模/数（A/D）转换模块看成是最简单的信源编码装置。为了满足模/数转换器对模拟电信号的幅度要求，通常会将信号调理模块放在转换器之前。

　　需要说明的是，信源编码要完成模/数转换与提高数字信号传输有效性两大任务，仅采用模/数转换器是无法实现的。目前主要采用信号波形与特征提取相结合的方式来表达模拟信号的有用信息，并完成信源编码，以实现信源编码的两大任务。

　　对于传输信道不稳定的数字通信系统来说（如移动通信系统），突发干扰会导致某一时间段传输误码率高的问题，为了减小这方面的影响，在发射基带信号处理单元需要有块交织单元。对于有保密要求的系统来说，需要有加密单元。为了减小信道干扰的影响，需要有信道编码单元。

　　通过以上简单分析可以看出，发射基带信号处理单元根据具体系统的需要可由信号调理、信源编码、块交织、加密以及信道编码中的一部分或几部分组成。信号调理与模/数转换为发射基带信号处理单元最简单、最基本的组成部分。

　　由发射基带信号处理单元输出的信号为幅值离散的电平序列，即数字信号。例如二进制序列"1101"，对应的电平序列为"高高低高"，"高"表示高电平，"低"表示低电平，每一位称为码元，每一位的持续时间称为码元宽度。由于幅值离散的电平序列具有较低的频谱分量，一般不能直接作为无线传输的信号，必须将该信号转换成其频带适合信道传输的信号，该功能由信号调制单元实现。信号调制单元将要传输的信息寄托在频率较高的电信号的某一参量上，这个携带有传输信息的信号称为已调制信号。对于二进制传输系统来说，根据携带传输信息的电参量不同，已调制信号分为振幅键控（ASK）信号、频移键控（FSK）信号以及相移键控（PSK）信号，其传输信息分别包含在已调制信号的振幅、频率以及相位之中。例如要传输的二进制序列为"1101"，则对应的电平序列为"高高低高"，如果采用 FSK 调制方式，则调制器在电平序列的控制下，将输出两个频率不同的余弦波，即当电平序列为高电平时，输出频率为 f_1 的余弦波，当电平序列为低电平时，输出频率为 f_2 的余弦波。

如果调制器直接将要传输的信息调制到适合无线传输的射频载波的电参量上，则将调制器的输出进行射频放大与功率放大后，由发射天线发射即可。对于上面的例子来说，当接收端接收的是频率为 f_1 的信号时，将得到数字信息"1"，而当接收的是频率为 f_2 的信号时，将得到数字信息"0"。在实际工程实现中，几乎不采用这种直接调制的方案，取而代之的是图 2.1 所示的超外差结构，即采用多次混频的方式，将输入信号上变频到射频载波上。其主要原因是：一个通信系统通常可以在多个波道上工作，当改变工作波道时，采用直接调制的方案，信号调制器以及后续单元电路都需要改变，以适应不同的工作频率，这在工程上显然是无法接受的。在同样的情况下当采用的是超外差结构时，通过改变第一本地振荡器的频率控制字即可实现波道的改变，硬件不需要作任何调整。也就是说，采用超外差结构给工程实现提供了方便。采用多次混频的另一原因是，采用多次带通滤波滤除混频后不需要的频谱分量比采用一次带通滤波在工程上更容易实现。

信号调制器输出的已调制信号与第二本地振荡器输出的频率为 f_{L2} 的本振信号进行第一次上混频，输出频率为 f_1 的中频调制信号，已调制信号的频谱被搬移到以 f_1 为中心的频带上。由于混频器输出的中频信号的中心频率 f_1 比输入信号的中心频率高，所以称为上混频。该中频频率与系统工作波道无关。也就是说，无论系统工作在哪一个波道，第一次上混频后输出的中频频率为常数，以简化工程实现。在混频器的输出信号中，由于中心频率分别为本振与输入信号中心频率之和与之差(简称和频与差频)，这两个频带上均包含相同的有用信号频谱，因此发射机在混频后需要采用带通滤波器滤除不需要的频谱分量，以保留以和频为中频的已调制信号。经滤波后的信号为了满足第二次混频对信号幅度的要求，需进行放大处理。与第一次混频的工作原理相同，放大后的中心频率为 f_1 的中频调制信号与第一本地振荡器输出的频率为 f_{L1} 的本振信号进行第二次上混频，并通过带通滤波与放大处理，输出中心频率为和频 f_c 的已调制射频信号。这样，经过两次混频，信号频谱就从不适合无线传输的低频频段搬移到适合无线传输的射频频段上。需要说明的是，当系统工作波道不同时，输出射频信号的中心频率也会发生相应变化。为了满足系统所有工作波道的要求，第二次混频后的带通滤波器的带宽需覆盖系统所有射频范围。

要保证系统在整个工作区域内正常工作，仅仅对信号进行幅度放大是无法实现的，必须对信号进行功率放大。经功率放大器进行功率放大后达到设计功率要求的射频信号再经双工器以及射频电缆或波导馈送到发射天线，最后由全向天线或方向天线以电磁波的形式向空中辐射。到此为止，就实现了信号的发射与传输。

电磁波在空间的传播随着距离的增加会逐渐衰减，这样接收机的接收天线感应的信号功率会随着发射机与接收机的距离不同而发生变化。当两者的距离较近时，接收信号的功率就大，反之就小。在设计接收机时，必须保证接收的信号功率在某一范围内变化时接收机都能正常接收信号。衡量该特性的指标为系统工作的动态范围、接收机灵敏度等参数。

接收天线感应的信号经射频电缆或波导、双工器后，送到带通滤波器，滤除带外加性噪声，以提高信噪比。由于接收信号很弱，要求射频电缆或波导、双工器以及带通滤波器的损耗要尽量小，因此在某些场合会将包括前置放大器以及主放大器在内的部件都安装在靠近天线的位置，以减小射频电缆或波导对天线感应信号的衰减。

带通滤波器输出的信号经前置放大器与主放大器放大后送到第一混频器，进行第一次下混频，然后输出中频调制信号。前置放大器要求为低噪声放大器(LNA)，这是由于放大器在放大微弱信号时，自身的噪声对信号会产生较大干扰，为减小自身噪声对放大器输出信噪比的不利影响，要求放大器产生的噪声应尽量低。如果前置放大器不是低噪声放大器的话，可能会出现自身产生噪声的幅度大于经放大后的信号幅度的情况，导致有用信号被完全淹没在噪声之中，无法获取有用信号。在设计低噪声放大器时要特别兼顾增益与噪声系数两项指标，低噪声放大器的放大倍数一般在 $10\sim20$ 倍左右。主放大器对信号起主要放大作用，与前置放大器相比，主放大器对噪声系数的要求要宽松得多，而对增益往往要求比较大。在接收机端，为了保证第一混频器输出的中频频率不随工作波道发生变化，以达到后续单元电路通用性的目的，要求第一本地振荡器频率应随着选择的波道发生变化。该要求可根据工作波道而设置相应的频率控制字来实现。另外，第一混频器输出的中频频率需要精心设计，一方面用于减小干扰哨声的影响，另一方面用于减小后面带通滤波器的工程实现难度，通常相对带宽太宽或太窄的带通滤波器在工程上都比较难实现。由于在接收机中混频器输出信号频率比输入信号频率低，所以，接收机中的混频器也称为下混频器。与发射机中的混频器一样，混频输出的和频与差频两个中心频率附近均包含相同的有用信号频谱，接收机为了得到第一中频为差频的有用信号，同样需要对输出信号进行带通滤波与放大处理。为了满足系统大动态范围的要求，该放大器通常为对数放大器。

经带通滤波与放大后输出的第一中频已调制信号被送到第二混频器，完成二次混频，进一步降低中频频率，并再次经带通滤波与放大后，输出第二中频已调制信号。该信号在解调器单元完成对信号的解调，解调后的信号经低通滤波输出基带信号。到此为止，有用信号的频谱就搬移到了低频上。

接收基带信号处理单元的组成与发射基带信号处理单元的组成相对应，比如发射基带信号处理单元由加密与信道编码模块组成，则接收基带信号处理单元一定包含信道译码与解密模块，且组成顺序相反。另外，在复杂电磁环境下接收的信号中会存在干扰，为了有效抑制干扰的影响，在接收基带信号处理单元通常还会对基带信号进行数字滤波处理。接收基带信号处理单元的输出经换能装置后供受信者接收，以获取发送者的信息。扬声器就是一种最常见的将电信号转换成声波的换能装置。

2.1.2 基于软件无线电的实现结构

自 1992 年由 MILTRE 公司的 Jeo Mitola 提出软件无线电(Software Radio)或称为软件可定义的无线电(Soft-Defined Radio)以来，软件无线电就一直引起人们的广泛关注，经过多年研究已取得了引人注目的进展。特别是相应套片的研制使得软件无线电在军事通信、个人通信、雷达等诸多领域已进入实用阶段。软件无线电是无线通信领域的一种新的通信体系结构，它以现代通信理论为基础，以数字信号处理为核心，以微电子技术为支撑，其基本思想是以开放性、可扩展性、结构最简的硬件为通用平台，把尽可能多的硬件功能模块用可升级、可替换的软件来实现。软件无线电所具有的极强的灵活性和开放性等特点使得它成为电子系统的发展趋势。

软件无线电的发展目标之一就是使 A/D 转换与 D/A 转换尽量靠近天线，减少模拟信号处理环节，提高通道的公用性。但考虑到实际电子系统的复杂性、成本以及器件水平（带宽、速度等）等因素，目前 A/D 转换与 D/A 转换基本上均在二次中频上实现，即采用一种超外差式的软件无线电结构，其组成框图如图 2.2 所示。随着 DSP 处理速度的提高，图中数字下变频（DDC）单元和数字上变频（DUC）单元将由 DSP 处理机实现。

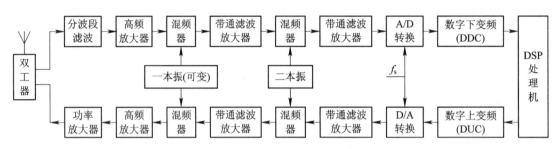

图 2.2 超外差式软件无线电结构

图 2.2 与图 2.1 相比，其差别主要体现在对频率低于二中频信号（包括基带信号）的处理上：第一，传统电子系统中的 A/D 转换和 D/A 转换是针对基带信号进行的，而软件无线电结构是直接对中频调制信号进行转换；第二，对于不同调制方式信号的产生与解调，传统电子系统由不同硬件电路实现，而软件无线电结构由 DDC、DUC、DSP 处理机统一完成，也就是说，基于软件无线电的结构通用性更强，不同的调制方式通过调用不同的软件模块即可实现。

2.2　电子系统主要性能指标

电子系统的主要性能指标也称为电子系统的主要质量指标，它们是从整个电子系统上综合提出或规定的，主要性能指标的设计是电子系统设计的一项重要内容。在评述一个电子系统或者项目外协时，均与电子系统的主要指标密切相关，否则就无法衡量电子系统的质量优劣。

一般来说，电子系统功能与工作环境不同，其要求的性能指标的种类与具体指标会存在很大差别。例如，对于数字通信系统和测距器这两个不同功能的电子系统来说，作用距离与测量精度是测距器的主要技术指标，而作用距离、误码率则是数字通信系统的主要技术指标。显然，在主要技术指标中，前者不包括误码率，后者不包括测量精度。考虑到性能指标是电子系统设计的一项重要内容，同时不同电子系统的性能指标又存在很大差异，这里仅介绍电子系统的主要技术指标以及个别经常用到的指标，各个组成模块或组成单元的技术指标将在相应章节进行介绍。在设计某一具体电子系统的整体技术指标时，可以在本节技术指标的基础上进一步扩充与完善。

1. 系统工作区

系统工作区是指电子系统在正常工作条件下，系统能够可靠实现满足指标要求的预定功能的最大可作用空间。系统工作区主要用来表示系统正常工作的覆盖范围。正确理解系统工作区要注意以下几点：

（1）工作区的前提条件是电子系统工作正常，即电子系统状况良好，工作环境满足要求。

（2）在系统工作区内任何位置工作时能实现预定功能，且性能指标满足规定值或设计值要求。

（3）实现的功能与达到的技术指标要稳定可靠，不随时间发生变化。

（4）系统工作区是一个三维立体空间，其区域的大小通常由发射功率、接收灵敏度、系统动态范围、天线形状与增益、测量精度（或误码率）以及工作频率等因素确定，有时也用最大作用距离来表示系统的工作区。

2. 频率范围

频率范围由电子系统正常工作的最低频率到最高频率的范围构成。有些电子系统按要求设计成在一定频率范围内工作，有些系统则只能工作在某一固定的中心频率上。依据电子系统的工作环境与覆盖范围不同，有的系统的频率范围分布在以地波传播为主的中长波段，如 AM 调制的收音机；有的分布在以天波传播为主的短波波段，如单边带电台；有些则工作在以视距传播为主的超短波段，如超短波电台以及 FM 调制的收音机等。通常将能够在一定频率范围内工作的系统的频率范围分成多个小的频率区间，每个区间构成一个波道，区间的大小与相邻波道间隔相同，由传输信号的带宽以及波道间的保护间隔确定，系统可以设定在任一波道上工作，此时该系统占用的频率资源为该波道覆盖的频率范围，其他波道覆盖的频率范围将被闲置。为了提高频率资源的利用率，一种有效途径是采用认知无线电技术实时检测空闲频谱资源并加以利用。

3. 波道与波道间隔

波道又叫信道或频道，是指电子系统工作时所占用的通频带，通常一个电子系统在它所具有的频率范围内有许多个波道。一个电子系统所具有的信道的数目称为波道数，每个波道有相应的波道号。例如，对于有 N 个波道数的电子系统来说，一般将频率的最低端对应的波道称为 1 波道，频率最高端对应的波道称为 N 波道。两个相邻波道的标称载频的差值称为波道间隔或信道间隔，波道间隔与每个波道占用的通频带大小相等。设 1 波道的中心频率为 f_1，波道间隔为 B，则 n 波道的中心频率 f_n 为

$$f_n = f_1 + (n-1)B \qquad (2-1)$$

波道间隔由传输信号的带宽以及波道间的保护间隔确定，适当设置波道间隔可有效抑制波道间信号的相互干扰（称为邻道干扰）。在一定范围内，波道间隔越大，信号干扰就越小，但是当波道间隔达到一定数值之后，邻道干扰就不随信道间隔的增大而减小了。另外波道间隔过大，频谱利用率就降低了。虽然通信质量很重要，但是频谱资源也很宝贵，所以一般需要在这两者中权衡波道间隔的大小。另外，将电子系统工作的频率范围设置为多个

波道具有以下好处：

（1）在某一局部区域有多个相同类型的系统存在时，通过分别设置使它们在不同的信道上工作，既可以提高频谱利用率，又可以避免因系统工作区重叠而导致的相互干扰，同时还可增加系统工作容量。

（2）所有电子系统均存在可靠性问题，系统设置多个波道为提高可靠性提供了条件保证。为了保证电子系统的稳定性和可靠性，通常采用主、备份工作方式。备份工作方式通常有两种：一种是设备备份，即增设一套专用的备用设备；另一种是波道备份，即将某几个波道作为备用波道。一旦主工作方式出现故障或性能下降，就会自动切换到备份工作方式，以保证系统连续稳定地工作。

（3）电子系统在不同波道随机跳频工作(如跳频通信)，可提高系统工作的保密性。

4. 频率稳定度与频率准确度

频率稳定度与频率准确度是衡量电子系统频率稳定性的两个重要指标。所谓频率准确度，是指电子系统实际工作频率与设置的标称频率的偏差。频率偏差越小，频率准确度越高。通常可用绝对频率偏差与相对频率偏差来表示。绝对频率偏差可表示为

$$\Delta f = f - f_0 \tag{2-2}$$

相对频率偏差可表示为

$$\frac{\Delta f}{f_0} = \frac{f - f_0}{f_0} \tag{2-3}$$

式中：f 为系统实际工作频率；f_0 为设置的标称频率。

所谓频率稳定度，是指一定时间间隔内电子系统频率准确度变化的最大值。频率稳定度 δ 可表示为

$$\delta = \frac{|f - f_0|_{\max}}{f_0}\bigg|_{\Delta t} \tag{2-4}$$

式中，Δt 为时间间隔。

按照时间间隔的长短，频率稳定度又可分为长期稳定度、短期稳定度以及瞬时稳定度三种。长期稳定度一般指一天以上以至几个月的时间间隔内系统工作频率的相对变化，通常由振荡器元器件老化引起。短期稳定度一般指一天之内，以小时、分钟或秒计的时间间隔内系统工作频率的相对变化，通常是由系统长时间工作而导致元器件或设备内部温度变化引起的，可采用自动频率控制(AFC)电路减小频率漂移对系统的影响。瞬时稳定度一般指秒或毫秒时间间隔内的频率相对变化。这种频率变化一般都具有随机性并伴随有相位的随机变化。这种频率不稳定有时也被看作振荡器频率信号附有相位噪声。引起这类频率不稳定的主要因素是振荡器内部噪声。

在频率准确度与频率稳定度两个指标中，频率稳定度更为重要。因为只有频率稳定，才能谈得上频率准确。频率不稳，准确度也就失去了意义。当电子系统工作频率稳定性不好，存在频率漂移时，将导致解调信号的幅度下降，从而引起误码率增加。工程上通常采用AFC技术减小频率漂移对电子系统性能的影响。目前，一般电子系统的频率稳定度在

$10^{-4} \sim 10^{-5}$(即 $100 \sim 10$ ppm)量级，精密仪器以及某些专用设备可达 10^{-6}(即 1 ppm)量级甚至更高。

5. 调制方式

由 2.1 节可知，从消息变换过来的电信号具有频率较低的频谱分量，这种基带信号并不适合在无线信道中进行长距离传播，于是工程上通常采用调制的方法得到适合在无线信道中传输的无线电信号。该方法采用频谱搬移或频谱的非线性变换技术，用基带信号对载波的某个电参量进行控制，使该电参量按照基带信号的变化规律而发生变化。载波的电参量有幅度、频率、相位以及时间间隔，这也就意味着，可用基带信号去控制载波的幅度、频率、相位以及时间间隔，使这些电参量的变化规律与基带信号变化规律相同。这样，对应的调制方式有幅度调制、频率调制、相位调制以及脉冲宽度调制等几种类型，具体的调制方式很多，有关调制方式的详细内容将在第 5 章中介绍。

在电子系统的设计中究竟采用哪种调制方式，不能一概而论，要根据系统的需要而定，合适的就是最好的。在选择调制方式时，应从系统性能方面出发，主要综合考虑不同调制方式的带宽效率(即传输率与最小带宽之比)与误码性能等技术指标。

6. 发射功率与辐射功率

发射功率通常指的是射频单元输出的功率，辐射功率指天线以电磁波的形式辐射的功率，二者既有联系，也有区别。发射功率是功率放大器的输出功率，不包括天线增益，而辐射功率由发射功率、天线增益以及天线辐射效率共同决定。天线增益是指在输入功率相等的条件下，实际天线与理想的辐射单元在空间同一点处所产生的信号的功率密度之比。它定量地描述了一个天线把输入功率集中辐射的程度，也反映了天线朝一个特定方向收发信号的能力，与天线方向图有密切的关系。无线电发射机输出的射频信号，通过馈线(电缆)输送到天线，由天线以电磁波形式辐射出去，其辐射功率决定着发射出去的无线信号的强度和距离。无线电发射机发射功率越大，信号强度越强，同时发射距离也相对较远。发射功率与辐射功率的大小既可以直接用瓦特(W)表示，也可以用 dB(或 dBW)与 dBm(或 dBmW)表示，它们之间的转换关系下节将给出。

电子系统要覆盖给定的工作区，在计算发射功率与辐射功率时，要结合工作频段、电波传播方程与信道衰减模型、天线增益、天线辐射效率、接收灵敏度以及误码率或测量精度等综合考虑。

7. 接收灵敏度与噪声系数

接收机的灵敏度是接收机的重要性能指标，通常是指其输出端满足一定的信噪比和一定的输出功率时，接收天线所需要的最小感应电动势或最小功率。接收灵敏度描述的是接收机可以接收到的并仍能正常工作的最低信号强度。灵敏度可用功率来表示，单位为 dBm，也可以用场强(mV/m)或感应电动势(μV)来表示。接收灵敏度是接收机能够接收信号的最小门限，当接收功率值大于或等于接收机灵敏度时，接收机就能正常工作，也就是说，接收机能够正常地获取包含在发射信号中的信息。反之，如果接收功率低于灵敏度，那么所获取的这些信息的质量将远远低于规定的要求。

灵敏度指标设计与很多因素有关，如系统作用距离、收发天线增益、发射功率、工作频段以及接收机的总增益等。

噪声系数定义为接收机输入信噪比与输出信噪比的比值，其表达式为

$$F = \frac{S_i/N_i}{S_o/N_o} \qquad (2-5)$$

噪声系数表征接收机内部噪声的大小。显然，如果 $F=1$，则说明接收机内部没有噪声，当然这只是一种最极限的理想情况。

接收灵敏度与带宽范围内的热噪声（称作 kTB）、接收机系统噪声系数以及从接收的信号中提取有用信息所需的信噪比有关。接收机灵敏度 S_{min} 与接收机噪声系数 F 的关系可以用下式表示：

$$S_{min} = kT_0 B_n F \qquad (2-6)$$

式中：k 为玻尔兹曼常数，$k \approx 1.38 \times 10^{-23}$ J/K；T_0 为室温的热力学温度，$T_0 = 290$ K；B_n 为系统噪声带宽。

提高接收机的接收灵敏度可使接收机具有更强的捕获弱信号的能力，这样，即使在其他条件不变的情况下也可提高系统的作用距离。目前普通无线电子产品的接收机的接收灵敏度一般为 -85 dBm，市面上的无线产品接收机的接收灵敏度最高可达 -105 dBm，而专业的接收机的接收灵敏度可以达到 -120 dBm。

需要说明的是，接收灵敏度通常定义在天线的输出端口，这样，在计算进入接收系统的信号功率时，接收天线的增益可以加到接收天线的信号功率上去。这就意味着在计算接收系统灵敏度时，必须考虑连接天线和接收机的电缆损耗与前置放大器以及功分器的影响。而生产厂商给定的接收机灵敏度通常是假设天线与接收机之间没有连接的器件，即厂商给定的接收机灵敏度是定义在接收机的输入端的，这一点在设计时要引起注意。

8. 动态范围

动态范围是指系统在正常工作条件下能接收的最大信号与最小信号的功率之比，通常用 dB 表示。所谓系统正常工作是指误码率或测量精度满足设计要求。工程上通常采用前置衰减、对数放大以及 AGC 等技术实现系统的大动态范围。目前，对于采用对数放大的接收机来说，其动态范围可达 80～90 dB。

9. 误码率

误码率 SER(Symbol Error Rate)是衡量数字系统传输消息可靠程度的重要性能指标。定义为错误接收的码元数在传输总码元数中所占的比例，即误码率＝(传输中的误码数/所传输的总码数)×100％。如果有误码就有误码率，且误码率越高，传输质量越差；反之，误码率越低，传输质量越高。由于种种原因，数字信号在传输过程中不可避免地会产生误码。例如在传输过程中受到外界的干扰以及噪声的影响，或在系统内部由于各个组成部分的质量不够理想而使传送的信号发生畸变等。当受到的干扰或信号畸变达到一定程度时，就会产生误码。为了对误码进行纠错，以减小误码的影响，常用的方法就是在系统中采用信道编码技术。除此之外，依据产生误码的原因不同，还可采用块交织技术(时间分集技术)、空

间分集技术、RAKE 接收技术等。

10. 均方误差

均方误差 MSE(Mean – Square Error)是反映估计量与被估计量之间差异程度的一种度量,是评价点估计的最一般标准。均方误差越小,估计量就越准确。均方误差是评价模拟通信系统与测量系统的非常重要的性能指标。对于模拟通信系统来说,均方误差是衡量发送的连续信号与接收端复制的连续信号之间误差程度的质量指标。对于测量系统来说,均方误差能客观反映系统对参数的测量精度。

设 $\hat{\theta}$ 是根据子样本对真实参数 θ 的一个估计量,则 $(\hat{\theta}-\theta)^2$ 的数学期望称为估计量 $\hat{\theta}$ 的均方误差。由于

$$\begin{aligned}
\text{MSE}(\hat{\theta}) &= E\big[(\hat{\theta}-\theta)^2\big] = E\big[((\hat{\theta}-E(\hat{\theta}))+(E(\hat{\theta})-\theta))^2\big] \\
&= E\big[(\hat{\theta}-E(\hat{\theta}))^2\big] + \big[E(\hat{\theta})-\theta\big]^2 + 2E\{[\hat{\theta}-E(\hat{\theta})][E(\hat{\theta})-\theta]\} \\
&= D(\hat{\theta}) + \big[E(\hat{\theta})-\theta\big]^2
\end{aligned} \tag{2-7}$$

所以说,均方误差 $\text{MSE}(\hat{\theta})$ 等于方差 $D(\hat{\theta})$ 与偏差 $|E(\hat{\theta})-\theta|$ 的平方之和。如 $\hat{\theta}$ 是 θ 的无偏估计,则 $\text{MSE}(\hat{\theta})=D(\hat{\theta})$,此时用均方误差评价与用方差评价是完全一致的,这也说明了用方差考察无偏估计是合理的。当 $\hat{\theta}$ 不是 θ 的无偏估计时,就要看其均方误差 $\text{MSE}(\hat{\theta})$,即不仅看方差大小,还要看其偏差大小。

对于模拟通信系统与测量系统来说,由于各种原因导致误差的必然存在,使得测量不可能达到绝对精确。为了提高测量精度,需要对引起测量误差的原因进行深入分析,寻找正确的测量方法,减小测量误差的影响。从均方误差的表达式可以清晰地看出,均方误差由方差与偏差两部分组成。其中,偏差不仅可以减小,甚至能够消除,在实际系统中应使偏差的影响降到最低。方差反映的是系统测量误差这个随机变量的取值对于其数学期望的离散程度,方差越大,离散程度越大。对于电子系统而言,测量误差主要由加性噪声以及测量方法的不完善引起,可通过改进测量方法与降低噪声来减小方差。如在电子系统的前端采用低噪声放大器可降低噪声的影响,在 A/D 转换中提高采样率以及分辨率可减小时间离散与幅度离散带来的误差。

从上面的讨论可知,一个无偏估计系统均方误差与方差完全一致。考虑到真值未知以及工程上无法实现等因素,在对系统进行均方误差或方差测量时,工程上惯用的做法是:对估计值进行多次测量,剔除误差很大的测量值,对剩余的测量值采用以下表达式计算方差的近似值,并且通过增加测量次数的方法,以提高近似值的准确性。

$$\hat{D}(\hat{\theta}) = \frac{\sum\limits_{n=1}^{N}(\hat{\theta}_n-\bar{\theta})^2}{N} \tag{2-8}$$

$$\bar{\theta} = \frac{\sum\limits_{n=1}^{N}\hat{\theta}_n}{N} \tag{2-9}$$

式中:$\hat{D}(\hat{\theta})$ 为对方差 $D(\hat{\theta})$ 的近似估计;$\bar{\theta}$ 为对真值 θ 的近似估计;$\hat{\theta}_n$ 为对真值 θ 的第 n 次测量值。

11. 可靠性

可靠性指电子系统在规定的条件下和规定的时间内,完成规定功能的能力。可靠性的概率度量叫可靠度。衡量系统可靠性的指标一般有两个,即平均无故障时间和平均故障修复时间。这两个参数基本确定了电子系统的工作可靠度与可维修水平。

对于可修复的电子系统而言,平均无故障工作时间指无故障工作时间的平均值,记为MTBF,可表示为

$$MTBF = \frac{\sum_{i=1}^{N} t_i}{N} \qquad (2-10)$$

式中:t_i 是系统能正常工作的 N 个区段之一;N 为区段数。

平均可修复时间指每次失效(故障)后所需修复时间的平均值,记为 MTTR,可表示为

$$MTTR = \frac{\sum_{i=1}^{N} \Delta t_i}{N} \qquad (2-11)$$

式中:Δt_i 为第 i 次故障修复时间;N 为修复次数。

12. 工作环境条件

工作环境条件包括电子系统正常工作的环境温度、储存温度、相对湿度、供电方式、功耗等。电子系统依据用途以及应用场合的不同,一般可分为航天级(即宇航级)、航空级、军用级、工业级、商用级、民用级等几个级别。不同级别的电子系统无论是对可靠性的要求,还是对工作环境条件的要求都存在很大差别。即使功能完全相同,由于级别不同的电子系统对各个器件的要求则不同,其价格也相差甚远。在电子系统的设计与开发中,从开始就要有准确的把握,因为不是所有的电子器件都有军品与民品。电子系统的供电主要有市电交流供电、电池直流供电以及发电机供电等方式,在设计时要根据用户要求选择相应的供电方式。如果电子系统要求有多种供电方式,在设计方案时最好一并考虑,以便进行结构设计。需要注意的是,对于野外工作的便携式电子系统而言,一般都采用电池供电方式,而电池的能量是有限的,在设计方案时,要根据便携式电子系统工作的特点,尽量采用低功耗器件,降低电子系统的功耗,以增加电子系统连续工作的时间。

对于一个电子系统来说,性能指标很多,除了上面介绍的主要指标之外,有的系统对系统容量、体积与重量等也有要求,由于篇幅的关系,不再一一详述,需要时可查阅相关书籍。最后,举例给出某电子系统的主要性能指标如下:

(1) 作用距离:发射机输出功率 10 W,作用距离不低于 200 km。

(2) 频率范围:118~150 MHz。

(3) 波道间隔与波道数:波道间隔 25 kHz,波道数 1281 个。

(4) 频率稳定度:在 $-25℃\sim55℃$ 时小于等于 5×10^{-6}。

(5) 调制方式:AM。

(6) 输出功率:不小于 10 W。

(7) 接收灵敏度:不大于 2 μV。

(8) 电源：交流市电供电，交流 220 V±15％。

(9) 电源功耗：最大消耗功率为 130 W。

(10) 可靠性：平均无故障工作时间为 600 h。

(11) 环境条件：工作温度为 −25℃～＋55℃；储存温度为 −40℃～＋68℃；相对湿度为 90％～95％(温度 40℃)。

2.3 发射机组成与性能指标

尽管电子系统功能需求不同，其实现方案千差万别，但从组成来看，它们又有很多相同或相似的地方，其组成通常都包含发射与接收两大部分。发射部分的主要作用是将需要传递的信息转换成电信号，并将此信号经一系列基带信号处理，调制到高频信号的电参量上，经放大后馈送到天线，以电磁波的形式向空中辐射。接收部分的主要作用是由接收天线接收来自空中的高频无线电波，经滤波放大、下变频、解调以及基带信号处理后，获取希望得到的信号，或进一步经电信号到非电信号的转换后得到传递的信息。虽然电子系统有数字体制与模拟体制两大类，但是由于数字体制具有抗干扰能力强、差错可控、易于加密、可传递各种信息以及便于采用现代电子实现技术与信号(或信息)处理技术对数字信号进行处理等优点，现代电子系统大多采用数字体制的实现方案。结合图 1.1 与图 2.1 可以得到数字体制发射机典型技术实现框图，如图 2.3 所示。

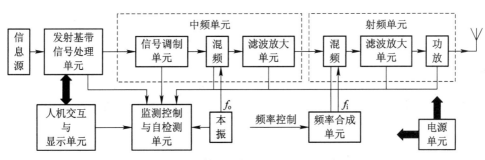

图 2.3   数字体制发射机典型技术实现框图

信息源在各种传感器的作用下将待传送的消息转换成电信号，该信号输入到发射基带信号处理单元，发射基带信号处理单元对基带信号进行相应的处理。对数字体制的电子系统来说，信号调理与模/数转换是发射基带信号处理单元最基本的组成部分。除此之外，还可包含信源编码、块交织、信道编码、伪码扩频、扰码加密等功能模块，视需要而定。尽管信源编码有模/数转换与提高数字信号传输有效性两大任务，但有时还是会把模/数转换看成是最简单的信源编码装置。

中频单元主要有两个作用：一是将数字基带信号调制到载波的某个电参量上；二是对已调制信号进行混频，输出频率固定的中频已调制信号，并滤除不需要的频率成分。射频单元的主要作用是对中频已调制信号上变频，以实现信号在传输媒质中的有效传输，并进行功率放大，以满足系统作用距离的要求。射频单元输出的射频信号经射频电缆或波导馈送到发射天线，以完成对信号的有效辐射。如果系统收发共用一个天线，则射频信号需要经双工器或环形器后送到天线，以实现收发信号的隔离，减小发射信号对接收信号的影响。

在发射机系统中通常还有人机交互与显示单元、监测控制与自检测单元、频率合成单元以及电源单元，它们在发射机中同样扮演着重要的角色，起着不可替代的作用。

在设计发射机的实现方案时，除了需要对其功能进行深入分析外，还要详细研究其性能指标。通常性能指标对实现成本、技术难度起着决定性作用。发射机的主要性能指标如下：

1）频率范围与工作波道

发射机的工作频率范围由它担负的任务决定，并由各级无线电管理委员会做出相应的规定。工作频率决定了发射机射频单元的频率范围。在整个工作频段通常会划分为多个波道，波道数与频率范围具有确定关系。

2）输出功率

发射机输出功率的大小通常由系统的作用距离和可靠性等因素决定。通常作用距离越远，可靠性越高，则要求发射机的输出功率越大。

发射机的输出功率通常指馈送到天线的功率，分波段工作的发射机要求在整个波段中输出功率不低于规定值。

依据发射机发射的是射频连续波信号还是射频脉冲信号，输出功率表达方式则不同。如果输出为射频连续波信号，输出功率通常是指平均功率；当输出为射频脉冲信号时，输出功率一般用峰值功率与平均功率表示。发射机的输出功率主要由末级功率放大器决定。为了满足设计功率要求，通常需采用功率合成技术。

3）总效率

发射机的总效率（简称效率）是指发射机的输出功率与全机总功率（即电源供给的总功率）之比。提高效率对于节约电能、减小发射机的体积与重量等具有重要意义。固定发射机的总效率一般在 5％～30％之间，移动发射机的总效率一般为 10％～20％。

4）频率准确度与频率稳定度

频率准确度与频率稳定度是发射机的两个十分重要的性能指标。频率准确度越高，则建立正常工作的时间就越快，因为如果发射机的频率很准确，则只要将接收机置于指定的频率位置上，开机后不用寻找（搜索）工作频率就可以立即工作；如果发射机的频率稳定度很高，则只要建立了正常工作，就不会因为发射机的频率变化而使工作中断。

5）谐波与副波辐射

谐波与副波辐射也称为杂散辐射。发射机除了在工作频率（称为主波）上输出功率外，在工作频率的谐波和某些其他频率（称为副波）上也会有功率输出。这种谐波与副波辐射会造成对其他电子设备的干扰，因此，应该有所限制。通常要求谐波和副波辐射功率比主波低 40 dB 以上。

6）调制方式

调制方式与上章系统性能指标中的"调制方式"相同，这里不再讨论。需要注意的是，对于模拟调制方式来说还有"调制度"与"调制失真"两个指标要求,需要了解具体内容可参考相关书籍。

某电子设备发射机主要性能指标如下:

(1) 频率范围:150~800 kHz。

(2) 调制方式:AM 调制,调幅度不小于 90%,调制失真度不大于 10。

(3) 输出功率:100 W。

(4) 频率稳定度:$\pm 2 \times 10^{-5}$ 以内。

(5) 频率准确度:$\pm 2 \times 10^{-5}$ 以内。

(6) 谐波与副波辐射:小于 -40 dB。

(7) 电源与功耗:50 Hz 交流电,电压 220V$\pm$20%,功耗不大于 400 W。

(8) 工作环境条件:温度为 $-20℃ \sim +45℃$,相对湿度小于 95%(温度 30℃)。

2.4 接收机组成与性能指标

电子系统接收机部分的主要作用是:由接收天线接收来自空中的高频无线电波,经滤波放大、下变频、解调以及基带处理后,获取希望得到的信号,或进一步经电信号到非电信号的转换后得到传递的信息。结合图 1.1 与图 2.1 可以得到数字体制接收机典型技术实现框图,如图 2.4 所示。

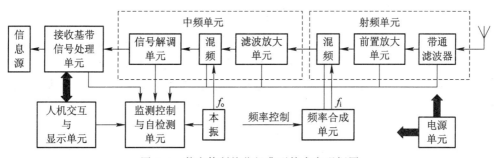

图 2.4   数字体制接收机典型技术实现框图

由天线接收的射频信号通常由有用信号、干扰信号以及噪声组成。其中有用信号是需要获取的信号,经电波传播后往往非常微弱,带通滤波器的作用是抑制带外噪声与干扰,以减小其对有用信号的影响。带通滤波器的带宽为整个电子系统的工作带宽。经带通滤波后的射频信号通过前置放大单元对信号进行适当放大,达到增加有用信号幅度的目的,以便于后续电路处理。经放大后的射频信号与来自频率合成单元的本振信号混频,输出中心频率固定的第一中频信号。当电子系统改变工作波道时,控制频率合成单元输出本振频率的频率控制字也会相应变化,从而本振频率也会发生相应变化,达到混频器输出中频频率不变的目的。

混频输出的第一中频信号经带通滤波与中频放大处理,滤除混频所产生的不需要的频率分量,提取有用的中频信号,同时补偿混频与滤波时对信号产生的损耗。第一中频信号在中频单元与来自本振电路的固定频率信号进行二次混频，进一步降低中频频率，输出第二中频信号。第二中频信号经滤波放大后，送到解调单元对信号进行解调，输出基带信号。

基带信号在接收基带信号处理单元经判决后，进行与发射机对应的处理，包括扰码解扰、解扩、信道译码、解交织、信源译码等，视发射方案而定，输出希望得到的信号。当接收信号受到严重干扰时，接收基带信号处理单元需先进行干扰抑制处理，然后再进行判决。

与发射机类似，接收机除了上面的这些组成单元以外，还有人机交互与显示单元、监测控制与自检测单元、频率合成单元以及电源单元等，它们也是接收机的重要组成部分。

接收机的主要性能指标主要有：

（1）灵敏度与噪声系数。

（2）选择性。选择性表示接收机选择所需要的信号而滤除邻频干扰的能力，选择性与接收机内部频率的选择（如中频频率与本振频率的选择）以及接收机高、中频部分的频率特性有关。在保证可以接收到所需信号的条件下，带宽越窄或谐振曲线的矩形系数越好，则滤波性能越高，所受到的邻频干扰也就越小，即选择性越好。选择性通常用矩形系数、抗拒比（中频抗拒比、镜像抗拒比等）来衡量。

（3）动态范围。

（4）频率范围。

（5）频率稳定度与频率准确度。

（6）保真度。接收机在对信号进行放大和变换过程中会产生各种失真，失真越小，保真度就越高。保真度通常用频率失真系数和非线性失真系数来衡量。

（7）工作稳定性。为了保证系统可靠工作，接收机的电气性能必须非常稳定。工作稳定性通常包括两方面的含义：一是在任何情况下各级放大器必须稳定工作，不能产生自激；二是在工作过程中，各种电气性能指标只能在允许范围内变化。接收机工作不稳定通常表现为：频率不稳定，信号时有时无；增益不稳定，音调忽高忽低；产生各种干扰和啸叫声等。

某电子设备接收机主要性能指标如下：

（1）频率范围：108～175 MHz。

（2）灵敏度：$\leqslant 3\ \mu V$。

（3）中频频率：一中频频率为 250 MHz；二中频频率为 10.7 MHz；三中频频率为 455 kHz。

（4）中频选择性：6 dB 带宽不小于 ± 19 kHz，60 dB 带宽不大于 ± 50 kHz。

（5）干扰抑制：中频抑制不小于 80 dB，像频抑制不小于 70 dB。

（6）信号失真：不大于 10%。

2.5　分贝及其应用

在上面的讨论中不止一次用到了分贝的概念，例如放大器的增益、发射功率、接收灵敏度以及动态范围等都可用分贝表示，可见分贝在电子系统中是一个非常重要且应用很广泛的概念。下面对分贝进行简单介绍。

2.5.1 分贝概述

分贝又称为 dB，是一个对数单位，最早发明它是为了表示功率的比值，现在已经用它来表示多种比值。

$$\text{以 dB 表示的功率} = 10\lg\left(\frac{P_2}{P_1}\right) \qquad (2-12)$$

式中，P_1 与 P_2 是两个被比较的功率。

该单位是以亚历山大·格雷厄姆·贝尔的名字命名的，起源于对电话线衰减的度量，即从电话线一端输出的信号功率与线的另一端输入信号功率的比值。1 dB 与标准电话线上 1 km 的衰减恰好几乎相等，并且，1 dB 所对应的听觉门限还被证明非常接近人类可用耳朵辨识的音频功率电平的最低比值。

分贝的以下几个特性对电子工程师特别有用。首先，由于分贝是对数，当要表达一个大的比例时，可将数的大小降下来。如 2：1 的功率比是 3 dB，而 10 000 000：1 也只是 70 dB。由于电子系统功率电平覆盖范围很大，因此采用分贝对数字进行压缩是非常有价值的。其次是分贝的对数特性。两个用对数表示的数相乘可简单地将两个数对数相加，而且，某数的倒数的对数可以简单地对该数的对数加负号得到。改变用分贝表示的数的符号，数的比例就可以完全颠倒，如 157500 是 52 dB，则 1/157500 就是 −52 dB。另外，当遇到将数的比例提升到更高次方或开方时，分贝的优势就更为明显。如 63 用分贝表示为 18 dB，将其平方，对应的分贝值乘以 2 即可，为 36 dB。将 63 开 4 次方根对应的分贝数除以 4 即能得到，为 4.5 dB。如表 2.1 所示给出了常用功率比与分贝的关系。

表 2.1　常用功率比与分贝的关系

功率比	$1/10^4$	$1/10^3$	$1/10^2$	$1/2^4$	$1/10$	$1/2^3$	$1/2^2$	$1/2$
分贝/dB	−40	−30	−20	−12	−10	−9	−6	−3
功率比	1	1.26	1.6	2	2.5	3.2	2^2	5
分贝/dB	0	1	2	3	4	5	6	7
功率比	6.3	2^3	10	2^4	10^2	10^3	10^4	10^7
分贝/dB	8	9	10	12	20	30	40	70

从上表可以看出：第一，正分贝表示功率比大于1，零分贝表示功率比为1，负分贝表示功率比小于1，功率比为零，则没有对应的等效分贝；第二，每增加 3 dB，功率比增加一倍，每减小 3 dB，功率比减小一半(工程上常说的"3 dB 带宽"指的就是信号功率减小一半所对应的带宽)；第三，互为倒数的数，分贝相差一个正负号。

2.5.2 分贝的应用

在电子系统中，信号放大器的增益、功率放大器的增益、发射功率、接收灵敏度、接收动态范围、滤波器带外抑制以及器件插入损耗等通常都用分贝来表示。

信号放大器一般指对信号幅度的放大，信号放大器的增益（即放大器的放大倍数）指放大器的输出信号幅度与输入信号幅度之比。用分贝表示为

$$K(\mathrm{dB}) = 20 \lg \left(\frac{U_\mathrm{o}}{U_\mathrm{i}} \right) \qquad (2-13)$$

式中，U_o 与 U_i 分别表示放大器输出与输入信号的幅度。如某信号放大器的增益为 60 dB，则放大倍数为 1000 倍，也就是说，如果放大器输入信号幅度为 1 mV，则输出信号幅度为 1 V。

信号在馈送到天线有效辐射之前，往往要经过功率放大环节。功率增益指放大器输出信号功率与输入信号功率之比。用分贝表示为

$$K(\mathrm{dB}) = 10 \lg \left(\frac{P_\mathrm{o}}{P_\mathrm{i}} \right) \qquad (2-14)$$

式中，P_o 与 P_i 分别表示放大器输出信号与输入信号的功率。如果输出信号功率是输入信号功率的 250 倍，则功率增益就是 250，即 24 dB。

损耗是描述功率降低的术语。依照惯例，它是输入信号功率与输出信号功率的比值，正好与增益相反。用分贝表示为

$$L(\mathrm{dB}) = 10 \lg \left(\frac{P_\mathrm{i}}{P_\mathrm{o}} \right) \qquad (2-15)$$

式中，P_o 与 P_i 分别表示器件输出信号与输入信号的功率。如果连接功率放大器与天线的器件为波导，其插入损耗为 1 dB，则输入信号功率为 1000 W 时，输出信号功率变为 800 W。

带外抑制是滤波器的重要性能指标，是指对通带以外的信号的抑制程度。具体地讲，带外抑制是指在滤波器输入带内信号与截止频率点处信号幅度相等的条件下，输出的带内信号与截止频率点处信号幅度之比。用分贝表示为

$$K(\mathrm{dB}) = 20 \lg \left(\frac{U_\mathrm{o, 带内}}{U_\mathrm{o, 截止频率}} \right) \qquad (2-16)$$

式中，$U_\mathrm{o, 带内}$ 与 $U_\mathrm{o, 截止频率}$ 分别表示滤波器输出带内信号与输出截止频率点处信号的幅度。如果滤波器带外抑制至少为 40 dB，则输出通带内信号的幅度至少是输出阻带内信号幅度的 100 倍。

由前面讨论可知，动态范围是指系统在正常工作条件下能接收的最大信号与最小信号的功率之比。用分贝表示为

$$D(\mathrm{dB}) = 10 \lg \left(\frac{P_\mathrm{i, max}}{P_\mathrm{i, min}} \right) \qquad (2-17)$$

式中，$P_\mathrm{i, max}$ 与 $P_\mathrm{i, min}$ 分别表示系统正常工作条件下接收的最大信号与最小信号的功率。如果要求系统的动态范围为 80 dB，则系统能接收的最大信号功率是最小信号功率的 10^8 倍。

尽管分贝最初仅用于表示功率比，但后来也可用来表示功率的绝对值。只是需要建立一些作为参考的功率绝对单位，将一个给定的功率值与该绝对单位联系起来，功率就可用分贝来表示了。

最常用的参考单位为 W，与 1 W 有关的分贝单位是 dBW，1 W 功率为 0 dBW，2 W 功率为 3 dBW，1000 W 的功率等于 30 dBW。即功率 W 与功率 dBW 的转换关系为

$$P(\mathrm{dBW}) = 10\lg P \text{ (W)} \tag{2-18}$$

另一个常用的参考单位为 mW，与 1 mW 对应的分贝单位为 dBm，用 dBm 表示小信号的功率特别方便。如接收功率为 10^{-13} mW，用 dBm 表示为 −130 dBm。功率 mW 与功率 dBm 的转换关系为

$$P(\mathrm{dBm}) = 10\lg P \text{ (mW)} \tag{2-19}$$

发射功率既可以用 dBW 表示，也可以用 dBm 表示，而接收功率与接收灵敏度几乎无一例外用 dBm 表示。

分贝的优点十分明显，所以也被用于功率以外的其他变量，比如雷达散射面积 RCS 对应的分贝单位为 dBsm，天线增益对应的分贝单位为 dBi。这里不再详述，可查阅相关书籍了解。

作业与思考题

2.1 结合电子系统两种实现结构，阐述传统实现结构与基于软件无线电实现结构的区别。

2.2 某振荡器标称频率为 5 MHz，在一天内所测的频率中，与标称值偏离最大的频率值为 4.99995 MHz，则该振荡器的频率稳定度为多少？

2.3 有哪些方法能实现电子系统的大动态范围？试描述每种方法的具体实现方法。

2.4 完成以下计算：

(1) 放大器的增益为 40 dB，对应的放大倍数为多少？

(2) 发射机输出功率为 20 W，用 dBW 与 dBm 表示分别为多少？

(3) 某电子系统的动态范围为 80 dB，则能接收最大信号与最小信号功率之比为多少？

(4) 滤波器的 −3 dB 点相对于 0 dB 点，信号功率衰减了多少？信号幅度衰减了多少？

(5) 当信号幅度下降一半时，信号功率下降了多少 dB？

本章参考文献

[1] 徐勇. 通信电子线路. 北京：电子工业出版社，2017.

[2] 严国萍，龙占超，黄佳庆. 通信电子线路. 2 版. 北京：科学出版社，2016.

[3] 杨小牛，楼才义，徐建良. 软件无线电原理与应用. 北京：电子工业出版社，2001.

[4] 樊昌信，曹丽娜. 通信原理. 7 版. 北京：国防工业出版社，2016.

[5] STIMSON G W. 机载雷达导论. 2版. 吴汉平,译. 北京:电子工业出版社,2005.

[6] 贲德,韦传安,林幼权. 机载雷达技术. 北京:电子工业出版社,2008.

[7] 弋稳. 雷达接收机技术. 北京:电子工业出版社,2005.

[8] 谢钢. GPS原理与接收机设计. 北京:电子工业出版社,2009.

[9] 张光义. 相控阵雷达系统. 北京:国防工业出版社,2001.

电子系统设计与工程应用

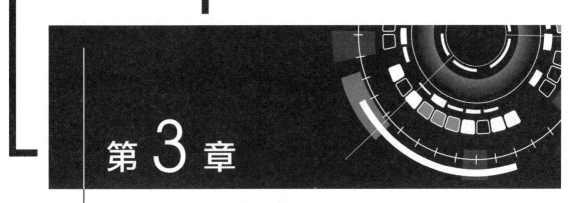

第3章
信息传感与转换

3.1 信息传感技术

3.1.1 传感器概述

电子系统无论采用模拟体制还是数字体制,均只能直接处理电信号,而自然界大量存在的、信号检测与处理的对象或需要传递的信息往往是非电量的,如语音、图像、温度、烟雾、压力、光强等。传感器亦称为变换器、换能器或探测器,它是将各种非电量按一定规律转换成便于处理和传输的电量的装置,也定义为对应于特定被测量提供有效电信号输出的器件。传感器种类繁多,通常都用静态特性与动态特性对其性能进行描述。另外,传感器的敏感元件输出的信号一般比较微弱,往往还需要信号调理电路,以便将微弱的传感器输出信号转换成抗干扰和驱动能力强的信号,有时甚至直接变换成能满足后续电路处理要求的电流(如 $4\sim20$ mA)与电压(如 $0\sim10$ V)信号。

传感器的性能主要通过其输入/输出关系来描述,传感器的输入/输出关系特性是传感器的基本特性。传感器基本特性又分为静态特性与动态特性,静态特性描述的是传感器在被测量不随时间变化,或变化缓慢且在测量期间可忽略其变化时的性能特性,动态特性描述的是传感器在被测量随时间变化时的性能特性。

1. 传感器的静态特性

传感器的静态特性主要通过线性度、精度、迟滞、重复性偏差、准确度、灵敏度、分辨率、稳定性等性能指标来衡量。

对于输入/输出特性呈线性关系的传感器,线性度是非常重要的性能指标,它反映的是实际特性曲线与理论直线间的偏差。

传感器的精度是指测量结果的精确程度，即测量结果与真值的偏差。它以给定的准确度表述重复某个度数的能力，误差越小，精度越高。

当传感器的正(输入量增大)行程和反(输入量减小)行程的实际特性不相重合并形成回线时，称之为传感器具有迟滞，其偏差称为迟滞偏差,如图 3.1 所示。

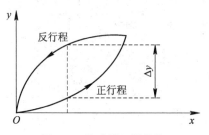

图 3.1　传感器迟滞特性

当传感器在全量程范围内多次重复测试时，同在正行程或同在反行程上对应于同一个输入量，其输出量之间的差值称为重复性偏差。重复性偏差所反映的是测量结果偶然误差的大小而不是表示与真值之间的偏差。有时重复性偏差虽然很好，但实际测量值可能远离真值。

传感器的灵敏度是指传感器在稳态下输出量变化与输入量变化的比值，灵敏度反映了传感器对输入信号的敏感程度。

分辨率又称分辨力，是指使传感器输出发生可观测变化的最小输入变化量。

稳定性表示传感器在一个较长时间内保持其性能的能力，一般以室温条件下经过规定时间间隔后传感器的输出与起始标定时的输出之间的差异来表示。

2. 传感器的动态特性

传感器的动态特性又称为动态响应，它研究的是当被测量随时间变化时，传感器的输出量与输入量之间的动态关系。传感器的动态特性通常用时域、复频域、频域三种数学模型表示。

时域模型就是通过常系数线性微分方程表示传感器的输入/输出关系，复频域模型是通过传递函数表示传感器的输入/输出关系，而频域模型则通过频率响应函数表示传感器的输入/输出关系。

在传感器的应用设计中，应注意以下两点：

(1) 合理选择满足应用要求的传感器。同一类型的传感器型号很多(如温度传感器)，在实际应用中究竟选择哪种型号的传感器，应重点从性能参数、输出电参量的类型、后续接口电路的实现、市场供货情况以及价格等方面来考虑。在性能参数方面，选择比要求的指标稍高一些传感器即可，切忌盲目追求高指标，因为高指标的传感器意味着高价格。传感器输出的电信号有电压与电流两种形式，应根据后续电路是设计成电压还是电流形式而选择相应的传感器，如果二者不一致，则必须设计转换电路，既增加了电路的复杂性，又增加了成本。在传感器的应用中，通常会有一个信号调理电路对传感器输出信号进行处理，并且在器件的数据手册中，也往往有典型电路供用户参考。对于设计者来说，应选择所用器件易购买的典型电路所对应的传感器，否则，会影响开发周期。传感器的市场存货量以及价格也是设计者必须考虑的因素，不要选择市场存货量小，或者要淘汰的传感器，否则，会给今后的维修带来困难。

（2）设计合适的信号调理电路。在调理电路的设计中，不仅要考虑传感器与后续信号处理电路接口的需要，还要注意传感器输出信号中的杂波抑制以及后续电路对传感器的影响问题。

下面讨论几种典型传感器的应用设计。

3.1.2　传声器与应用电路设计

1. 传声器

传声器是一种将声音信号转换为电信号的能量转换器件，它是通过声波作用到电声元件上产生电压，再转为电能。话筒（也称为麦克风，Microphone 英文单词的音译）是最常用的传声器，由最初通过电阻转换声/电发展为电感、电容式转换声/电。

按照目前业内广泛使用的分类方法，话筒可分为动圈话筒和电容话筒。其中，动圈话筒是指由磁场中运动的导体产生电信号的话筒，由振膜带动线圈振动，从而使磁场中的线圈生成感应电流。动圈话筒的特点有：

（1）结构牢固，性能稳定。

（2）频率特性良好，50～15 000 Hz 频率范围内幅频特性曲线平坦。

（3）指向性好。

（4）无需直流工作电压，使用简便，噪声小。

电容话筒的振膜就是电容器的一个电极，当振膜振动，振膜和固定的后极板间的距离发生变化，就产生了可变电容量，这个可变电容量和话筒本身所带的前置放大器一起产生信号电压。电容话筒的特点有：

（1）频率特性好，在音频范围内幅频特性曲线平坦。

（2）无方向性。

（3）灵敏度高，噪声小，音色柔和。

（4）输出信号电平比较大，失真小，瞬态响应性能好，这是动圈话筒所达不到的优点。

（5）工作特性不够稳定，低频段灵敏度随着使用时间的增加而下降，寿命比较短，工作时需要直流电源，使用不方便。

相比较而言，电容话筒在灵敏度和扩展后的高频（有时也会是低频）响应方面通常要优于动圈话筒。

铝带式话筒也是动圈话筒的一种，但它是采用一个很薄的金属片代替传统动圈话筒中所使用的振膜和线圈，通过金属片自身根据声压变化而产生的震动来带动磁场中电流的变化，从而最终产生声音信号。铝带式话筒对高频的响应能力要高于传统的动圈式话筒，但无法和电容话筒相媲美。

传声器或话筒的主要技术指标有灵敏度、频率响应、指向特性、输出阻抗和动态范围等。

灵敏度是表示话筒声/电转换效率的重要指标，是指向话筒施加声压为 1 帕(Pa)的声波时话筒的开路输出电压，单位是毫伏/帕(mV/Pa)。动圈式话筒的灵敏度为 1.5～4 mV/Pa，而电容式话筒灵敏度典型值是 20 mV/Pa。

话筒的灵敏度还常用 dB 来表示，规定 1 伏/帕(V/Pa)为 0 dB，由于话筒输出远小于 1 伏/帕，所以也常用 dBm 与 dBμ 表示。0 dBm＝1 mW/Pa，即把 1 Pa 输入声压下给 600 Ω 负载带来的 1 mW 功率输出定义为 0 dBm；0 dBμ＝0.775 V/Pa，即将 1 Pa 输入声压下话筒输出 0.775 V 电压定义为 0 dBμ。

频率响应反映的是话筒声/电转换过程中衡量频率失真的一个重要指标。话筒在恒定声压和规定入射角声波作用下，各频率声波信号的开路输出电压与规定频率话筒开路输出电压之比称为话筒的频率响应。一般用频率响应曲线来表示，其横轴为频率，单位为 Hz，大部分情况取对数来表示；纵轴则为音强，单位为 dB。当话筒接收到不同频率声音时，输出信号会随着频率的变化而发生放大或衰减。最理想的频率响应曲线应为一条水平线，代表输出信号能真实呈现原始声音的特性，但这种理想情况不容易实现。通常，希望曲线在 2 Hz～20 kHz 音频范围内保持不变。目前，大多数话筒频率响应在 50 Hz～15 kHz 范围内，变化范围在 3 dB 内。

指向特性是指话筒的灵敏度随声波入射方向的变化而变化的特性，又称为方向特性。基本的指向特性有全方向性、"8"字形双方向性和心形单方向性三种。其中全方向性又称无方向性，即话筒灵敏度与声波入射方向无关，甚至对从手柄后面传来的声音亦是如此。"8"字形双方向性是指声波沿话筒振膜正前方或正后方入射，灵敏度最高，而对左右方向(沿振膜的平行方向)的入射声波灵敏度极低。心形单方向性话筒对沿振膜正前方入射的声波灵敏度最高，对沿振膜正后方入射的声波灵敏度极低。

输出阻抗是指话筒的交流内阻。话筒输出阻抗分为高阻输出与低阻输出两类。一般低阻输出阻抗为 200～600 Ω，高阻输出阻抗在 10 kΩ 以上；国产话筒高阻在 20 kΩ 左右；高质量话筒都采用低阻抗方式。为了保证足够的电压传输系数，又不影响整个系统的频率响应，要求与话筒连接的设备的输入阻抗高于话筒输出阻抗 5～10 倍。

话筒的动态范围通常用 dB 表示，是指话筒能够做出线性响应的最大声压级(SPL)与最小声压级之差。动态范围小会引起传输声音失真，音质变坏，因此要求有足够大的动态范围。高保真话筒在谐波失真小于 0.5% 时，动态范围可达 120 dB。

2. 传声器应用接口设计

很多计算机声卡用户需要购买专业话筒，但由于计算机领域的互连规程与专业音频领域的不同，专业话筒与计算机连接时并不容易。为了成功地将专业话筒接入计算机，就必须了解专业话筒和计算机声卡两方面的知识。首先，专业话筒的输出信号很弱，小于 1 mV，而声卡的音频输入端口"Mic In"通常不能接受如此低电平的信号，大多数声卡要求输入最小电平为 10 mV；其次，话筒的阻抗和相连的声卡的阻抗之间的关系对从话筒传送到声卡的信号大小有显著的影响，为获得可靠的接收效果，话筒的输出阻抗必须小于声卡的输入阻抗。一般说来，专业话筒的输出阻抗低于 600 Ω，而大多数声卡的输入阻抗为

$600\sim2000\ \Omega$，因此一般不存在阻抗方面的问题。

通过以上简单分析可知，将话筒直接连接到声卡上效果会很差，必须在话筒与声卡之间加入接口电路，以解决信号的放大问题，且该接口电路的输入阻抗必须大于话筒的输出阻抗。一般来说，对于动圈话筒和电容话筒，接口电路的最佳输入阻抗应该是话筒输出阻抗的 10 倍左右。

话筒与声卡的接口电路如图 3.2 所示。话筒输出主要通过由三极管 BC413B 构成的共发射极放大电路实现；三极管 BC547C 为射级跟随器，用于减小接口电路与声卡的相互影响。该接口电路采用声卡供电的方式，C_2、C_3、R_6 用于滤除电源中的脉冲干扰与交流干扰；R_5 构成负反馈；由三极管 BC413B 构成的共发射极放大电路的输入阻抗一般在几千欧姆或几十千欧姆量级，对话筒输出信号的幅度影响可忽略不计。经过这样的一个接口电路，声卡就能直接对语音信号进行处理了。

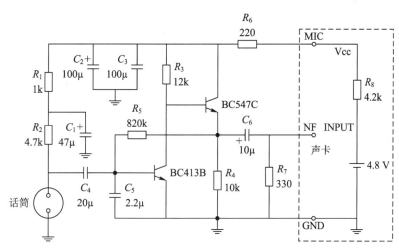

图 3.2　话筒与声卡接口电路

3.1.3　温度传感器与应用电路设计

温度传感器是通过被感知对象的温度变化而相应改变其某种特性或参量的敏感元件。温度传感器随被测对象温度的变化而引起变化的物理参量有膨胀、电阻值、电容值、热电动势、磁性能、频率、光学特性等。按温度传感器与被测对象的接触方式不同可分为接触式与非接触式温度传感器。下面以几种常用的温度传感器为例，对典型应用进行讨论。

1. AD590 温度传感器与应用

AD590 是电流型绝对温度传感器，以电流作为输出量，其典型的电流温度敏感度为 $1\ \mu A/K$。AD590 是一种电压输入、电流输出的二端器件，器件本身与外壳绝缘，使用方便。AD590 作为一种高阻电流源，不需要严格考虑传输线上的电压信号损失和噪声干扰问题，适用于远距离测量。另外，该传感器还适用于多点温度测量系统，而不必考虑选择开关或 CMOS 多路转换器所引入的附加电阻造成的误差。由于内部采用了一种独特的电路结构，并利用薄膜电阻激光微调技术校准，使得 AD590 具有很高的精度。

AD590 的主要性能参数如下：

(1) 线性电流输出，电流温度灵敏度为 1 μA/K。

(2) 测量温度范围为 −55℃～+150℃。

(3) 激光微调校准使定标精度（测量精度）达到 ±0.5℃（AD590M）。

(4) 在整个测温范围内非线性误差小于 0.3℃（AD590M）。

(5) 工作电压范围为 4～30 V。

利用 AD590 测温，可从绝对温度 T(K)计算出摄氏温度 t(℃)，其关系式为

$$T = t + 273.15 \qquad\qquad (3-1)$$

在 AD590 测温的实际应用中要注意几点：

(1) AD590 是温度电流传感器，即电流变化反应温度的变化，在实际应用中，通常要将反应温度的电流值转换成便于处理的电压值。

(2) 在高精度测温中，必须保证 AD590 输出的电流不被分流，通常采用运放的高输入阻抗和虚地来实现。

(3) AD590 是绝对温度传感器，而实际应用中通常只要求反映摄氏温度的变化，可通过硬件电路与后续处理两种方法实现。

如图 3.3 所示给出了 AD590 的几种典型而又非常简单的应用电路。

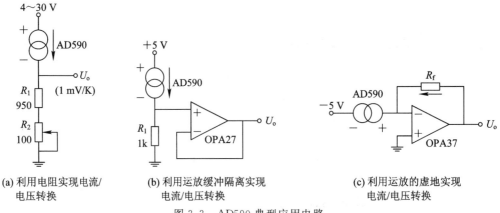

(a) 利用电阻实现电流/   (b) 利用运放缓冲隔离实现   (c) 利用运放的虚地实现
      电压转换   电流/电压转换   电流/电压转换

图 3.3   AD590 典型应用电路

在图 3.3 的三种应用电路中，都将随温度变化的电流转换成了随温度变化的电压，以方便后续处理。图 3.3(a)中通过 R_1 与 R_2 后电压随温度变化的灵敏度为 1 mV/K，调整电位器 R_2 可校准输出的精度。图 3.3(b)中由于运放的输入阻抗远远大于 R_1，使得运放同相端对传感器输出的电流的分流可忽略不计，从而保证了测量的精度。图 3.3(c)则利用运放的虚地使得传感器的输出电流只能流过反馈电阻 R_f，这样输出电压为 $U_o = R_f I$，从而实现电流/电压转换。

由于 AD590 是绝对温度传感器，图 3.3 所示的三种应用电路的输出电压与绝对温度呈正比，而在实际应用中，往往需要检测摄氏温度的变化，也就是说，要求输出与摄氏温度呈正比。如图 3.4 所示就是利用 AD590 实现摄氏温度检测的典型电路。图中第一级运放用作射极跟随器，以隔离后级电路对感应电流的影响。第二级运放的反相端为固定电压，该值可通过电位器 R_2 进行调整，同相端的电压与绝对温度呈正比。为了使第二级运放的输出电压 U_o 与摄氏温度呈正比，只需要在 0℃时调整电位器 R_2，使 $U_o = 0$ V，这样即可消除式

（3-1）中 273.15 常数项的影响。

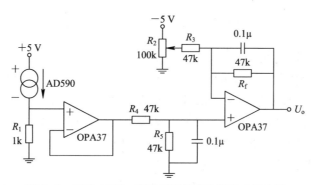

图 3.4　利用 AD590 实现摄氏温度检测的典型电路

2. LM35/45 温度传感器与应用

LM35/45 是电压型摄氏温度传感器，其输出电压正比于摄氏温度，灵敏度为 10 mV/℃。LM35/40 芯片为三端器件，由于芯片内部采用了曲率补偿电路，输出电压的线性度得到了改善，在被测范围内非线性误差仅为±0.2℃。LM35/45 的输出阻抗小，可采用单电源或双电源供电，与后续电路接口简单，使用方便；其工作电流也很小，低于 70 μA，在静止空气中自然升温不超过 0.1℃，测量精度高。

LM35/45 的主要性能参数如下：

（1）线性电压输出灵敏度为 10 mV/℃。

（2）测量温度范围为 -45℃～+150℃。

（3）在全量程范围内测量精度达到±0.4℃。

（4）在整个测温范围内非线性误差为±0.2℃。

（5）工作电压范围为 5～20 V。

LM35/45 基本应用电路如图 3.5 所示。图 3.5(a)是基本接法，该电路只限于对正温度(0℃以上)的检测。对于负温度的检测，可采用图 3.5(b)和图 3.5(c)所示电路。图 3.5(b)采用单电源，LM35/45 的 3 脚(负端)通过二极管接地，以实现负端电平的转移。这样，当温度低于 0℃时，在输出端与负端之间可以得到负的电压输出，从而实现了对负摄氏温度的检测。图 3.5(c)则使用了双电源工作。

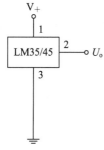
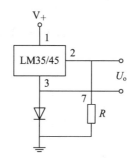
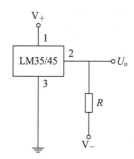

(a) 正温度检测电路　　　　(b) 单电源负温度检测电路　　　　(c) 双电源负温度检测电路

图 3.5　LM35/45 基本应用电路

3.1.4 光电传感器与应用电路设计

1. 光电传感器

光电传感器是采用光电元件作为检测元件的传感器。它首先把被测信号或控制信号的变化转换成光信号的变化，然后借助光电元件进一步将光信号的变化转换成电信号的变化。这个"被测信号或控制信号→光信号→电信号"的转换过程通过光既实现了输入信号（即被测信号或控制信号）到电信号的传输，又实现了输入信号与电信号的隔离。因此，光电传感器在检测与控制中有着广泛的应用，特别适用于被检测量对后续处理电路容易产生干扰的检测场合以及被控单元容易对控制单元产生干扰的控制场合。

由于光电传感器要实现"被测信号或控制信号→光信号→电信号"的转换过程，因此，光电传感器一般包括可控发光源、光通道以及光电器件等部分。其中可控发光源通常为发光二极管或红外发光管，光电器件则主要为光敏电阻、光敏二极管、光敏三极管等。光敏电阻的阻值与光敏二极管的反向电阻会随照射光的增加而减小，光敏三极管则能对光照射后产生的电信号进行放大，从而在发射极产生较大的电流。

常用的光电传感器实际上是一种光电耦合器，它是一种由发光元件（如发光二极管）和光电接收元件合并使用，并以光作为媒介传递信号的器件，发光元件与接收元件被封装在一个外壳内。光电耦合器的发光元件通常是半导体发光二极管，光电接收元件则为光敏电阻、光敏二极管、光敏三极管或可控硅等。按光电耦合器件的输出结构可分为直流输出型与交流输出型两类；按结构与用途不同可分为用于电隔离的光电耦合器和用于检测物体有无的光电开关。

光电传感器也是一种电量隔离转换器，具有抗干扰和单向传输的特性，广泛用于电路隔离、电平转换、噪声抑制、无触点开关以及固态继电器等场合。在计算机控制系统中，来自现场的开关量通过光电传感器可转换成计算机能够接收的数字量，而计算机输出的控制信号（开关量）则通过它变换成能够直接驱动执行机构的信号。

2. 光电传感器的应用接口设计

1）光电传感器在机械有触点开关量输入接口电路中的应用

机械有触点开关量是工程中经常遇到的典型开关量，它由机械式开关（如按钮、继电器）产生。其特点是无源，开关时有抖动。工业生产现场的这些机械式开关在启动与工作过程中会对控制系统产生强烈的干扰，为了保证控制系统的安全可靠，通常在这些开关量与控制系统之间采用光电耦合器进行隔离。其接口电路如图3.6所示。为了消除操作开关时导致的触点抖动，在电路中采用了由R_1和C构成的、有较长时间常数的积分电路。

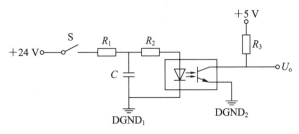

图 3.6　机械有触点开关量输入接口电路

2）光电传感器在电子无触点开关量输入接口电路中的应用

无触点开关量是指电子开关（如固态继电器、功率电子器件、模拟开关）产生的开关量。由于无触点开关通常与主电路没有隔离，因此隔离电路是信号变换的一个重要组成部分。常用的电子无触点开关量输入接口电路如图 3.7 所示。

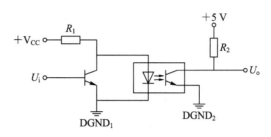

图 3.7　无触点开关量输入接口电路

3）光电传感器在交直流继电器/接触器接口电路中的应用

典型的直流继电器接口电路如图 3.8 所示。对于直流继电器、接触器等磁电式执行器件，应在其线圈两端并联一续流二极管，以抑制元件断开时产生的反电动势对接口电路的影响。

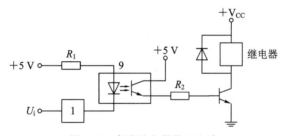

图 3.8　直流继电器接口电路

对于交流继电器或接触器，由于其线圈的工作电压是交流电，通常使用双向晶闸管驱动，接口电路如图 3.9 所示。其中 OPTOTRIC 为双向晶闸管输出型光电耦合器，用于触发双向晶闸管。

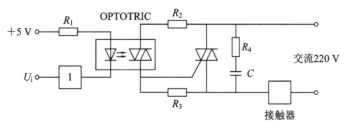

图 3.9　交流继电器接口电路

4）光电传感器在固态继电器接口电路中的应用

固态继电器是一种两输入端、两输出端的四端器件，是一种无触点电子继电器。输入与输出之间用光电耦合器隔离，输入端仅要求很小的控制电流，与 TTL、CMOS 等集成电路具有较好的兼容性，能直接与控制输出相连，而输出则用双向晶闸管接通或断开负载电源。固态继电器具有开关速度快、体积小、寿命长、工作可靠的特点。采用固态继电器不仅能实现小信号对大电流功率负载的开关控制，而且具有隔离作用。固态继电器典型接口电路如图 3.10 所示，图中 MOC3041 为双向晶闸管输出型固态继电器，内有过零触发电路，输入端的控制电流为 15 mA，输出端的额定电压为 400 V，输入与输出端的隔离电压为 7500 V。

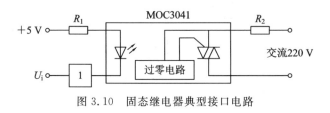

图 3.10　固态继电器典型接口电路

3.2　模/数转换技术

现代电子系统经常会同时涉及数字技术与模拟技术，A/D 转换器与 D/A 转换器则是联系这两种技术的桥梁，即实现模拟系统与数字系统之间的接口功能，因此，A/D 转换器与 D/A 转换器的作用越来越重要。另外，A/D 转换器与 D/A 转换器还是基于软件无线电结构的电子系统的一个基本组成部分。本节主要讨论 A/D 转换技术，下节讨论 D/A 转换技术。

模/数转换器(又称 A/D 转换器或 ADC)是一种将连续的模拟量转换成离散的数字量的一种电路或器件。模拟信号转换成数字信号一般要经过采样、保持、量化、编码等几个环节，因器件的实现方法不同，其工作过程也会有所区别。本节重点讨论与模/数转换应用单元的设计密切相关的内容，包括 A/D 转换器的主要性能指标、A/D 转换器的选择以及 A/D 转换器的工程应用。至于 A/D 转换器的内部组成与工作原理，这里不予讨论，感兴趣的读者可参考相关书籍。

3.2.1　A/D 转换器主要性能指标

A/D 转换器的技术指标很多，包括转换位数、分辨率、转换速度与转换时间、延迟时间、量化误差、滞后误差、零误差、满量程误差、线性误差、信噪比、孔径抖动、无杂散动态范围、互调失真、总谐波失真、有效转换位数等。这些技术指标有些比较专业，在进行器件的选用时不一定每项都要深入考虑，应根据需要对技术指标进行取舍。A/D 转换器的主要技术指标如下：

1）转换位数与分辨率

将模拟信号转换为数字信号时，该数字信号的位数称为转换位数。分辨率指 A/D 转换器输出的数字信号变化一个最低有效位(LSB)时，输入模拟量的"最小变化量"。当输入模拟量的变化比这个"最小变化量"更小时，则不会引起输出数字量的变化。分辨率又称为转换灵敏度或量化电平，是对模拟量微小变化的分辨能力。分辨率与 A/D 转换器的转换位数

和输入满量程有关。假如一个 A/D 转换器的输入电压范围为 $(0, U)$，转换位数为 n，则它的分辨率为

$$\Delta U = \frac{U}{2^n} \qquad (3-2)$$

A/D 转换器的位数越多，其电压输入范围越小，其分辨率就越高。工程上常用相对满度的百分比来表示分辨率，即

$$\left(\frac{\Delta U}{U} \right) \times 100\% \qquad (3-3)$$

由于 A/D 转换器件不能做到完全线性，总会存在零点几位乃至一位的精度损失，从而影响 A/D 转换器的实际分辨率，降低了 A/D 转换器的转换位数。通常用有效转换位数表示转换器非线性的影响。

2) 转换时间与转换速度

转换时间是指 A/D 转换器从启动转换到转换完成所需的总时间，即 A/D 转换器每转换一次所需时间。显然该指标也表明了转换速度，即每秒钟内能完成的转换次数。

3) 量化误差

A/D 转换器的量化误差是一个固定误差，也称为舍入误差。由于 A/D 转换器的输出数字位数有限而导致 A/D 转换器的量化误差为 $\pm(1/2)$LSB。

4) 延迟时间

延迟时间是指 A/D 转换器发出采样命令的采样时钟边沿（上升沿或下降沿）与实际开始采样的时刻之间的时间间隔。

3.2.2 A/D 转换器的选择

针对不同的采样对象，有不同的 A/D 转换器可供选择，其中有通用的也有专用的，有些 A/D 转换器还包含其他功能。在选择 A/D 转换器时需考虑多种因素，除关键参数外，还应考虑其他因素，如数据接口类型、控制接口与定时要求、采样保持性能、基准要求、校准能力、通道数量、电源要求（单电源还是双电源）、输出二进制数字量的编码形式、功耗、使用环境要求、封装形式以及与软件有关的问题等。

1) 采样率的选择

A/D 转换器采样率的选择要根据待进行 A/D 转换的模拟信号确定。当待转换的信号为基带信号时，则采样率至少应满足奈奎斯特采样定理要求；当待转换的信号为中频调制信号时，采样率须满足带通采样定理要求。工程实现中，采样率通常选择采样定理要求的采样率的 1~3 倍，甚至更高。如待转换的基带信号最高频率为 3 kHz 时，工程上采样率取 18~24 kHz，最好为 30 kHz，甚至更高。由于 A/D 转换器的采样率指标通常是以区间形式给出的，只要工程设计的采样率在此区间，则从采样率要求考虑，该 A/D 转换器就符合工程要求。

2) 转换位数与分辨率的选择

工程设计人员进行转换位数与分辨率的选择时，首先要根据电子系统性能指标确定要

求能分辨的模拟信号的最小变化量,该最小变化量实际上就是对 A/D 转换器的分辨率要求;其次,确定输入到 A/D 转换器的模拟信号的幅度变化范围(动态范围);第三,利用 A/D 转换器的位数、分辨率以及满量程(即信号的最大幅值)三者之间的关系式(3-2),计算对 A/D 转换器位数的要求;最后,根据对转换位数、分辨率以及满量程的要求,选择合适的模/数转换器。工程上选择 A/D 转换器时,尽量选择比要求高一些的 A/D 转换器,以便保留一定的余量。

这里需要说明的是,上面的计算是在实际信号的最大幅值与 A/D 转换器的满量程相等的条件下进行的,而在实际中,由于信号的最大幅值可能是一任意值,而 A/D 转换器的满量程是一确定值,二者可能不等。在这种条件下,一方面要对信号进行调理,使信号的最大幅值与 A/D 转换器的满量程相等,以便使 A/D 转换器的动态范围得到充分利用;另一方面,要对调理后的信号的分辨率以及转换位数重新计算,以验证选择的 A/D 转换器是否符合要求。

3)输入模拟量通道数与信号变化范围的选择

有的 A/D 转换器只有一个模拟输入通道,有的则有多个输入通道,A/D 转换器的模拟输入信号范围常为 0~5 V、0~10 V、−5~+5 V、−10~+10 V。对于贴片器件来说,一般转换速度较高,其范围通常为 0~3 V。在工程应用中应根据 A/D 转换器输入的模拟信号数量以及信号变化范围选择合适的器件。

4)基准电源、工作电源与采样时钟的考虑

基准电源是 A/D 转换器将模拟量转换成数字量时用的基准源,直接影响转换精度。采样时钟是 A/D 转换器必不可少的组成部分。有的模/数转换器内部集成有基准电源与采样时钟振荡电路,有的则没有,需要外部自行设计。在选择 A/D 转换器时,应尽量选择内部集成有这些模块的器件,以减小成本与设计复杂性。另外,有的 A/D 转换器为单电源供电,有的则要求双电源供电,如果电子系统中其他功能模块都采用的是单电源供电方式,在选择 A/D 转换器时,最好也选用单电源供电的器件。

5)数字接口考虑

A/D 转换器输出有并行输出与串行输出,输出电平以及 A/D 转换器的控制逻辑电平有 TTL 电平、CMOS 电平与 ECL 电平,输出的数字量编码有偏移码与补码。在工程应用中都要仔细考虑,以选择合适的器件,否则,就有可能导致电路的复杂性。如在单元电路中其他功能器件均采用 TTL 电平,而 A/D 转换器选用的是 ECL 电平,则在 A/D 转换器与其他功能器件的连接中都必须加入电平转换电路。

6)工作环境考虑

根据工作环境选择 A/D 转换器的环境参数,如功耗、工作温度等。A/D 转换器的功耗应尽可能低,因为转换器的功耗太大会带来供电、散热等许多问题。

3.2.3 A/D 转换器工程应用

为满足实际需要,市场上有各种各样的 A/D 转换器芯片,下面结合 AD 公司的

AD1674 以及美国国家半导体公司(NSC)的 ADC0809 讨论 A/D 转换器的工程应用。

1. AD1674 及其应用

AD1674 是美国 AD 公司推出的一种完整的 12 位并行模/数转换单片集成电路。该芯片内部自带采样保持器(SHA)、10 V 基准电压源、时钟源以及与微处理器总线直接接口的暂存/三态输出缓冲器。

AD1674 的基本特点和参数如下：

(1) 带有内部采样保持的完整 12 位逐次逼近(SAR)型模/数转换器。

(2) 采样频率为 100 kHz。

(3) 转换时间为 10 μs。

(4) 具有 ±(1/2)LSB 的积分非线性(INL)以及 12 位无漏码的差分非线性(DNL)。

(5) 满量程校准误差为 0.125%。

(6) 内有 +10 V 基准电源，也可使用外部基准源。

(7) 四种单极或双极电压输入范围分别为 ±5 V，±10 V，0~10 V 和 0~20 V。

(8) 数据并行输出，采用 8/12 位可选微处理器总线接口。

(9) 双电源供电：模拟部分为 ±12 V/±15 V，数字部分为 +5 V。

(10) 功耗低，仅为 385 mW。

AD1674 的引脚图如图 3.11 所示。引脚按功能可分为逻辑控制端口、并行数据输出端口、模拟信号输入端口和电源端口四种类型。

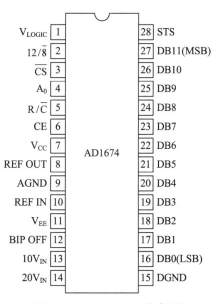

图 3.11　AD1674 引脚图

1) 逻辑控制端口

$12/\overline{8}$(数据输出位选择输入端)：当该端输入为低时，数据输出为双 8 位字节；当该端输入为高时，数据输出为单 12 位字节。

$\overline{\text{CS}}$(片选信号输入端)：低电平片选有效。

R/$\overline{\text{C}}$(读/转换状态输入端)：在完全控制模式下，输入为高为读状态；输入为低时为转换状态；在独立工作模式下，在输入信号的下降沿开始转换。

CE(操作使能端)：输入为高时，芯片开始进行读/转换操作。

A_0(位寻址/短周期转换选择输入端)：在转换开始时，若 A_0 为低，则进行 12 位数据转换；若 A_0 为高，则进行周期更短的 8 位数据转换；当 R/$\overline{\text{C}}$＝1 且 12/$\overline{8}$＝0 时，若 A_0 为低，则高 8 位(DB4～DB11)为数据输出；当 R/$\overline{\text{C}}$＝1 且 12/$\overline{8}$＝0 时，若 A_0 为高，则 DB0～DB3 和 DB8～DB11 为数据输出，而 DB4～DB7 置零。

STS(转换状态输出端)：输出为高时表明转换正在进行；输出为低时表明转换结束。

2）并行数据输出端口

DB0～DB11(并行数据输出端)：DB11～DB8 在 12 位输出格式下，输出数据的高 4 位；在 8 位输出格式下，A_0 为低时也可输出数据的高 4 位。

3）模拟信号输入端口

10 V_{IN}(10 V 范围输入端)：包括 0～10 V 单极输入或±5 V 双极输入。

20 V_{IN}(20 V 范围输入端)：包括 0～20 V 单极输入或±10 V 双极输入。

应当注意的是如果已选择了其中一种作为输入范围，则另一种不得再连接。

4）电源端口

V_{CC} 为＋12 V/＋15 V 模拟供电输入；V_{EE} 为－12 V/－15 V 模拟供电输入；V_{LOGIC} 为＋5 V 逻辑供电输入。

AGND 为模拟接地端，DGND 为数字接地端。

REF OUT 为＋10 V 基准电压输出端。

REF IN(基准电压输入端)：在 10 V 基准电源上接 50 Ω 电阻后连于此端。

BIP OFF(双极电压偏移量调整端)：该端在双极输入时可通过 50 Ω 电阻与 REF OUT 端相连，在单极输入时接模拟地。

一种利用 AD1674 对语音信号进行模/数转换的电路如图 3.12 所示。来自插座 J_1 的语音信号经电位器调整信号的幅度，以满足模/数转换器对信号幅度的要求，该信号经 LF353 构成的射随器后，加到模/数转换器的模拟信号输入端。由于要求模拟信号转换成 12 位数字信号，所以 12/$\overline{8}$(数据输出位选择输入端)接高电平。

从电路图可看出，由于 $\overline{\text{CS}}$(片选信号输入端)接低电平，CE(操作使能端)接高电平，显然，模/数转换的启动完全由 R/$\overline{\text{C}}$(读/转换状态输入端)的信号控制。当模/数转换结束后，STS(转换状态输出端)将变为低电平，该信号经电平转换芯片 SN74LVC16245 后与 TMS320VC33 DSP 的中断端相连。也就是说，模/数转换结束，DSP 将执行中断服务程序，读取转换结果，供 DSP 进行语音信号的处理。需要说明的是，由于 AD1674 的输出为 5 V 供电的 TTL 电平，而 TMS320VC33 DSP 采用的电源是 3 V，因此 AD1674 与 TMS320VC33 所有信号的连接都必须经过电平转换芯片 SN74LVC16245。

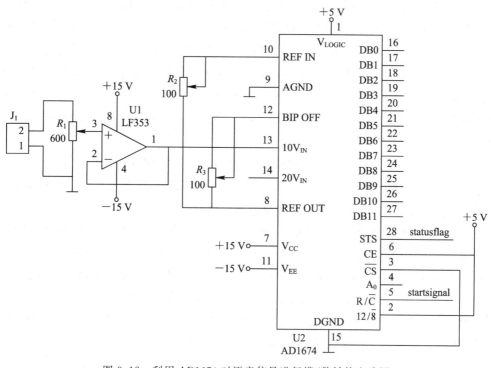

图 3.12 利用 AD1674 对语音信号进行模/数转换电路图

2. ADC0809 及其应用

ADC0809 是美国国家半导体公司（NSC）生产的 CMOS 工艺、8 通道、8 位逐次逼近式 A/D 转换器；其内部有一个 8 通道多路开关，可根据地址码锁存译码后的信号，选择其中的一路进行 A/D 转换；具有通道地址译码锁存器、输出带三态数据锁存器；启动信号为脉冲启动方式，最大可调误差为 ±1 LSB。ADC0809 内部没有时钟电路，故 CLK 时钟需由外部输入，CLK 允许范围为 500 kHz～1 MHz，典型值为 640 kHz，每一通道的转换需要 66～73 个时钟周期，即时间为 100～110 μs。

ADC0809 允许 8 路模拟量输入，但共用一个 AD 转换器，同一时刻只能选择 1 路模拟信号进行转换，通道选择由对 ADDA、ADDB、ADDC 进行地址位锁存与译码完成。模/数转换结果通过三态锁存器后输出，故可直接与系统数据总线（DB）相连。

ADC0809 的引脚图如图 3.13 所示。引脚分为逻辑控制端口、并行数据输出端口、模拟信号输入端口和电源端口四种类型。引脚功能说明如下：

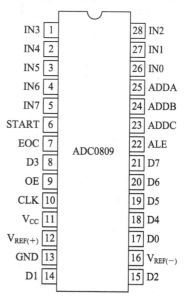

图 3.13 ADC0809 引脚图

IN0~IN7 为 8 路模拟量输入端；D0~D7 为 8 位数字量输出端；ADDA、ADDB、ADDC为 3 位地址，用于选择进行 A/D 转换的通道；ALE 为地址锁存允许信号（输入），高电平有效；START 为 A/D 转换启动信号（输入），高电平有效；EOC 为 A/D 转换结束信号（输出），高电平有效，在 A/D 转换期间，输出低电平，转换结束，输出高电平；OE 为数据输出允许信号（输入），高电平有效，在 A/D 转换结束后，给该引脚输入高电平，转换结果才能通过三态门输出；CLK 为时钟信号输入端；$V_{REF}(+)$、$V_{REF}(-)$为基准电压端；V_{CC}为 +5 V 电源端，GND 为地端。

ADC0809 与控制系统、数据处理系统连接接口简单，在设备的开机自检测单元设计、故障自诊断（智能诊断）电路设计、设备重要输出参数的定期监测单元电路设计以及对非电量参数（温度、湿度、光强等）的实时检测中得到广泛应用。

一种利用 ADC0809 与单片机进行模/数转换与数据处理的电路如图 3.14 所示。ADC0809 的时钟由单片机的 ALE 信号经 4 分频后提供，频率为 500 kHz；ADC0809 的START 与 ALE 信号由地址译码信号 CS0 与 WR 提供，用于启动模/数转换；通道选择信号来自低位地址 A0~A3；模/数转换器的 EOC 与单片机的 P10 相连；单片机通过查询 P10的电平状态，判断模/数转换是否结束。一旦转换结束，由 CS0 与 RD 共同作用于 OE 端，读取转换结果，并由单片机完成对模/数转换数据的处理。

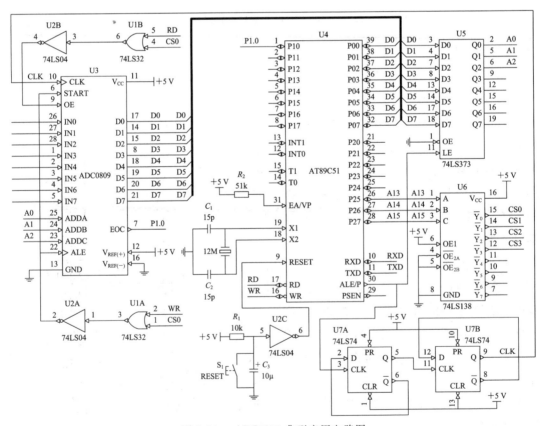

图 3.14　ADC0809 典型应用电路图

3.3 数/模转换技术

与 A/D 转换器一样，D/A 转换器作为电子系统的一个组成部分，在工业控制、电子仪器仪表等各个领域得到了广泛应用(因为现实世界的控制都是模拟控制的)。数/模转换(又称 D/A 转换器或 DAC)是一种将二进制数字量形式的离散信号转换成以标准量(或参考量)为基准的模拟量的转换器件。D/A 转换器通常由加权电阻网络、运算放大器、基准电源以及模拟开关 4 个部分组成。按输出模拟量的形式不同，D/A 转换器可分为电流型 DAC 与电压型 DAC；按数字量输入的形式不同，分为并行 D/A 转换器与串行 D/A 转换器两种。一般并行 D/A 转换器比串行 D/A 转换器的转换速度快，但并行 D/A 转换器的引脚多，最常用的数/模转换器是将并行二进制的数字量转换为直流电压或直流电流的并行 D/A 转换器。不同的应用领域，所需求的 D/A 转换器的性能不同，有的领域需要高速 D/A 转换器，如仪器仪表领域；有的需要高精度的 D/A 转换器，如医疗器械领域。针对不同的需求，选择合适的 D/A 转换器芯片是硬件工程师的重要工作。下面讨论与数/模转换应用单元设计密切相关的内容，包括 D/A 转换器的主要性能指标及其工程应用。

3.3.1 D/A 转换器主要性能指标

D/A 转换器的技术指标很多，除了分辨率、转换建立时间、量程等主要指标外，还有其他指标。下面分别介绍这些指标的具体含义，以方便工程应用时选择合适的 D/A 转换器芯片。

1) 分辨率

分辨率是 D/A 转换器对输入数字量变化的敏感程度，即当输入数字量发生单位数字变化(LSB 位产生一次变化)时，所对应的输出模拟量(电压或电流)的变化量。分辨率与输入数字量的位数有关，实际使用中，也用输入数字量的位数表示分辨率。数字量的位数越多，分辨率就越高。如果 D/A 转换器输入数字量的位数为 n，则其分辨率为 2^{-n}，如 8 位数模转换器的分辨率为 1/256。

2) 精度

D/A 转换器的转换精度与集成芯片的结构和接口电路配置有关。如果不考虑 D/A 转换器的其他误差，D/A 转换器的转换精度就是分辨率的大小。因此，要获得高精度的 D/A 转换结果，必须选择有足够分辨率的转换器。同时转换精度还与外接电路的配置有关，当外部电路器件或电源误差较大时，会造成较大的转换误差，当这些误差超过一定范围时，D/A 转换就会产生错误。

在 D/A 转换过程中，影响转换精度的主要因素有失调误差、增益误差、非线性误差以及微分非线性误差。

3) 转换建立时间

转换建立时间是描述 D/A 转换器运行快慢的一个参数，其值为数字量输入到模拟量输出至终值误差的±(1/2)LSB 时所需要的时间。转换建立时间表明了 D/A 转换器从数字量输入到模拟量输出的转换速度。

电流输出型的 D/A 转换器的转换建立时间比较短，而对于电压输出型 D/A 转换器，由于内部的运算放大器需要一定的延迟时间，因此转换建立时间要长一些。

4) 非线性误差

非线性误差定义为实际转换特性曲线与理想特性曲线之间的最大偏差，并以该偏差与满量程的百分数度量，在转换器电路设计中，一般要求非线性误差不大于±(1/2)LSB。

5) 标称满量程与实际满量程

标称满量程(NFS)是指相应于数字量的标称值 2^n 的模拟输出量。实际满量程(AFS)是指实际输出的模拟量。D/A 转换器实际输出的数字量为 2^n-1，要比标称值小一个 LSB，即实际满量程要比标称满量程小一个 LSB 的增量。

6) 增益误差

转换器的输入与输出特性曲线的斜率称为 D/A 转换增益，实际转换的增益与理想增益之间的偏差称为增益误差。通常用输入时的输出值与理想输出值之间的偏差来表示，也可以用偏差值相对满量程的百分数来表示。

7) 温度系数

在满刻度输出条件下，温度每升高 1℃，输出变化的百分数定义为温度系数。

8) 失调误差

失调误差又称为零点误差，定义为数字输入全为 0 码时，其模拟输出值与理想输出值的偏差值。对于单极性 D/A 转换，模拟输出的理想值为 0 V。对于双极性 D/A 转换，理想值为负域满量程。偏差值的大小一般用 LSB 或偏差值相对于满量程的百分数来表示。

9) 尖峰

尖峰指的是 D/A 转换器的输入端的数字信号发生变化的时刻，在输出端产生的瞬时误差。

10) 电源抑制比

对于高质量的 D/A 转换器，要求其内部的开关电路与运算放大器所用的电源电压发生变化时，对输出电压的影响要极小。通常把满量程电压变化的百分数与电源电压变化的百分数之比称为电源抑制比。

11) 工作温度范围

一般情况下，影响 D/A 转换精度的主要环境与工作条件因素是温度与电源电压的变化。由于工作温度会对 D/A 转换器内部的运算放大器、加权电阻网络等产生影响，所以只有在一定的工作温度范围内才能保证额定精度指标。较好的 D/A 转换器的工作温度范围在 −40℃～+85℃ 之间，较差的 D/A 转换器的工作温度范围在 0℃～70℃ 之间。多数器件的静、动态指标均是在 25℃ 的工作温度下测得的，工作温度对各项精度指标的影响用温度系数来描述，如失调温度系数、增益温度系数、微分线性误差温度系数等。

以上这些技术参数反应了 D/A 转换器的主要性能，是选购 D/A 转换器的主要参考指标。

3.3.2 D/A 转换器的选择

针对不同的应用场合，有不同的数/模转换芯片可供选择。在实际应用中如何选择合适的 D/A 转换器，主要从以下几个方面考虑：

1）性能指标要求

在选择 D/A 转换器时，首先要分析具体应用对 D/A 转换器的指标要求，然后，在此基础上选择满足指标要求的 D/A 转换芯片。D/A 转换器的性能指标很多，在选择 D/A 转换器时，通常重点考虑转换速度、分辨率以及准确度三个指标。转换速度由转换建立时间决定，如某 D/A 转换器的转换建立时间为 100 μs，如果在具体应用中输出两个相邻数字量的最小时间间隔为 50 μs，则该转换器将无法满足要求；如果最小时间间隔为 200 μs，则该转换器能满足应用要求。分辨率反映了 D/A 转换器对输入数字量变化的敏感程度，如某 D/A 转换器的 LSB 位产生一次变化对应 10 mV，而工程上要求最小分辨电压为 5 mV 时，则该芯片将无法满足要求。为方便工程实现，通常 D/A 转换器的位数应与输出数字编码的位数一致。D/A 转换器的准确度与集成芯片的结构、接口电路配置、电源误差以及转换器本身的失调误差、增益误差、非线性误差以及微分非线性误差等因素有关。除了对精度要求特别高的场合需要仔细考虑准确度指标外，随着电子实现技术的发展，D/A 转换器的准确度通常都能满足一般工程应用要求。

2）数字接口

输入到 D/A 转换器的数字量逻辑电平有 TTL 电平、CMOS 电平与 ECL 电平，通常优先选择与待转换数字量逻辑电平、编码格式一致的转换器。如果没有满足要求的芯片，则必须在 D/A 转换器与其他功能部件的连接之间加入电平转换电路，否则，将会导致数字量的不稳定。

3）基准电源、工作电源与输出模拟量的形式

基准电源的精度直接影响 D/A 转换精度，基准电源可以分为内部基准和外部基准、固定基准和可变基准、单极性基准和双极性基准。在选择器件时，应尽量选择有内部集成基准的器件，以减小成本与设计复杂性。

工作电压的变化也会影响转换精度，有的 D/A 转换器为单电源供电，有的则要求双电源供电，如果其他功能模块都采用的是单电源供电方式，在选择 D/A 转换器时，最好也选用单电源供电的 D/A 转换器。

D/A 转换器模拟量的输出有电压与电流两种形式，究竟选择哪种输出形式的 D/A 转换器，主要由后续电路对模拟量的要求确定。如果后续电路要求输入模拟电压，则尽量选择输出为电压的 D/A 转换器，否则，设计电路时需要加入电流到电压的转换电路。

4）工作环境

应根据工作环境选择 D/A 转换器的环境参数，如功耗、工作温度等。D/A 转换器的功耗应尽可能低。

3.3.3 D/A 转换器工程应用

为满足实际需要，市场上有各种各样的 D/A 转换器芯片，下面以美国国家半导体公司

的 DAC0832 为例，讨论 D/A 转换器的工程应用。

DAC0832 是一种 8 分辨率的 D/A 转换集成芯片，为并行输入电流型 D/A 转换器，具有价格低廉、转换控制容易、接口简单、与微处理器完全兼容的优点，在单片机应用系统中得到广泛应用。该芯片由 8 位输入锁存器、8 位 DAC 寄存器、8 位 D/A 转换电路及相应控制电路组成。电流稳定时间为 1 μs，+5～+15 V 单电源供电，功耗 20 mW。

DAC0832 的引脚图如图 3.15 所示。引脚功能说明如下：

D0～D7(8 位数据输入端)：TTL 电平，D7 为最高位，D0 为最低位，有效时间应大于 90 ns(否则锁存器的数据会出错)。

ILE(数据锁存允许控制信号输入端)：高电平有效。

$\overline{CS}$(片选信号输入端)：选通数据锁存器，低电平有效。

$\overline{WR1}$(8 位输入锁存器写选通输入端)：低电平(脉宽应大于 500 ns)有效。当 ILE 为高电平、$\overline{CS}$ 与

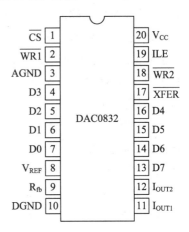

图 3.15　DAC0832 引脚图

$\overline{WR1}$ 均为低电平时，8 位输入锁存器为直通方式；当 ILE 为高电平、$\overline{CS}$ 为低电平、$\overline{WR1}$ 为高电平时，8 位输入锁存器为锁存方式。

$\overline{XFER}$(数据传输控制信号输入端)：低电平(脉宽应大于 500 ns)有效。

$\overline{WR2}$(8 位 DAC 寄存器选通输入端)：低电平(脉宽应大于 500 ns)有效。当 $\overline{WR2}$ 与 $\overline{XFER}$ 均为低电平时，8 位 DAC 寄存器为直通方式，8 位 DAC 寄存器的输出随寄存器的输入而变化；当 $\overline{WR2}$ 与 $\overline{XFER}$ 均为高电平时，8 位 DAC 寄存器为锁存方式，8 位输入锁存器的数据送到 8 位 DAC 寄存器并开始 D/A 转换。

I_{OUT1}(电流输出端 1)：电流值由 8 位 DAC 寄存器的二进制数据决定，且与二进制数据成线性关系。

I_{OUT2}(电流输出端 2)：其值与 I_{OUT1} 值之和为一常数。单极性输出时 I_{OUT2} 接地，双极性输出时 I_{OUT2} 接运算放大器。

R_{fb}(反馈信号输入端)：改变 R_{fb} 端外接电阻值可调整转换满量程精度。

V_{CC} 为电源输入端，范围为 +5～+15 V，V_{REF} 为基准电压输入端，范围为 -10～+10 V，AGND 为模拟信号地，DGND 为数字信号地。

根据对 DAC0832 内部的 8 位输入锁存器与 8 位 DAC 寄存器的控制方式不同，DAC0832 有直通方式、单缓冲方式和双缓冲方式三种工作方式。

1) 单缓冲方式

单缓冲方式是控制 8 位输入锁存器与 8 位 DAC 寄存器同时接收数据，也就是一个工作在锁存状态，一个工作在直通状态。该工作方式主要用于只有一路模拟量输出或几路模拟量异步输出的情形。

2）双缓冲方式

双缓冲方式是先将数据写入 8 位输入锁存器并锁存，再控制 8 位输入锁存器的数据到 8 位 DAC 寄存器，即分两次锁存待转换的数据。此方式主要用于多个 D/A 转换同步输出的情形。

3）直通方式

直通方式是 8 位输入锁存器与 8 位 DAC 寄存器工作在直通状态，8 位输入锁存器与 8 位 DAC 寄存器中的数据随 D0～D7 的变化而变化。由于这种工作方式将输入的数据直接转换成模拟信号输出，且 D0～D7 变化时，模拟信号会跟随变化，而 D0～D7 通常与控制器或处理器的总线相连，会出现模拟信号随总线数据变化的情况，因此，这种方式较少运用。一种利用 DAC0832 对单片机输出的数据进行数/模转换的接口电路如图 3.16 所示。

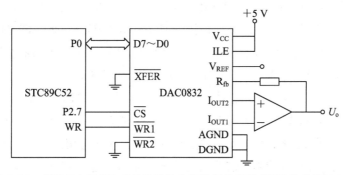

图 3.16　利用 DAC0832 对单片机输出的数据进行数/模转换的接口电路

DAC0832 工作于单缓冲方式，其内部两个寄存器一个处于直通状态，另一个则受单片机控制。由图可见，$\overline{XFER}$ 与 $\overline{WR2}$ 接地，DAC0832 的 DAC 寄存器工作于直通状态。$\overline{WR1}$ 与单片机的 WR 相连，ILE 接高电平，$\overline{CS}$ 与单片机的高位地址 P2.7 相连作为数/模转换器的片选信号，输入锁存器工作于受控锁存方式。运算放大器的作用是将电流转换成电压。输出电压 U_o 与二进制数据 n 的关系为

$$U_o = -n \cdot \frac{U_{REF}}{256} \qquad (3-4)$$

式中，U_{REF} 为基准电压。由式可见，输出电压 U_o 与二进制数据 n 成线性关系，且 $n=0$ 时，$U_o=0$，n 为最大值 255 时，U_o 输出最大绝对值电压，最大电压由基准电压决定。

3.4　信源编译码技术

3.4.1　信源编译码概述

通信系统属于最重要的一类电子系统，与人们的日常工作、生活密切相关。一般地说，通信系统的性能指标主要有有效性、可靠性、安全性以及经济性。通信系统优化就是使这些指标达到最佳。除了经济性外，其他指标可以通过各种编码处理使系统性能优化。编码可分为信源编码、信道编码以及加密编码三类。

信源编码的作用有两个：一是把信源发出的消息变换成由二进制（或多进制）码元组成的代码组，这种代码组就是基带信号；二是压缩信源的冗余度（即多余度），提高通信系统传输消息的效率和优化通信系统的有效性指标。可见，将传感器输出的模拟信号变换为数字信号，除了采用前面的模/数转换方法外，还可以采用信源编码技术来实现，数字移动通信系统就是采用的这种方法。信道编码的作用是在信源编码输出的代码组中有目的地增加一些监督码元，使之具有检错与纠错的能力，并由接收机中与之对应的信道译码器将落在其检错或纠错范围内错传的码元检测出来并加以纠正，以提高传输消息的可靠性，改善通信系统的可靠性指标。加密编码是研究如何隐蔽消息中的信息内容，以便在传输过程中不被窃听，提高通信系统的安全性，优化通信系统的安全性指标。

由于这三类编码的目标往往是相互矛盾的，因此，在实际应用中应统一考虑，以提高通信系统的性能。提高有效性必须去掉信源信息中的冗余部分，此时信道误码会使接收端不能恢复出原来的信息，这就需要相应提高传送的可靠性，不然会使通信质量下降；反之，为了提高可靠性而采用信道编码，往往需增加码值，也就降低了有效性。安全性也有类似情况。加密编码有时需扩展码位，这样也就降低了有效性。从理论上讲，若能把这三种编码合并成一种编码来编译，即同时考虑有效性、可靠性和安全性，可使编译码更理想化，在经济上也能更实惠，但从理论上和技术上的复杂性看，要取得有用的结果，还是相当困难的。

从信号与信息处理角度来看，信源编码完成的是将信息转换成数字基带信号，而信道编码、加密编码实现的是对数字基带信号的处理。因此，信源编译码技术及其工程应用放在本章讨论，而其他两种编译码技术放在下章讨论。

3.4.2 信源编码分类

信源编码按是否可实现无失真可逆恢复可分为无失真信源编码和限失真信源编码。无失真信源编码能实现无失真地可逆恢复，主要适用于要求进行无失真数据压缩的离散信源或数字信号，如文本、表格及工程图纸等。限失真信源编码只能实现有限失真的可逆恢复，主要适用于允许有一定失真的连续信源或模拟信号，如话音、电视图像、彩色静止图像等。因为这些信息的最终接收者是人，而人的视觉、听觉等主要感觉器官具有一些特殊的性质，不要求完全无失真可逆恢复消息。限失真信源编码通常只要求在保证一定质量的条件下近似地再现原来的消息即可，也就是说允许恢复有一定的错误，而对视觉与听觉效应不会产生严重的影响。

根据信源编码前后码元的关联性，信源编码可分为独立信源编码与相关信源编码。独立信源编码又分为离散信源编码与连续信源编码。例如：脉冲编码调制（PCM）和矢量量化技术就属于独立连续信源编码，而增量调制（ΔM、DM）、差分脉冲编码调制（DPCM）、自适应差分脉冲编码调制（ADPCM）以及线性预测声码器等预测编码则属于相关信源编码。

适用于离散信源的无失真信源编码分为等长编码和不等长编码（亦称变长编码）。顾名思义，等长编码的编码长度为定值，编码效率低，而变长编码的编码长度是变化的，编码效率高。典型的无失真信源编码有霍夫曼（Huffman）编码、游程编码、算术编码以及通用编码

（又称字典码）等，这些编码方法在实际的数据压缩系统中得到广泛应用。其中，前三种编码方法都是当信源的统计特性已确知时，能达到或接近压缩极限界限的编码方法。霍夫曼编码是一种效率比较高的变长编码，采用的是分组编码（块编码）方式，主要适用于多元独立的信源。虽然霍夫曼码的编码不唯一，但其平均长度总是一样的，而且对编码器的要求也较简单，其缺点是当源序列的长度很长时，计算量非常大。游程编码是一种针对相关信源的有效编码，尤其适用于二元相关信源。这种编码方法在图文传真、图像传输等实际通信工程技术中得到应用，有时与其他一些编码方法混合使用，以获得更好的压缩效果。算术编码也是一种主要适用于二元信源及具有一定相关性的有记忆信源的编码方式，采用的是序贯编译码方法，在源序列长度很长时，性能很好。这种编码方法编码效率高，实现简单，而且能灵活地适应数据的变化。字典码是针对信源的统计特性未确定或不知时所采用的编码方法，或者说这种编码方法不需要利用信源的统计特性，是一种编码效率非常高的语法解析码。这种编码方法由以色列学者 A. Lempel 和 J. Ziv 提出，习惯上简称 LZ 码。T. A. Welch 在此基础上进行了改进，将 LZ 码变成了一种实用的编码，称为 LZW 码。LZW 编码具有自适应性、压缩效果好、逻辑性强、易于硬件实现、运算速度快等显著特点，已经作为一种通用压缩方法广泛应用于二元数据的压缩。目前市场上常用的 Winzip、ARJ、ARC 等著名压缩软件都是 LZW 编码的改进与应用。

上面介绍的这些信源编码无论是无失真还是限失真编码，其目的都是为了用较小的码率来传输同样多的信息，增加单位时间内传送的信息量，从而提高通信系统的有效性。从提高通信系统有效性意义来说，信源编码的主要指标为编码效率（即将理论所需的码率与实际达到的码率之比）。与信源编码相对应的是信源译码，它可看成是信源编码的逆过程，其作用是把信道译码器输出的代码组变换成信宿所需要的消息形式。

考虑到本书主要为电子系统方案设计提供参考，而不是专门讨论编码技术的书籍，因此，对上面提到的每种编码方法的原理与实现技术感兴趣的工程技术人员可参考专门书籍。下面以广泛应用的语音编码技术为例，讨论信源编码的工程应用。

3.4.3 语音编解码技术及其工程应用

语音通信是目前最常见、也是用得最多的一种人与人沟通与交流的方式。由于数字通信相对于模拟通信具有诸多优点，目前移动通信均采用数字通信体制，由语音编码器将模拟话音信号转换成数字信号。语音编码在移动通信中非常重要，它决定了接收到的话音质量与系统容量。衡量语音编码器的特性有编码率、时延、复杂度与话音质量。其中，降低编码率是话音编码的首要目标，它直接关系到传输资源的有效利用和网络容量的提高。时延会对通话的实时性产生影响，时延通常由算法时延、计算时延、复用时延（又称装配时延）以及传输时延四部分组成。复杂度决定了编码器硬件成本与功耗，也影响编译码器的实时性。而编解码后恢复的话音质量和许多外界条件有关。一个好的语音编码技术应具有低编码率、小时延、低复杂度、高话音质量。当然，在具体实现中这些特性往往是矛盾的，必须根据实际需要取舍，对各个特性提出折中要求，从而确定合适的编码方法。

对语音进行编码，实现语音数字化，主要利用了发声过程中存在的冗余度和人的听觉特性。据统计，双方通话大约只有 40% 的时间是真正有声音的，即，只有 40% 的时间是有效通信时间，60% 的时间属于冗余时间。另外，人耳接收语音信号的带宽与分辨率往往有限，话音信号的频谱范围为 20 Hz～8 kHz，如果去掉低端与高端的频率，保留频谱范围为 300～3400 Hz 的信号，对人的听觉不会产生影响。

语音编码技术可分为波形编码、参量编码和混合编码三大类。波形编码是对模拟语音信号波形经过取样、量化、编码而形成的数字语音信号。为了保证数字语音信号解码后的高保真度，波形编码需要较高的编码速率，一般要求 16～64 kb/s。波形编码的优点是适用于很宽范围的语音信号，且在噪音环境下都能保持稳定，缺点是占用的频带较宽。这种编码技术主要用于有线通信中。波形编码包括脉冲编码调制（PCM）、差分脉冲编码调制（DPCM）、自适应差分脉冲编码调制（ADPCM）、增量调制（ΔM、DM）、连续可变斜率增量调制（CVSDM）、自适应变换编码（ATC）、子带编码（SBC）和自适应预测编码（APC）等。参量编码是基于人类语言的发声机理，找出表征语音的特征参量，对这些特征参量进行编码的一种方法。在接收端，根据所收的语音特征参量信息恢复出原来的语音。由于参量编码只需传送语音特征参数，可实现低速率的语音编码，编码速率一般在 1.2～4.8 kb/s。线性预测编码（LPC）及其变形编码均属于参量编码。参量编码的缺点在于语音质量只能达到中等水平，不能满足商用语音通信的要求。为此，综合参量编码和波形编码各自的优点，即参量编码的低速率和波形编码的高质量，提出了混合编码方法。混合编码是基于参量编码和波形编码而发展的一类新的编码技术，在混合编码的信号中，既含有若干语音特征参量，又含有部分波形编码信息，其编码速率一般在 4～16 kb/s。当编码速率在 8～16 kb/s 范围时，其语音质量可达商用语音通信标准的要求，因此混合编码技术在数字移动通信中得到了广泛应用。混合编码包括规则脉冲激励－长时预测－线性预测编码（RPE-LTP-LPC）、矢量和激励线性预测编码（VSELP）以及码激励线性预测编码（CELP）等。下面以深圳市硅传科技有限公司自主研发的语音编解码芯片 AP280 为例，讨论其工程应用。

AP280 是一款低码率 2.0～8.0 kb/s 语音编解码芯片。该芯片采用多带激励的方法，在编码时首先对语音进行分帧处理，每帧时长 20 ms，再对每帧语音进行特征分析，得到特征参数，然后对这些参数分别采用标量量化或矢量量化，得到最终的编码数据，编码数据的长度根据编码速率的不同而不同。在解码时，对清音和浊音采用不同的激励源进行合成，从而得到优良的音质。AP280 内置 FLASH 和 RAM，无需外挂存储器，内置 CODEC，可直接外接麦克风和耳机（小喇叭），可实现真正的单芯片语音编解码，降低了用户系统设计的复杂性。同时，也提供标准的外置 CODEC 接口，可连接外置 CODEC，以满足不同客户的需求。采用标准 UART 接口与 MCU 连接，用户可通过 UART 接口实现语音编码数据的读出和写入。AP280 应用范围广泛，包括数字对讲、短波通信、卫星通信等领域。其引脚图如图 3.17 所示。

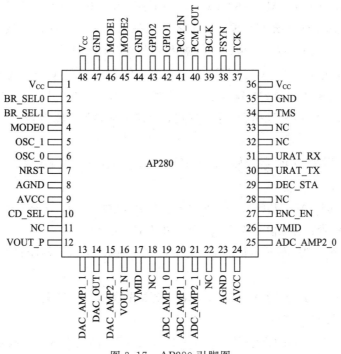

图 3.17　AP280 引脚图

引脚功能如下：

（1）BR_SEL1、BR_SEL0 引脚：波特率选择，BR_SEL1、BR_SEL0 分别为 00、01、10、11 时，波特率分别为 115 200、57 600、19 200、9600。

（2）OSC_1、OSC_0 引脚：外接晶体，可外接 8 MHz 晶体。

（3）MODE2、MODE1、MODE0 引脚：模式选择，工作模式如表 3.1 所示。

表 3.1　AP280 工作模式

MODE2	MODE1	MODE0	模 式 描 述
1	1	1	CODEC 回环模式，将 CODEC 中 ADC 采集到的数据回环至 DAC 进行输出播放。主要用于调试
1	1	0	正常模式，编码速率为 2 kb/s
1	0	1	正常模式，编码速率为 4 kb/s
1	0	0	正常模式，编码速率为 6 kb/s
0	1	1	正常模式，编码速率为 8 kb/s
0	1	0	录播模式，芯片循环进行录音和播放，编码速率为 2 kb/s。主要用于调试
0	0	1	录播模式，芯片循环进行录音和播放，编码速率为 4 kb/s。主要用于调试
0	0	0	录播模式，芯片循环进行录音和播放，编码速率为 8 kb/s。主要用于调试

注：模式选择只能在上电时进行，不能通过软件进行更改。

（4）ADC_AMP2_1、ADC_AMP1_1、ADC_AMP2_0、ADC_AMP1_0 引脚：ADC_AMP2_1、ADC_AMP1_1 分别为输入放大器 2 与输入放大器 1 的输入端，ADC_AMP2_0 与 ADC_AMP1_0 分别为输入放大器 2 与输入放大器 1 的输出端。

（5）DAC_AMP2_1、DAC_AMP1_1、DAC_OUT 引脚：DAC_AMP2_1 与 DAC_AMP1_1 分别为输出放大器 2 与输入放大器 1 的输入端，DAC_OUT 为 DAC 的输出端。

（6）VOUT_P、VOUT_N 引脚：语音输出，VOUT_P 接语音输出"＋"端，VOUT_N 接语音输出"－"端。

（7）CD_SEL 引脚：编码器选择，输入高电平时，选择外部编码（默认）；输入低电平时，选择内部编码。

（8）VMID 引脚：ADC 及放大器的偏置电压外部提供输入端，等于 AVCC/2。

（9）NRST 引脚：复位信号输入端，低电平有效。

（10）ENC_EN 引脚：编码器使能输入端，高电平有效（默认为使能状态，可以悬空），可以接 PTT 按键。

（11）DEC_STA 引脚：解码状态输出端，低电平表示正在解码，高电平表示解码器空闲，可用于控制后级 PA 开关，不用时悬空。

（12）UART_TX、UART_RX 引脚：分别为 UART 的发送端与接收端。

（13）FSYN 引脚：外部 CODEC 接口的帧同步输入端。

（14）BCLK 引脚：外部 CODEC 接口的时钟输入端。

（15）PCM_IN、PCM_OUT 引脚：外部 CODEC 接口的数据输入与输出端。

（16）TMS、TCK 引脚：JTAG 引脚，悬空。

（17）GPIO1、GPIO2 引脚：通用数字输入输出端。

（18）电源与地引脚：AVCC 与 AGND 分别为模拟电源供电与地端，3.3 V 供电；V_{CC} 与 GND 分别为数字电源供电与接地端，3.3 V 供电。建议模拟电源与数字电源分开。

AP280 内部功能模块框图如图 3.18 所示，包括算法核模块（ALG_CORE）、MCU 接口模块（MCU_INF）、内部 Codec 模块（INT_CODEC）、外部 Codec 接口模块（EXT_CODEC _INF）以及外部配置模块（EXT_CONF）。

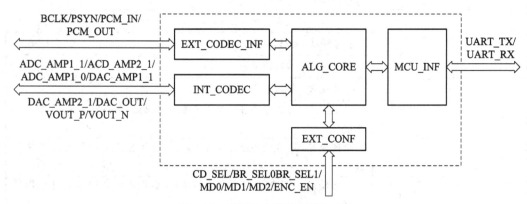

图 3.18　AP280 内部功能模块框图

各个模块的功能如下：

1）算法核模块（ALG_CORE）

算法核模块主要实现与语音编解码算法相关的功能，是 AP280 芯片的核心模块。编码流程为：接收从内部 Codec 模块或从外部 Codec 接口模块送来的线性语音数据流，对其进行压缩编码，然后送给 MCU 接口模块（MCU_INF）进行组帧发送。线性语音数据流须满足采样率为 8 kHz，精度为 16 bit。算法核首先对语音数据进行分帧处理，每帧 20 ms，再对其进行特征参数提取，然后对各种特征参数进行矢量量化或标量量化，量化所得的数据即为最终的编码数据。算法核的处理是实时的，在处理当前帧时，会同时接收下一帧。编码之后的数据会在 MCU 接口模块中进行组帧，再进行发送，帧长固定为 30 个字节。根据不同的编码速率，算法核里面的净荷长度有所区别（详见通信协议部分）。解码流程为：算法核接收从 MCU 接口模块送来的编码数据，对其进行解码，得到线性语音数据流，然后送给内部 Codec 模块或外部 Codec 模块进行语音播放。解码所得的线性语音数据流的采样率为 8 kHz，精度为 16 bit。用户从信道上接收到编码数据后，需按规定的帧结构，一帧一帧地发往其他模块，每帧之间的间隔约 20 ms。

2）MCU 接口模块（MCU_INF）

MCU 接口模块通过标准 UART 接口与外部 MCU 相连，用于传输编解码数据及配置数据。在编码时，MCU 接口模块接收从算法模块（ALG_CORE）送来的数据，将其进行组帧后送给外部 MCU。在解码时，MCU 接口模块接收外部 MCU 送来的语音数据帧，对其进行解帧后，送给算法核模块（ALG_CORE）进行解码。在配置时，MCU 模块接口模块接收来自外部 MCU 模块送来的配置数据帧，对其进行解帧后，完成相应设置。与外部 MCU 模块之间的通信为全双工通信，即编、解码数据及配置数据可同时传输。

3）内部 Codec 模块（INT_CODEC）

内部 Codec 模块提供模拟语音接口，可直接连外部语音输入和输出。内部 Codec 模块分为语音输入通路和语音输出通路。语音输入通路由低通滤波器、放大器（两级可选）、ADC 三部分构成。语音输出通路由 DAC、低通滤波器、放大器（两级可选）三部分构成。内部 Codec 模块内的放大器是负反馈运算放大器，用户通过调节外围反馈电阻可调整放大器的增益。同时，用户可根据自身系统需求，对输入、输出放大器进行选用，无论输入还是输出，既可以选择一级放大，也可以选择二级放大。

4）外部 Codec 接口模块（EXT_CODEC_INF）

外部 Codec 接口模块用于提供与外部 Codec 的接口，通过它可以连接外部通用 Codec，引脚包括 BCLK、FSYN、PCM_IN、PCM_OUT。连接外部 Codec 时，外部 Codec 必须工作在 Master 模式，而外部 Codec 接口模块则必须工作在 Slave 模式。接口时序遵从 SPI 时序，每帧 16 bit，高位在前，数据（PCM_IN、PCM_OUT）比帧同步（FSYN）延迟一个 BCLK 周期。

5）外部配置模块（EXT_CONF）

用户通过外围电路或软件可对外部配置模块功能进行配置，包括模式配置、增益配置、串口波特率配置等。外部配置模块上电时，依据 MODE2、MODE1、MODE0 的状态完成模式配置(详见表 3.1)。模式配置只能在上电时进行，不能通过软件进行更改。UART 波特率可通过 BR_SEL1、BR_SEL0 引脚在上电时的状态进行配置，也可在上电后，通过软件进行配置(详见通信协议部分)。当使用内置 Codec 时，用户可通过调节采集端放大器的外围反馈电阻(图 3.19 中的 R_7 和 R_9，R_8 和 R_{10} 保持不变)来调节采集端的模拟增益。以第一级放大为例，放大倍数为 $A=R_8/R_7$。通过调节播放端放大器的外围反馈电阻(图 3.19 中的 R_{12}、R_{13}，R_{14}、R_{15} 保持不变)来调节采集端的模拟增益，放大倍数为 $A=R_{13}/R_{12}$。除此之外，可通过软件来实时调节采集端的数字增益以及播放端的数字增益(详见通信协议部分)。

AP280 与外部 MCU 之间通过 UART 接口进行通信，以传输编码数据和配置数据，通信帧的长度固定为 30 个字节。UART 的设置为 1 个起始位、8 位数据、1 个停止位、无硬件流控。UART 速率可通过外部硬件引脚进行选择，也可通过软件进行设置。AP280 的通信协议如下：

1) 帧结构

通信帧的长度固定为 30 字节(Byte)。帧结构为：两个字节帧头(HEADER)+1 个字节命令类型(CMD_TYPE)+1 个字节净荷长度(LEN)+25 个字节净荷数据(PAYLOAD)+1 个字节校验和(CHECKSUM)。其中两个字节的帧头固定为 0x594F，净荷数据(PAYLOAD)最大长度为 25 字节，根据编码速率的不同而不同，1 个字节的校验和(CHECKSUM)由一帧中前面所有字节累加(校验和本身除外)得到，累加和的低 8 位即为校验和。默认情况下，校验不使能。

2) 命令结构

命令分为工作模式配置命令、编码数据传输命令、音量设置命令以及响应命令四种类型。工作模式配置命令由 MCU 发送给 AP280，且 CMD_TYPE=0x00，LEN=25，长度为 25 个字节的净荷数据(PAYLOAD)只使用前面的 11 个字节，其余保留，具体定义如表 3.2 所示。

表 3.2 工作模式配置字定义

PAYLOAD(25B)	定　义
BYTE0	BIT0：为 1，设置编码速率有效，即 BYTE1 有效；为 0，无效。BIT1：为 1，设置工作模式有效，即 BYTE2 有效；为 0，无效。BIT2：为 1，设置 UART 速率有效，即 BYTE3 有效；为 0，无效。BIT3：保留。BIT4：为 1，设置 VAD 有效，即 BYTE5~BYTE7 有效；为 0，无效。BIT5：为 1，使能 ENCODER，即 BYTE8 有效；为 0，无效。BIT6：为 1，使能 DECODER，即 BYTE9 有效；为 0，无效。BIT7：为 1，校验使能，即 BYTE10 有效；为 0，无效
BYTE1	编码速率。为 0，2 kb/s；为 1，4 kb/s；为 2，6 kb/s；为 3，8kb/s；为其他值，无效
BYTE2	工作模式。为 0，正常模式；为 1，CODEC 回环模式，即 ADC 与 DAC 回环，不经过算法；为 2，算法回环模式，编码的输出连解码的输入。用于测试算法

PAYLOAD(25B)	定　　义
BYTE3	MCU 接口(UART)速率选择。为 0，115200；为 1，57600；为 2，19200；为 3，9600
BYTE4	保留
BYTE5	VAD(语音激活检测)使能。为 0，VAD disable(默认值)；为 1，VAD enable
BYTE6、BYTE7	VAD 门限，BYTE6 为门限高 8 位，BYTE7 为门限低 8 位
BYTE8	编码器使能。为 0，编码器 disable；为 1，编码器 enable(默认值)
BYTE9	解码器使能。为 0，解码器 disable；为 1，解码器 enable(默认值)
BYTE10	检验使能。为 0，校验 disable(默认值)；为 1，校验使能
其他	保留

　　编码数据传输命令用于 AP280 与 MCU 之间传输编码数据，MCU 与其他模块之间互相传输数据。CMD_TYPE＝0x01 时，LEN 根据编码速率的不同而变。净荷数据(PAYLOAD)所用字节与设置的数据编码速率有关，具体定义为：当设置的编码速率为 2 kb/s 时，净荷数据使用 BYTE0～BYTE4 字节；编码速率为 4 kb/s 时，使用 BYTE0～BYTE9 字节；编码速率为 6 kb/s 时，使用 BYTE0 ～ BYTE14 字节；编码速率为 8 kb/s 时，使用 BYTE0 ～ BYTE19 字节，其他保留。

　　音量设置命令，顾名思义，用于设置音量，由 MCU 发送给 AP280，且 CMD_TYPE＝0x03，LEN＝4。音量设置配置字定义如表 3.3 所示。

表 3.3　音量设置配置字定义

PAYLOAD(25B)	定　　义
BYTE0	用于增益类型选择。BIT0 保留；BIT1 为 1，调整采集端数字增益，为 0 则不调整；BIT2 为 1，调整播放端数字增益，为 0 则不调整；BIT3～BIT7 保留
BYTE1	保留
BYTE2	用于采集端数字增益调节。BYTE2 设置为 0～127 任一值时，表示为相应的放大量；为 −128～0 任一值时，表示为相应的缩小量
BYTE3	用于播放端数字增益调节，含义与 BYTE2 同
其他	保留

　　响应命令用于 AP280 向 MCU 传输各种响应，且 CMD_TYPE＝0x04，LEN＝1，净荷数据(PAYLOAD)只使用 BYTE0，其他均保留。当 BYTE0＝0 时，为 STARTUP 响应，AP280 上电初始化成功后，会发送此响应；当 BYTE0＝1 时，为 ACK_WRMODE 响应，

AP280 收到 MCU 发送的 WR_MODE 命令，并检查正确之后，会发送此响应；当
BYTE0＝2时，为 ACK_SETVOL 响应，AP280 收到 MCU 发送的 SET_VOL 命令，并检
查正确之后，会发送此响应。

一种利用 AP280 进行语音编解码的典型电路如图 3.19 所示。来自麦克风的语音信号

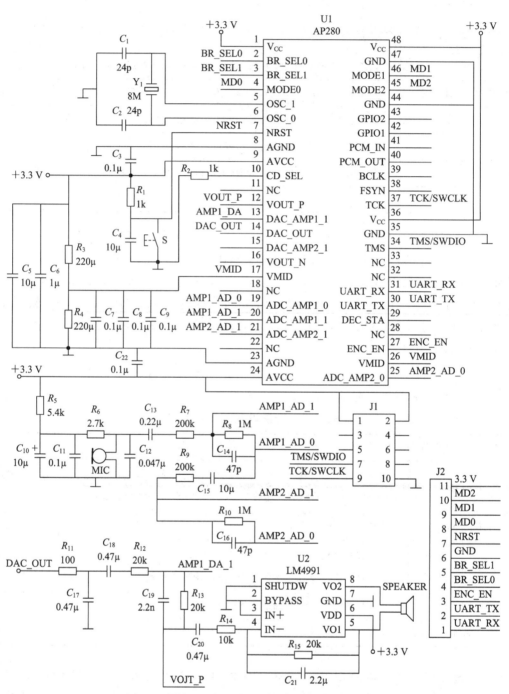

图 3.19　利用 AP280 进行语音编解码的典型电路

首先经 AP280 内部低通滤波和两级放大(放大倍数分别为 R_8/R_7、R_{10}/R_9)后，由内部采样率为 8 kHz、精度为 16 B 的模/数转换器将模拟语音信号变换为语音数字信号。该数字信号送到算法核模块进行分帧，每帧 20 ms，再进行特征参数提取，然后对各种特征参数进行矢量量化或标量量化，得到最终的压缩编码数据。压缩编码数据送到 MCU 接口模块进行组帧，并由 UART_TX 送到 MCU，帧长固定为 30 个字节，完成语音编码与发送；信道接收的编码数据首先送到 MCU，由 MCU 按规定的帧结构一帧一帧地通过 UART_RX 引脚发送到 AP280 的 MCU 接口模块，每帧之间的间隔约 20 ms。MCU 接口模块对接收到的编码数据解帧后，送到算法核模块进行解码，得到线性语音数据流，线性语音数据流的采样率为 8 kHz，精度为 16 bit。线性语音数据流送到内部 Codec 模块，利用该模块提供的语音输出通路，实现模拟语音输出。语音输出通路由 DAC、低通滤波器、放大器三部分构成。在本电路中，采用内部一级放大与外部放大相结合的方式，内部一级负反馈放大器的放大倍数为 R_{13}/R_{12}，外部放大器为功率放大器，核心器件为 LM4991。经功率放大后的模拟语音信号最终送到扬声器，实现语音解码与播放。

需要说明的是，AP280 的模式选择信号 MD2、MD1、MD0 以及波特率选择信号 BR_SEL1、BR_SEL0 由微处理器单元提供，3.3 V 电源来自微处理器单元，J1 为调试接口，J2 为微处理器单元接口。

作业与思考题

3.1 传感器的静态特性指标有哪些？解释其含义。

3.2 在选择 A/D 转换器时，如何判断采样率与转换位数是否满足实际需要？举例说明。

3.3 对信号幅度范围为 0～5 V 的模拟信号采用 8 位 A/D 转换器进行模/数转换，其量化误差的均值与方差分别为多少？

3.4 简述语音编码技术的发展历程，并了解目前的语音编码采用了哪些技术来提高编码效率。

本章参考文献

[1] 俞阿龙. 传感器原理及其应用. 南京：南京大学出版社，2010.

[2] 刘爱华，满宝元. 传感器原理及应用. 北京：人民邮电出版社，2006.

[3] 王元一，石永生，赵金龙. 单片机接口技术与应用(C51 编程). 北京：清华大学出版社，2014.

[4] 樊昌信，曹丽娜. 通信原理. 7 版. 北京：国防工业出版社，2016.

[5] 傅祖芸. 信息论—基础理论与应用. 2 版. 北京：电子工业出版社，2010.

[6] 宋鹏. 信息论与编码. 西安：西安电子科技大学出版社，2018.

[7] 曹雪虹，张宗橙. 信息论与编码. 2 版. 北京：清华大学出版社，2009.

［8］ AP280 语音编解码芯片. 深圳市硅传科技有限公司，2017.

［9］ 余小平，奚大顺. 电子系统设计：基础篇. 4 版. 北京：北京航空航天大学出版社，
2019.

［10］ 杨小牛，楼才义，徐建良. 软件无线电原理与应用. 北京：电子工业出版社，2001.

电子系统设计与工程应用

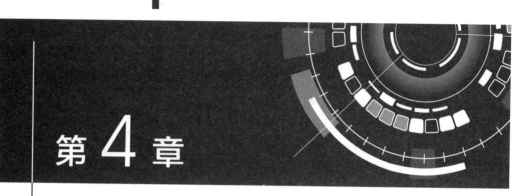

第4章

数字基带信号处理

4.1 概　　述

尽管不同的电子系统其性能指标存在很大差别，但如何高效地将信息从发射端传输到接收端，实现受信者在规定条件下的可靠接收，是需要面对的共性问题。也就是说，在电子系统的设计中，必须采取各种措施满足对可靠性和有效性两个重要指标的要求。这两个指标是系统级指标，存在一定的相互矛盾，采用单一的方法与措施往往达不到要求，必须在总体方案设计中统一考虑。上一章讨论了与有效性相关的信源编译码技术，除此之外，信道编译码、调制解调方式也与有效性密切相关。与可靠性指标相关的技术包括信道编译码、调制解调方式、块交织、RAKE 接收、干扰抑制、扰码以及 MIMO（Multiple-Input Multiple Output）技术等，其中 MIMO 技术包括波束形成技术（Beam forming）、空间复用技术（Spatial multiplexing）以及空间分集技术（Spatial diversity）等。本章对信道编译码、块交织、扰码、RAKE 接收、干扰抑制等数字基带信号处理技术进行讨论。

数字基带信号处理组成框图如图 4.1 所示。在发射端，来自于信息源或模/数转换单元或信源编码单元的数字信号，经 PN 序列加扰后进行信道编码，其输出经块交织后送调制器完成调制，最后经中频单元和射频通道后馈送到天线向外发射；在接收端，来自于中频单元、经解调与滤波得到的基带信号，由 A/D 转换，将模拟基带信号变为数字基带信号；该信号在干扰抑制单元进行滤波处理，以减小干扰与噪声的影响；经 RAKE 接收，实现对多条多径信号的合并，以提高信噪比；经判决得到数字序列后，再经解交织处理，恢复出与发射端时序一致的数字序列，然后经信道译码和误码纠错后送解扰器解扰，获取最终的数字序列。

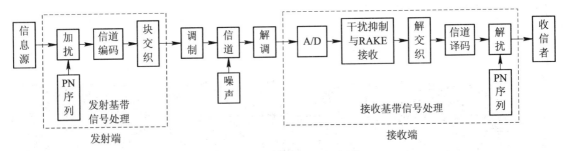

图 4.1　数字基带信号处理组成框图

4.2　信道编译码技术

4.2.1　信道编译码概述

　　数字信号在传输过程中，由于受到干扰的影响，信号码元波形会变差，传输到接收端后可能发生错误判断。由乘性干扰引起的码间串扰，可采用均衡的办法纠正，而加性干扰的影响则需要从其他途径解决。通常在设计数字系统时，首先要从合理地选择调制解调方法以及发射功率等方面考虑，使加性干扰不足以影响误码性能。若仍难以满足要求时，通常就要考虑采用差错控制措施。

　　加性干扰引起的误码通常分为两种情况，即由随机噪声引起的在时间上随机出现的误码(随机误码)和由脉冲干扰或信道衰落导致的、在短时间区间出现的大量误码(突发误码)。误码的控制通常有检错重发法、前向纠错法以及反馈校验法三类，检错重发法与反馈校验法需要反馈信道，实时性差，只适用于对传输实时性要求不高的场合，而前向纠错法纠错过程仅在接收端独立进行，不存在差错信息的反馈，无需反馈信道，时延小、实时性好，在话音、图像传输对实时性要求高的场合得到广泛应用。随机误码通常采用信道编译码技术来纠错，而突发误码则采用块交织技术将时间上连续的误码分开，然后采用信道编译码技术纠错。

　　信道编码就是按一定规则给数字序列增加一些多余的码元，使不具有规律性的数字序列变换为具有某种规律性的数码序列(码序列)。码序列中信息序列码元与多余码元之间是相关的。在接收端，信道译码器利用这种预知的编码规则译码，检验接收的数字序列是否符合既定的规则，从而发现是否有错，或者纠正其中的错误。根据相关性来检测和纠正传输过程中产生的差错就是信道编码的基本思想。

　　不同的编码方法，有不同的检错与纠错能力，有的编码只能检错，不能纠错。一般来说，付出的代价越大，检(纠)错的能力就越强。这里所说的代价，指的是增加多余码元的多少，通常用多余度或者编码速率(即编码效率)来衡量。例如，若编码序列中，平均每两个信息码元就有一个监督码元，则这种编码的多余度为1/3，或者说，这种编码的编码速率或编码效率为2/3。编码效率为衡量信道编码的主要技术指标，为有用比特数与总比特数之比。

不同的编码方式，其编码效率有所不同。由上可见，信道编码是以降低信息传输速率为代价来提高传输的可靠性。提高数据传输效率与降低误码率是信道编码的任务。

4.2.2 前向纠错编码分类与常用编译码方法

前向纠错（Forward Error Correction，FEC）编码作为差错控制的主要方式，其编码方法很多，通常按以下所述方式对纠错编码进行分类。按监督位与信息位之间的约束关系分为分组码（Block code）与卷积码（Convolutional code）。分组码编码规则仅局限于本码组之内，本码组的监督元仅和本码组的信息元相关，而卷积码在本码组的监督元不仅和本码组的信息元相关，而且还与本码组相邻的前 $n-1$ 个码组的信息元相关。分组码按码的结构特点，又可分为循环码与非循环码；按监督位与信息位之间的关系分为线性码和非线性码，线性码编码规则可以用线性方程表示（满足线性叠加原理），而非线性码编码规则不能用线性方程表示；按码字的结构分为系统码与非系统码，系统码的前 k 个码元与信息码组一致，而非系统码没有系统码的特性；按纠正差错的类型分为纠随机（独立）错误码、纠突发错误码、纠随机与突发错误码；按码字中每个码元的取值分为二进制码与 q 进制码（$q=p^m$，p 为素数，m 为正整数）。

需要特别说明的是，前向纠错编码的纠错能力是有限的，即当差错数大于纠错能力时，接收端发生错译却意识不到错译的发生，收信者无法判断译出的码是纠错后的正确码还是误判了的码。值得庆幸的是存在以下客观事实，即在误码随机独立发生时，连续出现误码的概率比只出现一位误码的概率要低得多。如某系统发生一位误码的概率 10^{-3} 时，则连续出现两位错误的概率为 10^{-6}，连续出现三位错误的概率为 10^{-9}，也就是说，连续出现两位错误的可能性只有出现一位错误的千分之一，连续出现三位错误的可能性只有出现一位错误的一百万分之一。如果该系统发生一位误码的概率为 10^{-4}，则连续出现两位错误的概率是出现一位错误的万分之一，连续出现三位错误的概率可忽略不计。也正是基于这一事实，目前前向纠错编码方法都是以纠正一位误码为目的。

4.2.3 几种典型的纠检错编译码

1. 奇偶监督码

奇偶监督码分为奇数监督码与偶数监督码两种，二者原理相同。在偶数监督码中，无论信息位有多少，监督位只有一位，它使码组中"1"的数码为偶数，即满足下式条件：

$$a_{n-1} \oplus a_{n-2} \oplus \cdots \oplus a_0 = 0 \tag{4-1}$$

式中，a_0 为监督位，其他为信息位。如信息 10 的偶数监督码为 101，11 的偶数监督码即为 110，101 与 110 的最后一位监督码"1"与"0"就是按照这种规则加入的。这种码能够检测奇数个错误。在接收端，按照式（4-1）将码组中各码元模 2 加，若结果为"1"，就说明存在错误，为"0"就认为无错。

奇数监督码与其相似，只不过其码组中"1"的数目为奇数，即满足条件：

$$a_{n-1} \oplus a_{n-2} \oplus \cdots \oplus a_0 = 1 \tag{4-2}$$

且其检错能力与偶数监督码一样。

把上述奇偶监督码的若干码组排列成矩阵，每一码组写成一行，然后再按列的方向增加监督码位，就构成了二维奇偶监督码，又称方阵码，如图 4.2 所示。图中 $a_0^1, a_0^2, \cdots, a_0^m$ 为 m 行奇偶监督码中的 m 个监督码位。$c_{n-1}, c_{n-2}, \cdots, c_0$ 为按列进行第二次编码所增加的监督位，它们构成一监督位行。

$$
\begin{array}{ccccc}
a_{n-1}^1 & a_{n-2}^1 & \cdots & a_1^1 & a_0^1 \\
a_{n-1}^2 & a_{n-2}^2 & \cdots & a_1^2 & a_0^2 \\
\vdots & \vdots & & \vdots & \vdots \\
a_{n-1}^m & a_{n-2}^m & \cdots & a_1^m & a_0^m \\
c_{n-1} & c_{n-2} & \cdots & c_1 & c_0
\end{array}
$$

图 4.2　二维奇偶监督码

二维奇偶监督码有可能检测偶数个错误，因为每行的监督位虽然不能用于检测本行中的偶数个错误，但按列的方向由 $c_{n-1}, c_{n-2}, \cdots, c_0$ 等监督位则能检测出来。但有一些偶数个错码不能检测出来，例如，构成矩形的四个错码，如上图中的 $a_{n-2}^2, a_1^2, a_{n-2}^m, a_1^m$ 错了就无法检测。

这种二维奇偶监督码适于检测突发错误。因为突发错误常常成串出现，随后有较长一段无错区间，所以在某一行中出现多个奇数或偶数错码的机会较多。这种方阵码正适于检测这类错码，而一维奇偶监督码一般只适用于检测随机错误。

由于方阵码只对构成矩形的四角的错码无法检测，故其检错能力较强，一些试验测量表明，这种码可使误码率降低至原误码率的百分之一到万分之一。

二维奇偶监督码不仅可用来检错，还可用来纠正一些错误。例如，当码组中仅在一行中有奇数个错误时，能够确定错误位置，从而纠正它。

2. 线性分组码——汉明码

线性分组码是纠错码中最重要的一类码，也是研究纠错码的基础，人们在信道编码基础上提出的第一个实用的差错控制编码——汉明码就是线性分组码。线性分组码是把信息流分割成一串前后独立的 k 位信息组，再将每组信息元由一组线性方程映射成由 n 个码元组成的码组或码字，记为 (n, k) 线性分组码。线性分组码编码器输入信息为 k 位，输出编码为 n 位，其编码效率或码率为 k/n。

线性分组码的编码过程分为两步：一是把信息序列按一定长度分成若干信息码组，每组由相继的 k 位组成；二是编码器按照预定的线性规则，把信息码组变换成 n 位码组，其中 $n > k$，$n - k$ 个附加码元由信息码元的线性运算产生。

设待编的 k 位信息用 $\boldsymbol{m} = (m_{k-1}\ m_{k-2}\cdots m_0)$ 表示，编码器输出的 n 位码组用 $\boldsymbol{c} = (c_{n-1}\ c_{n-2}\cdots c_1 c_0)$ 表示，把 k 位信息码组变换成 n 位码组的预定线性关系用生成矩阵 $\boldsymbol{G}$ 表示，为 $k \times n$ 阶的矩阵。该生成矩阵可通过初等行变换（初等行变换不改变预定线性关系）转化为前 k 列为单位子阵的标准生成矩阵，为方便起见，还是用 $\boldsymbol{G}$ 表示。标准生成矩阵可写为

$$
\boldsymbol{G}_{k\times n} = \begin{bmatrix} \boldsymbol{I}_k & \boldsymbol{Q}_{k\times(n-k)} \end{bmatrix} \tag{4-3}
$$

k 位信息码组 m、n 位输出码组 c 以及标准生成矩阵 G 的关系可表示为

$$c = m \cdot G \tag{4-4}$$

将上二式结合,得

$$\begin{cases} c_{n-i} = m_{k-i} & , i = 1,2,\cdots,k \\ c_{n-(k+j)} = m_{k-1}g_{1j} + m_{k-2}g_{2j} + \cdots + m_0 g_{kj} & , j = 1,2,\cdots,n-k \end{cases} \tag{4-5}$$

式中,"+"号表示模 2 加。

可见,标准生成矩阵 G 一旦确定,编码器输入 k 位信息时,其编码器的 n 位输出随即确定,且前 k 位为信息码元,后 $n-k$ 位为监督码元,故称为分组码。由于编码器的输出与信息码元 $m_{k-1}, m_{k-2}, \cdots, m_0$ 呈线性关系,故上述编码称为线性分组码。

当接收到码字 R 后,可用监督矩阵 H 来判断是否发生了错误。监督矩阵为 $(n-k) \times n$ 阶的矩阵,经初等行变换可得到后 $n-k$ 列为单位子阵的标准监督矩阵,为方便还是记为 H。标准监督矩阵 H 的子阵可由标准生成矩阵 G 的子阵 $Q_{k\times(n-k)}$ 得到,即

$$H_{(n-k)\times n} = \begin{bmatrix} Q_{k\times(n-k)}^{\mathrm{T}} & I_{(n-k)} \end{bmatrix} \tag{4-6}$$

可见,由标准生成矩阵可确定标准监督矩阵。

对接收码字 R 按下式进行计算,即

$$S^{\mathrm{T}} = H \cdot R^{\mathrm{T}} \tag{4-7}$$

式中,S 称为接收码字 R 的伴随式(或监督子,或校验子)。根据伴随式 S 可判断接收的码字 R 是否发生错误,具体为:当 $S = 0$ 时,接收无错误;$S \neq 0$ 时,接收有错误。

例如,$(7,3)$ 线性分组码的生成矩阵与监督矩阵分别为

$$G = \begin{bmatrix} 1 & 0 & 0 & 1 & 1 & 1 & 0 \\ 0 & 1 & 0 & 0 & 1 & 1 & 1 \\ 0 & 0 & 1 & 1 & 1 & 0 & 1 \end{bmatrix}, H = \begin{bmatrix} 1 & 0 & 1 & 1 & 0 & 0 & 0 \\ 1 & 1 & 1 & 0 & 1 & 0 & 0 \\ 1 & 1 & 0 & 0 & 0 & 1 & 0 \\ 0 & 1 & 1 & 0 & 0 & 0 & 1 \end{bmatrix}$$

当信息码组为 101 时,由式(4-4)可得编码器输出码组为 1010011。接收端接收字未发生错误,为 1010011 时,由式(4-7)可得伴随式 S 为 0000,则接收无错;若接收字有 1 位错误,为 1110011 时,伴随式 S 为 0111,不为 0000,说明有错,且 S^{T} 等于 H 的第 2 列,则接收的第 2 位错;若接收字有多余 1 位错误,为 0011011 时,伴随式 S 为 0110,不为 0000,说明有错,但 S^{T} 与 H 的任何一列都不相同,无法判定错误发生在哪些位上。

汉明码(Hamming code)是一类可以纠正一位随机错误的线性分组码,二进制汉明码的 n 和 k 服从以下规律,即

$$(n, k) = (2^m - 1, 2^m - 1 - m) \tag{4-8}$$

式中,$m = n-k$。当 $m = 3, 4, 5, 6, 7, 8, \cdots$ 时,有 $(7,4)$,$(15,11)$,$(31,26)$,$(63,57)$,$(127,120)$,$(255,247)$,$\cdots$ 汉明码。二进制汉明码的监督矩阵 H 的列是由不全为 0 且互不相同的二进制 m 重特征值组成。

例如,$(7,4)$ 二进制汉明码的 $m = 3$,$2^3 = 8$,共有 8 个 3 重特征值,分别为 000,100,010,001,011,101,111,由其中 7 个非 0 的 3 重特征值构成标准监督矩阵 H,即

$$H = \begin{bmatrix} 1 & 1 & 0 & 1 & 1 & 0 & 0 \\ 0 & 1 & 1 & 1 & 0 & 1 & 0 \\ 1 & 0 & 1 & 1 & 0 & 0 & 1 \end{bmatrix} \tag{4-9}$$

由标准监督矩阵与标准生成矩阵的关系,可得标准生成矩阵 G 为

$$G = \begin{bmatrix} 1 & 0 & 0 & 0 & 1 & 0 & 1 \\ 0 & 1 & 0 & 0 & 1 & 1 & 0 \\ 0 & 0 & 1 & 0 & 0 & 1 & 1 \\ 0 & 0 & 0 & 1 & 1 & 1 & 1 \end{bmatrix} \tag{4-10}$$

在编码器中,由式(4-4)可得汉明码。如信息码组为 1100 时,编码器输出码组为 1100011。在译码器中,由式(4-7)可判断是否发生错码。如接收码字无错,为 1100011 时,伴随式 S 为 000,则无错;若接收码字发生 1 位错误,为 1000011 时,S 为 110,是 6 的二进制表示,则第 6 位发生错误,可准确找到错误位置。

需要说明的是,任意调换 H 中各列位置,都不会影响到纠错能力,因此,汉明码的 H 矩阵形式,除了上述表示外,还可以有其他形式。

3. 线性分组码——循环汉明码与循环冗余校验码

循环码是一类重要的线性分组码,除了具有线性码的一般性质外,还具有循环特性,可用简单的反馈移位寄存器实现编码和译码,是应用最广泛的一类线性分组码。所谓循环特性,就是循环码中任意一码组循环移一位以后,仍为该码中的一个码组。如一种 (7, 3) 循环码的全部码组为 0000000,0010111,0101110,0111001,1001011,1011100,1100101,1110010,除全 0 码外,任何一个码组循环左移或循环右移一位形成的新码组仍是循环码组中的一个码组。(n, k) 循环码可由它的 $n-k$ 次的生成多项式 $g(x)$ 来确定,且选用的生成多项式不同,则产生的循环码组也不同。例如 (7, 3) 循环码的生成多项式就有 $g_1(x) = x^4 + x^2 + x + 1$ 与 $g_2(x) = x^4 + x^3 + x^2 + 1$ 两个,上面给出的 (7, 3) 循环码就是由生成多项式 $g_1(x)$ 产生的。

由 $n-k$ 次的本原多项式作为生成多项式 $g(x)$ 而产生的循环码称为循环汉明码,它只能纠正一个随机错误。在构造汉明码时,只要选择不同的本原多项式(可查表)作为生成多项式,就可以得到不同的 (n, k) 循环汉明码,例如 (7, 4)、(15, 11)、(31, 26) 等。循环汉明码的编码、译码与一般循环码相同,但由于它是纠正一个错误的循环码,因此译码电路特别简单。下面以 (7, 4) 循环汉明码为例,讨论循环汉明码的构成。

$n-k = 7-4 = 3$,查表可得 3 次本原多项式 $g(x) = x^3 + x + 1$,对应的码组为 0001011,对该码组循环左移,即可得到 $k \times n$ 阶的生成矩阵 G 为

$$G = \begin{bmatrix} 1 & 0 & 1 & 1 & 0 & 0 & 0 \\ 0 & 1 & 0 & 1 & 1 & 0 & 0 \\ 0 & 0 & 1 & 0 & 1 & 1 & 0 \\ 0 & 0 & 0 & 1 & 0 & 1 & 1 \end{bmatrix} \tag{4-11}$$

经初等行变换,可得标准生成矩阵与标准监督矩阵,即

$$G = \begin{bmatrix} 1 & 0 & 0 & 0 & 1 & 0 & 1 \\ 0 & 1 & 0 & 0 & 1 & 1 & 1 \\ 0 & 0 & 1 & 0 & 1 & 1 & 0 \\ 0 & 0 & 0 & 1 & 0 & 1 & 1 \end{bmatrix} \qquad (4-12)$$

$$H = \begin{bmatrix} 1 & 1 & 1 & 0 & 1 & 0 & 0 \\ 0 & 1 & 1 & 1 & 0 & 1 & 0 \\ 1 & 1 & 0 & 1 & 0 & 0 & 1 \end{bmatrix} \qquad (4-13)$$

由生成矩阵可得$(7,4)$循环汉明码,如信息码组为1001时,汉明码组为1001110。

随着电子技术的发展,循环码的编、译码可用 FPGA、DSP 以及数字逻辑电路方便实现。编码既可以由生成矩阵与信息码组直接运算产生,也可以采用反馈移位寄存器的方式实现。同理,译码也可以由监督矩阵与接收码组直接运算产生,或者采用反馈移位寄存器的方式实现,具体实现可参考相关文献。

(n,k)循环码中 n,k 的取值不能是任意的,然而工程中常要求 n,k 的取值能够多样、可变,特别是在数据通信中,通常在一帧中尾部固定预留若干位用作差错校验,而信息位长度可变,为实现此目的,则需要将码组缩短。由于监督位或校验位长度不变,则原来的 (n,k) 循环码就缩短为 $(n-i,k-i)$ 线性码,称这种码组长度缩短了的循环码为缩短循环码。由相关书籍可知,缩短循环码的纠错能力与原循环码相同。缩短循环码的最大应用在于帧校验。若把一帧视为一个码字,则其校验位长度 $n-k$ 就是帧尾预留的固定长度,而信息位 k 和码长 n 是可变的,正好符合 $(n-i,k-i)$ 缩短循环码的特点。只要以一个选定的 (n,k) 循环码为基础,改变 i 值,就能得到任何信息长度的帧结构,而纠检错能力不变。这种应用下的缩短循环码就是循环冗余校验码(Cyclic Redundancy Check,CRC)。需要说明的是,虽然循环冗余校验码是指整个码字,但不少人习惯上仅把校验部分称为 CRC 码。下面通过一个简单的例子,说明 CRC 码的编码如何形成以及接收码如何检验。

已知某 CRC 码的生成多项式 $g(x)=x^4+x+1$,需要发送的信息码为 110001,则 CRC 码的形成过程为:首先,由生成多项式可知 $n-k=4$,即由生成多项式构成的循环码的监督位长度为 4,而 CRC 码的监督位长度与原循环码相同,故 CRC 码的监督位长度也为 4;其次,由发送的信息码可知,发送信息位的长度为 6,则 CRC 码的长度为 $6+4=10$,所以,该 CRC 码位 $(10,6)$ 缩短循环码;最后,与发送信息码对应的信息多项式 $m(x)=x^5+x^4+1$,将 $x^{n-k}m(x)$ 除以 $g(x)$,得余式 $r(x)$,即

$$\begin{aligned} r(x) &= x^{n-k}m(x)\mathrm{mod}g(x) \\ &= x^4(x^5+x^4+1)\mathrm{mod}g(x) \\ &= (x^9+x^8+x^4)\mathrm{mod}g(x) \\ &= x^3+x^2 \end{aligned} \qquad (4-14)$$

则 CRC 码对应多项式为

$$c(x) = x^{n-k}m(x)+r(x) = x^9+x^8+x^4+x^3+x^2 \qquad (4-15)$$

对应的码字为 1100011100。

接收端的 CRC 校验实际上就是做除法，如果用接收码对应的多项式除以 $g(x)$ 的余式为 0，则接收码无错，反之，接收码有错。

线性分组码的编码方案都是基于分组码实现的，主要有两大缺点：一是在译码过程中必须等待整个码字全部接收到之后才能开始进行译码；二是需要精确的帧同步，否则会导致时延和增益损失较大。

4. 卷积码

卷积码是 1955 年由 Elias 提出的，它克服了分组码的一些缺点，使得在此后的 10 年里，无线通信性能得到了跳跃式发展。卷积码与分组码的不同在于它充分利用了各个信息块之间的相关性。在卷积码的译码过程中，不仅从本码中提取译码信息，还可从以前和以后时刻收到的码组中提取译码相关信息，而且译码也是连续进行的，这样可以保证卷积码的译码延时相对比较小。卷积码的缺点是计算复杂。Viterbi 于 1967 年提出 Viterbi 译码算法解决了计算复杂性问题。自 Viterbi 译码算法提出之后，卷积码在 GSM、IS-95 CDMA、3G 以及商业卫星通信等通信系统中得到了极为广泛的应用。卷积码非常适用于纠正随机错误，但如果在解码过程中发生错误，解码器可能会导致突发性错误。卷积码分为基本卷积码与收缩卷积码两种。基本卷积码的编码效率为 1/2，编码效率较低，优点是纠错能力强。收缩卷积码的编码效率较高，编码效率为 1/2、2/3、3/4、5/6、7/8，缺点是纠错能力较差，适用于传输信道质量较好的系统。卷积码的编译码相关知识可参考专门书籍。

5. Turbo 码

Turbo 码是由 C. Berrou 和 A. Glavieux 于 1993 年发明的一种编码方法，其编码效率接近香农极限，并且采用迭代译码的办法解决了计算复杂性问题。Turbo 码开创了通信编码的革命性时代，各大公司都聚焦于对它的研究，Turbo 码是 3G/4G 以及 4.5G 移动通信技术中所采用的编码技术。Turbo 码的缺点是由迭代解码带来的时延问题，对于像 5G 这种超高速率、超低时延的应用场合将面临极大挑战。

随着信道编译码技术的发展，新的编译码技术将会不断出现，以适应新应用场合的需要，例如 Polar 码和 LDPC 码就是为了满足 5G 要求而提出的。毫无疑问，今后还会出现各种新的编码方法。衡量信道编译码方法的性能指标包括编码效率、纠错能力、计算复杂度以及时延等。对于一个电子系统来说，究竟需不需要采用信道编译码技术以及采用哪种编译码方法，应由系统的应用环境与性能指标要求来确定，切勿追求所有指标最优。例如系统只要求纠正一位错误，选择纠一位错误的编译码方法即可，没有必要选择纠多个错误的编译码方法，同理，对编码效率要求不高的场合，也没必要选择编码效率高的编码方法。能满足系统要求的编译码方法就是合适的方法。

4.3 块交织技术

上节主要是针对信道中产生的独立随机错误的纠正问题进行了讨论，采用上节的信道编译码方法纠正信道中出现的独立随机错误能达到较好效果。但在实际应用中，由于受到脉冲干扰以及信道衰落等因素的影响,有时差错会成串出现,在这种情况下,仅仅采用上节的信道编译码方法来纠正错误,其效果将大打折扣。为了纠正这些成串的差错及一些突发错误,可以采用信道编码与交织相结合的方法解决。

块交织(block interleaving)是以数据块为单位,对原有数据进行重新组合排序的处理方法,是对付突发差错的有效措施,能够提高纠错概率。块交织的核心是对已编码的信号按一定规则重新排列,解交织后使原来成串的错误在时间上被分散与均化,这样,原来的成串错误就变成了与独立随机错误类似的错误,对于解交织后的数据就可以采用前向纠错编码技术进行有效的错误纠正。块交织是一种信道改造技术,能够将一个原来属于突发差错的有记忆信道改造为基本上是独立差错的无记忆信道,减小了差错的相关性。加了交织器的传输系统如图 4.3 所示。数据在传输时,在发送端先对数据进行 FEC 编码,然后再进行交织处理。在接收端数据处理次序和发送端相反,先进行去(解)交织处理完成错误数据的分散,再进行 FEC 解码实现数据纠错。

数据输入 → FEC编码器 → 交织器 → 信 道 → 解交织器 → FEC译码器 → 数据输出

图 4.3 带交织器的传输系统

交织效果取决于信道特点与交织方式。最简单的交织器是一个 $n \times m$ 的存储阵列,编码后的数据码流按行(列)输入后按列(行)输出。32×18 块交织器工作原理示意图如图 4.4 所示。总共有 576 个符号按列写入块交织器,交织器的输出按行读出,输入到交织器的数据码流的顺序为 $1,2,\cdots,32,33,\cdots$,经交织器后变为 $1,33,65,\cdots,2,34,66,\cdots,546,\cdots$。现假设信道中产生了 5 个连续的差错,如果码流不交织,这 5 个错误集中在 1 个或 2 个码字上,很可能就不可纠错。采用块交织方法,则去交织后差错分摊在 5 个码字上,每码字仅 1 个差错,采用信道编译码技术即可纠错。

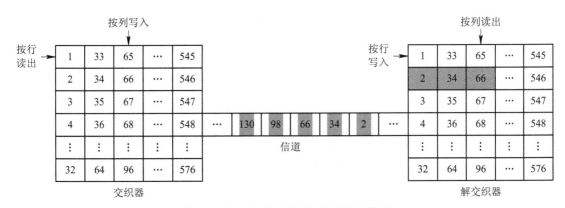

图 4.4 32×18 块交织器工作原理示意图

可见,块交织不增加额外码元,因此不影响系统传输效率。块交织技术需要增加块交织器和块去交织器使用的 RAM、传输时延等开销。块交织中,交织器和去交织器产生的总时延为 $2 \times n \times m$ 个码元的传输时间,各个码元有相同的总时延时间。从原理上说,传输时延并不对传输系统的数据质量产生损害,但从整个系统考虑,它会对某些性能有不良影响,例如实时性。所以，从发到收的总时延值常常是整个数字系统的一个重要参量。

衡量交织器的性能指标包括最小间隔、时延和存储单元数三个参数。最小间隔是指突发连续错误分布的最小距离，它一般由突发长度确定。延时表示交织和解交织时所带来的额外处理时间。存储单元数表示交织过程所需的用来存放数据的单元数目。

4.4 扰 码 技 术

扰码就是对信号做有规律的随机化处理后的信码。由于基带信号不可避免存在连"1"和连"0"，导致其频谱会包含大量的低频成分，使用基带传输时不适应信道的传输特性，也不利于从中提取出时钟信息（位同步信号）。采用扰码技术，可使信号受到随机化处理，变为伪随机序列，达到改善位定时的恢复质量、使信号频谱平滑以及使帧同步、自适应同步与自适应时域均衡等性能改善的目的。另外，扰码技术也是实现数字信号高保密性传输的重要手段之一。一般将信源产生的二进制数字信息和一个周期很长的伪随机序列（PN 序列）模 2 相加，就可将原信息变成不可理解的另一序列。这种信号在信道中传输自然具有高度保密性。归纳起来，扰码的作用表现在三个方面：

（1）减少连"0"或连"1"长度，保证接收机能提取到位定时信号。

（2）使加扰后的信号频谱更能适合基带传输。

（3）保密通信。

正是由于扰码具有这些作用使得它有时也作为电子系统的一个组成部分。需要注意的是，扰码虽然"扰乱"了原有数据的本来规律，但因为是人为的"扰乱"，在接收端很容易去加扰，恢复出原数据流。

加扰与解扰通常采用伪随机序列与输入数据的模 2 加来实现。在发送端，利用产生的伪随机二进制序列与输入数据逐个比特进行模 2 加运算，达到扰码的目的。因为，伪随机序列具有"1"和"0"的连续游程都很短，且出现的概率基本相同的特性。在接收端，将接收信号与同样的伪随机序列作模 2 加运算，即可恢复原来发送的信息，实现对发送信息的解扰或解码。加解扰原理示意图如图 4.5 所示。

图 4.5 加解扰原理示意图

下面通过一个简单例子，验证加解扰的有效性。假设输入的数据长度为 20，数据序列为 10101101111101111101，数据中"1"的个数远大于"0"的个数，并且有两次连续出现 5 个"1"。现采用长度为 15 的伪随机序列进行扰码，伪随机序列为 111100010011010，经计算，扰码器的输出序列为 01011100110000100011，"1"的个数与"0"的个数基本相等，仅出现一次连续 4 个"0"的情况，显然，利用扰码后的输出提取位同步比从原始数据中提取更为有利，而且原始数据与扰码后的输出差别很大，可实现加密传输。假设信道未产生误码，即输入到解码器的数据序列与扰码器的输出序列相同，对该序列解扰，经计算，输出数据为10101101111101111101，与发送的原始数据完全相同。

4.5　RAKE 接收技术

　　RAKE 接收是一种能分离多径信号并能有效合并多径信号能量的接收技术。RAKE 接收技术主要用于无法接收到直达信号的场合，以抗信道衰落。当用于能接收到直达信号的场合时，也可提高输入信噪比（SNR），降低误码率，提高接收信号的可靠性。该技术是一种时间分集技术，对于 CDMA 系统来说，由于当多径传播时延超过一个码片周期时，多径信号能被看成可分离的、互不相关的信号，对这些分离出来的多径信号按一定规则合并，可使信号得到加强，所以，该技术在 CDMA 移动通信系统中已得到应用。

　　为了采用 RAKE 接收技术，必须对各条多径信号的时延与功率进行估计。可采用系统中的导频信号或帧同步序列对多径信号的信道参数进行估计，这是由于导频信号与帧同步序列不仅收发已知，而且具有优良的相关特性。在对多径信道参数进行估计时，可通过相关器或者带有延迟锁相环（DLL）的相关器实现。可分离多径参数估计示意图如图 4.6 所示。

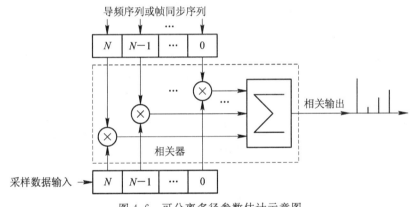

图 4.6　可分离多径参数估计示意图

　　在进行多径参数估计时，以码片速率对接收的多径信号采样，采样数据与导频序列或帧同步序列彼此相关，以此可估计出多径的参数。当采样数据中多径成分与导频序列或帧同步序列对准时，其相关就相当于自相关，则可得到一个相关峰值，且峰值的大小与多径信号的幅度对应；当不存在多径时，根据导频序列或帧同步序列的相关特性，将输出很小的值。从图 4.6 的输出可以看出，共接收到三条多径信号，或 1 路直达信号与 2 路多径信号，对应的时延分别为 0、2、3 个码片，且第 1 路信号功率最大，第三路次之，第二路最小。

　　在估计多径参数的基础上即可进行多径合并，RAKE 接收机如图 4.7 所示，T_c 为一个码片宽度。以码片速率采样的数据经估计的时延延迟，以保证三条多径在时间上对齐，经延迟后的多径信号分别乘以相应的加权系数 W，在合并器中将三条多径信号合并成一个信号，该信号的信噪比相对于采样的原始数据将得到有效改善，合并后的信号经相关器解扩后，以码片速率输出，最后与判决门限比较，输出二进制数字序列。

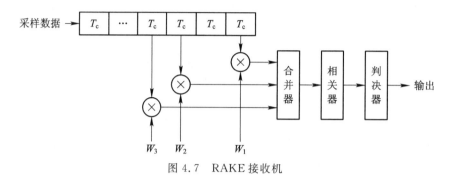

图 4.7　RAKE 接收机

采用 RAKE 接收对多径进行合并时，采用不同的规则，其合并方式不同，合并效果也有差别，具体体现在加权系数上。合并方式主要有选择合并、最大比合并以及等增益合并三种。其中，选择合并是所有方法中最简单的，它通过选择信噪比最好的一路多径信号作为合并器的输出信号。最大比合并方法是根据各个多径信号的电压－噪声功率比来确定加权系数，且加权系数与电压－噪声功率比成正比，而等增益合并给各路多径信号赋予的权值均相同。对于这三种合并方法来说，选择合并性能最差，最大比合并性能最好。等增益合并的性能比最大比合并稍差，但等增益合并实施的复杂度比最大比合并要低得多，因为最大比合并要求有准确的加权系数。

对于 RAKE 接收机来说，需要说明几点：

（1）RAKE 接收机主要应用在直扩系统中，特别是民用 CDMA 移动通信系统，相关器既可以放在如图 4.7 所示的合并器的后面，也可以放在合并器前，让每路多径信号在加权后先各自相关然后合并。

（2）对分离出的多径信号是否参与合并，取决于各路多径信号的信噪比，通常只选择信噪比高的信号合并，这是因为信噪比低的多径信号产生的误码较多，参与合并并不能对信噪比的改善做出贡献。

（3）在 RAKE 合并中，只能利用相对时延大于 1 个码片的多径信号，这是由于只有相对时延大于 1 个码片的多径信号才能分离，并且小于 1 个码片的多径信号间存在相关性，达不到采用时间分集改善衰落信道的效果。

（4）上面对多径信号参数的估计以及 RAKE 接收机的实现，既可在 DSP、FPGA 中实现，也可以采用专用芯片完成。

4.6　数字信号处理技术在参数测量中的应用

工作在复杂电磁环境下的电子系统，由于信号在传输过程中不可避免地会受到包括噪声、多径等在内的各种干扰的影响，这些干扰会导致数据传输系统误码增加，也会导致参数测量系统测量误差增大，影响严重时甚至会导致系统不可用。因此，接收端在对解调器输出的基带信号进行数据恢复或参量测量之前，首先要抑制干扰的影响。接收端对基带信号的干扰抑制处理已经成为复杂电磁环境下电子系统的一个组成部分。由于数字信号处理具有灵活性强、精度高、可靠性高的特点，使得它在干扰抑制与参数测量方面有着广泛的应用。本节通过一个实例讨论如何将数字信号处理技术运用于基带信号处理，并实现干扰抑制与参数测量。

4.6.1　数字信号处理的一般结构与工程实现步骤

信号处理是一种将含有某种信息的信号送到一个处理设备中使之变换成人们所希望的信号，从而提取其中信息的过程。数字信号处理利用计算机或通用(专用)处理设备，采用数值计算方法对数字序列进行变换、滤波、增强、识别、估计、压缩等各种处理，把信号变换成符合需要的某种形式。数字信号处理系统包括处理平台与处理算法两大部分。尽管数字信号处理有许多优点，但相对于模拟信号处理来说，最大的问题是处理的实时性问题。在实时性要求非常高的场合，必须考虑如何缩短信号处理时间，提高实时性。数字信号处理的一般结构如图 4.8 所示。

图 4.8　数字信号处理一般结构

首先，模拟基带信号经低通滤波器滤除高频干扰分量的影响(低通滤波器既可以采用放在 A/D 转换器前面的模拟滤波器，也可以采用放在 A/D 转换器后的数字信号处理系统中的数字低通滤波器)，其输出经 A/D 转换器将模拟信号转换为能被数字信号处理系统接收与处理的数字信号，然后，数字信号处理系统采用合适的信号处理算法对信号进行处理，或按功能要求对信号参数进行估计，处理后的数字信号或者按要求经 D/A 转换器变成模拟信号输出，最后，经平滑滤波器减小量化误差的影响，或者完成如图 4.1 所示的基带信号的处理。

数字信号处理平台依据使用场合、实时性要求等，可选择 DSP、FPGA、ASIC、计算机以及嵌入式系统、工控机等。不同硬件平台，其特点不同，应用场合也有所区别。由计算机、嵌入式系统、工控机等构成的信号处理平台速度慢，但修改灵活；ASIC 芯片集成度高、体积小、可靠性高，但不便于扩展与修改，灵活性差；FPGA 灵活性高，且有速度优势，但无法自适应；DSP 系统在处理速度、灵活性、自适应性方面均较好。

在数字信号处理系统中，信号处理算法(有时也称为滤波算法)是决定信号处理效果的关键。信号处理算法既可分为经典算法与现代算法，也可分为时域处理算法、频域处理算法、时频处理算法、空域处理算法、空时处理算法以及空时频联合处理算法等。在工程应用中，应结合实际需要选择满足处理要求的算法，全面追求算法的性能指标，既没有必要，也不可取。例如，系统要求实时性很强，就选择运算量小的算法，而处理效果只要满足要求即可。

数字信号处理系统工程实现步骤如下：

(1) 设计硬件处理平台。

(2) 设计或选择信号处理算法，并利用实际采样数据或 MATLAB 产生的模拟数据，在 MATLAB 环境下，对算法的有效性进行验证。

（3）将在 MATLAB 中编写的信号处理程序转换为硬件平台支持的软件程序，并调试。

（4）测试系统性能指标。

4.6.2　数字信号处理技术在参数测量中的应用

通过测量两个脉冲的时间间隔来测量距离、角度等参量在工程上有着广泛应用，如测距器、微波着陆系统以及雷达就是典型案例。在这种测量方法中，脉冲时间间隔测量的准确性直接影响参量的测量精度。针对如何提高时间间隔测量的准确性问题，其研究成果可分为两大类，即传统测量技术的改进方法与基于现代数字信号处理技术的改进方法。考虑到传统的时间间隔测量通常分为两步（第一步找出测量参考点，第二步采用脉冲计数的方式测量两个参考点的时间间隔），在传统测量技术的改进方法中，主要是通过设计脉冲的形状提高参考点的准确性和计数脉冲的频率以减小计数脉冲导致的误差。常用的脉冲有钟形脉冲与矩形脉冲，但有限的系统带宽会导致矩形脉冲波形失真，而钟形脉冲无论选择半幅度点、半功率点，还是峰值点作为参考点，在低信噪比条件下准确性均会受到影响。通过提高计数脉冲的频率虽然可以减小计数脉冲带来的误差，但无法消除。可见，传统测量技术的改进方法很难满足高精度测量设备的要求。

随着现代电子实现技术与数字信号处理技术的发展，采用现代数字信号处理技术改善时间间隔测量精度成为可能。现代数字信号处理技术改善时间间隔测量精度的方法有内插值方法、相位测量法、二次相关法、曲线拟合法、三点寻峰法等，这些方法利用大量采样数据来改善测量精度，克服了传统测量方法仅利用某一点（半幅度点、半功率点、峰值点）的值作为参考值而易受噪声影响的问题。作为数字信号处理技术在参数测量中的应用实例，这里讨论一种适用于前后沿对称脉冲波形的高精度测量方法。该方法利用所有采样数据改善测量精度，具有如下优点：

（1）与传统方法相比，能有效减小参考点与计数脉冲频率引起的测量误差。

（2）该算法为线性算法，为工程实现提供了极大方便。

（3）脉冲波形上的采样点数大于等于 2 时，该算法均适用，且采样率对峰值位置估计精度影响较小，降低了工程实现中对 A/D 转换采样速率以及后续数据处理对硬件速度的要求。

1. 数字低通滤波器设计与仿真

用于测量时间间隔的钟形脉冲宽度为 200 μs，在参数测量之前需设计一个低通滤波器，以减小高频干扰、噪声以及毛刺对参数测量的影响。按系统要求，设计的滤波器为－3 dB 带宽为 26 kHz 的二阶巴特沃斯模拟低通滤波器。在本方案中，采用数字低通滤波器来代替相应的模拟低通滤波器。具体设计思路为：采用 IIR 数字滤波器结构来实现，先设计－3 dB 带宽为 26 kHz 的二阶巴特沃斯模拟低通滤波器，然后采用双线性变换法将模拟滤波器转换为数字滤波器。其设计步骤如下：

（1）频率预畸变处理。

模拟低通滤波器的－3 dB 带宽为 26 kHz，设模/数转换的采样间隔为 T_s，则数字角频

率与模拟角频率的关系为

$$\omega = \Omega T_s = 2\pi f T_s \tag{4-16}$$

对数字角频率 ω 采用下式进行预畸变处理，可得到处理后的模拟角频率 Ω'，即

$$\Omega' = \frac{2}{T_s}\tan\left(\frac{\omega}{2}\right) \tag{4-17}$$

（2）查表得归一化二阶巴特沃斯模拟低通滤波器的系统函数 $H_{LP}(s)$ 为

$$H_{LP}(s) = \frac{1}{s^2 + \sqrt{2}s + 1} \tag{4-18}$$

（3）将归一化模拟低通滤波器系统函数 $H_{LP}(s)$ 变换为 -3 dB 模拟角频率为 Ω' 的模拟低通滤波器的系统函数 $H'_{LP}(s)$，变换表达式为

$$H'_{LP}(s) = H_{LP}(s)\big|_{s\leftarrow\frac{s}{\Omega'}} = \frac{\Omega'^2}{s^2 + \sqrt{2}\Omega's + \Omega'^2} \tag{4-19}$$

（4）用双线性变换式将模拟滤波器的系统函数 $H'_{LP}(s)$ 变换为数字滤波器的系统函数 $H_{LP}(z)$，变换表达式为

$$\begin{aligned}
H_{LP}(z) &= H'_{LP}(s)\big|_{s=\frac{2}{T_s}\cdot\frac{1-z^{-1}}{1+z^{-1}}} \\
&= \frac{\Omega'^2 T_s^2(1 + 2z^{-1} + z^{-2})}{(\Omega'^2 T_s^2 - 2\sqrt{2}\Omega'T_s + 4)z^{-2} + (2\Omega'^2 T_s^2 - 8)z^{-1} + (\Omega'^2 T_s^2 + 2\sqrt{2}\Omega'T_s + 4)}
\end{aligned}$$

$$\tag{4-20}$$

实现方案中，基带信号的采样频率 $f_s = 6.25$ MHz，则 $\Omega' = 163372.113893$ rad/s，$T_s = 1/f_s = 0.16$ μs。将这些参数代入上式，数字滤波器的传输函数可进一步写为

$$H_{LP}(z) = \frac{0.000167(1 + 2z^{-1} + z^{-2})}{1 - 1.963039z^{-1} + 0.963710z^{-2}} \tag{4-21}$$

（5）依据 $H_{LP}(z)$，由下式计算数字滤波器的频率响应 $H_{LP}(e^{j\omega})$，由频率响应进一步计算幅频函数 $|H_{LP}(e^{j\omega})|$，画出幅频特性曲线，检验设计的滤波器是否满足指标要求。

$$H_{LP}(e^{j\omega}) = H_{LP}(z)\big|_{z=e^{j\omega}} \tag{4-22}$$

（6）依据 $H_{LP}(z)$ 可得滤波器的差分方程为

$$\begin{aligned}
y(n) = &\ 0.000167(x(n) + 2x(n-1) + x(n-2)) + \\
&\ 1.963039y(n-1) - 0.963710y(n-2)
\end{aligned} \tag{4-23}$$

利用数字滤波器的上述输入输出关系式即可实现对信号的处理。

（7）采用幅频特性曲线和滤波效果来检验设计的数字滤波器是否满足要求。具体方法为：

首先，根据设计的滤波器的传输函数表达式(4-21)，得到的滤波器的幅频特性如图 4.9 所示。由图可见，所设计滤波器的通带 -3 dB 点对应频率为 26 kHz，满足设计指标要求。

其次，采用式(4-23)对不同信噪比的基带信号进行滤波，检验滤波效果。在信噪比为 -3 dB、3 dB、10 dB 时，滤波前后对比分别如图 4.10、4.11 和 4.12 所示。由图可见，在滤波前信号受到噪声的影响，波形产生失真，且信噪比越低，失真越严重。经滤波器滤波后，大大减小了噪声的影响，说明设计的滤波器是有效的。

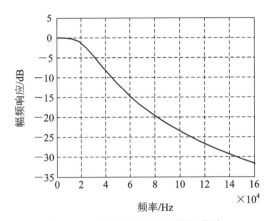

图 4.9 数字滤波器幅频特性曲线

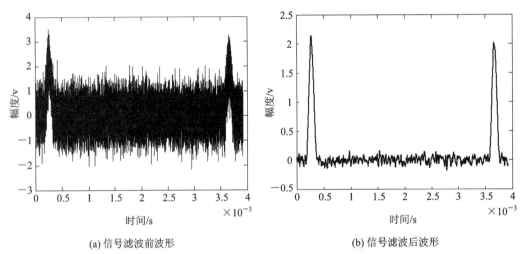

(a) 信号滤波前波形

(b) 信号滤波后波形

图 4.10 信噪比为−3 dB 时信号滤波前后波形

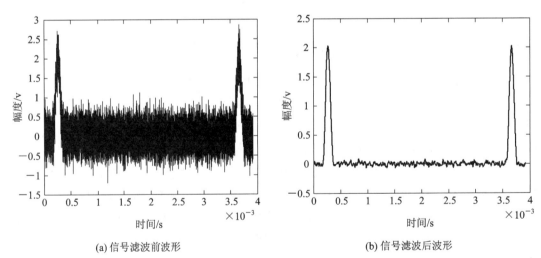

(a) 信号滤波前波形

(b) 信号滤波后波形

图 4.11 信噪比为＋3 dB 时信号滤波前后波形

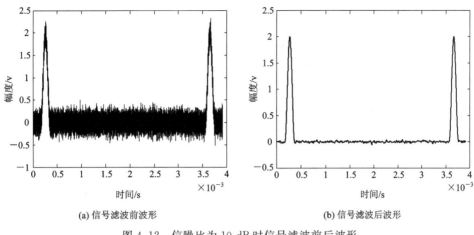

(a) 信号滤波前波形　　　　　　　　　　(b) 信号滤波后波形

图 4.12　信噪比为 10 dB 时信号滤波前后波形

2. 线交叉寻峰算法与仿真

为改善时间间隔测量精度，提出了一种线交叉寻峰算法。设以采样率 f_s（采样间隔 $T_s = 1/f_s$）对基带信号进行 A/D 转换，脉冲波形上第一个采样点数据为 $x(0)$，脉冲波形上共采样 N 个数据，用 $x(0)$，$x(1)$，$\cdots$，$x(N-1)$ 表示，不同采样率条件下采样数据在脉冲波形上的分布如图 4.13 所示。采样点是分布在脉冲波形的前沿还是后沿可根据脉冲波形的宽度、采样率以及相邻数据的大小来判断，在脉冲波形宽度与采样率确定的条件下，前、后沿的采样点数或者相等，或者相差为 1。线交叉寻峰算法依据采样数据 $x(n)$ 实现对真实峰值点的估计，即估计采样的峰值点偏离真实峰值点的误差 Δt。下面分几种情况（如图 4.13 所示）讨论线交叉寻峰算法。

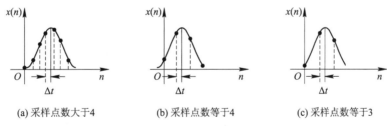

(a) 采样点数大于4　　　　(b) 采样点数等于4　　　　(c) 采样点数等于3

图 4.13　不同采样率条件下采样数据在脉冲波形上的分布

1）脉冲波形采样点数大于 4

脉冲波形采样点数大于 4 的情况如图 4.13(a)所示，设在脉冲波形上共采样 N 个数据，其中脉冲前沿有 P 个数据，后沿有 $N-P$ 个数据，则线交叉寻峰算法如下：

由脉冲前沿的 P 个数据 $x(n)(n=0, 1, 2, \cdots, P-1)$ 用关系式 $x(n)=k_1 \times n \times T_s + b_1$ 对 k_1，b_1 进行最小二乘估计，得到 k_1 与 b_1，即

$$\begin{bmatrix} \hat{k}_1 \\ \hat{b}_1 \end{bmatrix} = (\boldsymbol{A}^{\mathrm{T}} \boldsymbol{A})^{-1} \boldsymbol{A}^{\mathrm{T}} \boldsymbol{x} \tag{4-24}$$

式中：

$$\boldsymbol{x} = (x(0) \quad x(1) \quad \cdots \quad x(P-1))^{\mathrm{T}}$$

$$\boldsymbol{A} = \begin{bmatrix} 0 & 1 \\ T_{\mathrm{s}} & 1 \\ \vdots & \vdots \\ (P-1)T_{\mathrm{s}} & 1 \end{bmatrix}$$

由脉冲后沿的 $N-P$ 个数据 $x(n)(n=P,\ P+1,\ \cdots,\ N-1)$ 用关系式 $x(n)=k_2 \times n \times T_{\mathrm{s}}+b_2$，对 k_2，b_2 进行最小二乘估计，得到 k_2 与 b_2，即

$$\begin{bmatrix} \hat{k}_2 \\ \hat{b}_2 \end{bmatrix} = (\boldsymbol{B}^{\mathrm{T}}\boldsymbol{B})^{-1} \boldsymbol{B}^{\mathrm{T}} \boldsymbol{x}' \tag{4-25}$$

式中：

$$\boldsymbol{x}' = (x(P) \quad x(P+1) \quad \cdots \quad x(N-1))^{\mathrm{T}}$$

$$\boldsymbol{B} = \begin{bmatrix} PT_{\mathrm{s}} & 1 \\ (P+1)T_{\mathrm{s}} & 1 \\ \vdots & \vdots \\ (N-1)T_{\mathrm{s}} & 1 \end{bmatrix}$$

由估计的 k_1、b_1、k_2、b_2 解下面的线性方程组，可得到峰值点对应的时间 t，即

$$\begin{cases} x = \hat{k}_1 t + \hat{b}_1 \\ x = \hat{k}_2 t + \hat{b}_2 \end{cases} \tag{4-26}$$

峰值点对应的时间为

$$t = \frac{\hat{b}_2 - \hat{b}_1}{\hat{k}_1 - \hat{k}_2} \tag{4-27}$$

估计的峰值点对应时间 t 与前沿的 $x(P-1)$ 对应时间偏差为

$$\Delta t = t - (P-1)T_{\mathrm{s}} \tag{4-28}$$

估计的峰值点对应时间 t 与后沿的 $x(P)$ 对应时间偏差为

$$\Delta t' = PT_{\mathrm{s}} - t \tag{4-29}$$

2）脉冲波形采样点数等于 4

脉冲波形采样点数等于 4 的情况如图 4.13(b) 所示。线交叉寻峰算法如下：

由脉冲前沿的两个采样点 $x(0)$ 与 $x(1)$，建立如下线性关系

$$x = \frac{x(1) - x(0)}{T_{\mathrm{s}}} t + x(0) \tag{4-30}$$

由脉冲后沿的两个采样点 $x(2)$ 与 $x(3)$ 建立如下线性关系，即

$$x = \frac{x(3) - x(2)}{T_{\mathrm{s}}} t + 3x(2) - 2x(3) \tag{4-31}$$

由式(4-30)与(4-31)联立求解，可得峰值点对应的时间 t，即

$$t = T_{\mathrm{s}} + \frac{x(1) - 2x(2) + x(3)}{x(0) - x(1) - x(2) + x(3)} T_{\mathrm{s}} \tag{4-32}$$

估计的峰值点对应时间 t 与前沿的 $x(1)$ 对应时间偏差为

$$\Delta t = \frac{x(1) - 2x(2) + x(3)}{x(0) - x(1) - x(2) + x(3)} T_s \qquad (4-33)$$

估计的峰值点对应时间 t 与后沿的 $x(2)$ 对应时间偏差为

$$\Delta t' = T_s - \frac{x(1) - 2x(2) + x(3)}{x(0) - x(1) - x(2) + x(3)} T_s \qquad (4-34)$$

3) 脉冲波形采样点数等于 3

脉冲波形采样点数等于 3 的情况如图 4.13(c)所示，由于采样起始点的随机性，脉冲波形上采样的三个点可能是前沿两个、后沿一个，也可能是前沿一个、后沿两个，可依据三个采样值的大小来判断。即：若 $x(0)$ 最小，$x(1)$ 最大，则脉冲前沿有两个点，如图 4.13(c)所示；若 $x(1)$ 最大，$x(2)$ 最小，则脉冲后沿有两个点。脉冲前沿有两个采样点的线交叉寻峰算法为：

由脉冲前沿的两个采样点 $x(0)$ 与 $x(1)$ 可建立线性关系式(4-30)。利用脉冲前、后沿波形的对称性，建立与后沿波形对应的线性关系为

$$x = \frac{x(0) - x(1)}{T_s} t - 2x(0) + 2x(1) + x(2) \qquad (4-35)$$

由式(4-30)与(4-35)联立求解，可得峰值点对应的时间 t，即

$$t = \frac{-3x(0) + 2x(1) + x(2)}{x(1) - x(0)} \cdot \frac{T_s}{2} \qquad (4-36)$$

估计的峰值点对应时间 t 与前沿的 $x(1)$ 对应时间偏差为

$$\Delta t = \frac{x(2) - x(0)}{x(1) - x(0)} \cdot \frac{T_s}{2} \qquad (4-37)$$

对于脉冲前沿有一个采样点，后沿有两个采样点的情况，采用相同方法可计算峰值点对应时间为

$$t = \frac{x(0) - 2x(1) + x(2)}{x(2) - x(1)} \cdot \frac{T_s}{2} \qquad (4-38)$$

估计的峰值点对应时间 t 与后沿的 $x(1)$ 对应时间偏差为

$$\Delta t = \frac{x(0) - x(2)}{x(2) - x(1)} \cdot \frac{T_s}{2} \qquad (4-39)$$

4) 脉冲波形采样点数等于 2

当脉冲波形采样点数为 2 时，脉冲前沿与后沿各有 1 个采样点，分别用 $x(0)$、$x(1)$ 表示，可用两点在幅值上的差异进行峰值位置的修正。采用式(4-40)可修正估计的峰值点对应时间 t 与两点的最大值对应时间的偏差，即

$$\Delta t = \left(1 - \frac{|x(1) - x(0)|}{(x(1), x(0))_{\max}}\right) \cdot \frac{T_s}{2} \qquad (4-40)$$

式中 $| \cdot |$ 表示取绝对值，$(\cdot, \cdot)_{\max}$ 表示取最大值。

以采样数为参变量可仿真分析线交叉寻峰算法与传统方法的性能。这里的传统方法是指工程上常用的直接从采样数据中寻找最大值，并以此位置作为脉冲峰值所在位置的方法。仿真环境为脉冲为前后沿对称的钟形脉冲，且脉冲宽度为 200 μs。含有钟形脉冲的基带信号经 A/D 转换以及二阶巴特沃斯数字低通滤波器(对应模拟低通滤波器的通带 -3 dB

频率为 26 kHz)滤波后进行峰值估计。仿真曲线的每个点由 500 次蒙特卡洛实验得到。

如图 4.14 所示为仿真脉冲上采样点数大于 4 的情况，即采样率分别为 100 kHz(采样数为 20)、50 kHz(采样数为 10)时，均方根误差与输入信噪比的关系，其中实线对应传统方法，虚线对应本文的线交叉寻峰算法。由图 4.14 可见：

(1) 在采样数大于 4 时，采样率越高，测量精度越高。

(2) 相对于传统方法，线交叉寻峰算法精度提高一倍左右。

(3) 两种方法的输入信噪比越高，精度越高，且当信噪比小于 0 dB 时，测量精度受噪声影响较大，而大于 0 dB 时则主要由采样率决定。

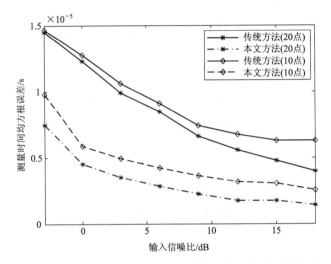

图 4.14　采样点数大于 4 时均方根误差与输入信噪比的关系

如图 4.15 所示为仿真采样点数小于等于 4 的情况，即采样率分别为 20 kHz(采样数为 4)、14.3 kHz(采样数为 3)、10 kHz(采样数为 2)时，均方根误差与输入信噪比的关系。由图 4.15 可见：除了能得到与上述情况类似的结论外，当采样点数为 3 和 4 时，传统方法误

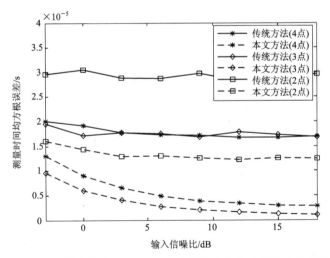

图 4.15　采样点数为 2、3、4 时均方根误差与输入信噪比的关系

差相差不大，而线交叉寻峰算法采样点数为 3 的性能略优于点数为 4 的性能，这说明对于前后沿对称的波形来说，用上升沿(下降沿)的两点确定的直线斜率按对称性去推算下降沿(上升沿)的斜率比直接用 4 个点各自计算前后沿斜率来寻峰更为有效。

3. 高精度参数测量方法的工程实现

数字测量系统硬件组成框图如图 4.16 所示，主要由信号调理电路、DSP 及其相关电路组成。该系统采用 TI 公司的 TMS320F2812 定点 DSP 作为核心处理器件，该器件内部包含有 FLASH 存储器、SRAM 存储器、A/D 转换器以及看门狗电路等，可使硬件简化。晶体振荡器电路产生频率为 30 MHz 的周期信号，该信号经锁相环(PLL)电路进行 5 倍频，输出频率为 150 MHz 的周期方波作为中央处理器(CPU)的时钟。看门狗电路防止程序受干扰影响而"跑飞"；FLASH 存储器存储调试好的程序；SRAM 存储器用于保存实时采集的数据与处理的结果。考虑到程序直接在 FLASH 存储器中运行不能满足实时性要求，开机后，可先把存储在 FLASH 中的程序搬移到 SRAM 中，然后在 SRAM 中运行，因此，SRAM 存储器还有存储运行程序的功能。

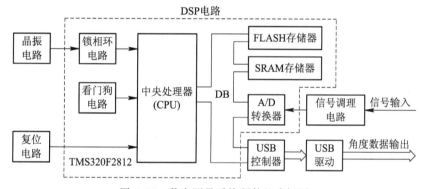

图 4.16　数字测量系统硬件组成框图

待处理的基带信号首先经调理电路对信号进行幅度处理，以满足 A/D 转换器对信号 0～3 V 的幅度要求；其次，对信号进行模/数转换，转换器采用的是 DSP 内部的 12 位模/数转换器，采样率为 6.25 MHz；最后，由 DSP 完成对数字信号的低通滤波与参数测量，并将测量结果经 USB 送上位机。测量步骤如下：

(1) 对信号进行采样，并将采样数据利用设计的数字低通滤波器式(4-23)进行滤波处理，获取数据 $x(n)$。

(2) 在数据 $x(n)$ 中分别寻找两个脉冲的最大值，并计算两个最大值之间的采样点数 N，对时间间隔利用下式进行粗略估计，即

$$\delta t_r = (N+1)T_s \tag{4-41}$$

式中，T_s 为采样周期。

(3) 利用线交叉寻峰算法对粗估值进行修正，得到精确估计值 δt_p。

首先，由采样率、脉冲波形宽度确定每个脉冲波形上的采样点数，由最大值以及与最大值相邻的数据大小确定采样的最大值是分布在脉冲的前沿还是后沿。

其次，由下式进行精确估计，即

$$\delta t_p = \delta t_r \pm \Delta t_1 \pm \Delta t_2 \tag{4-42}$$

式中：δt_p，δt_r 分别为时间间隔的精确估计与粗略估计；Δt_1 为对第一个脉冲最大值对应时间的修正值；$\pm \Delta t_2$ 为对第二个脉冲最大值对应时间的修正值。

若采样得到的第一个脉冲的最大值分布在脉冲前沿，则修正值为 $-\Delta t_1$，由于采样频率为 6.25 MHz，且脉冲宽度为 200 μs，则每个脉冲的采样点数大于 4，Δt_1 由式(4-28)计算；若采样得到的第一个脉冲的最大值分布在脉冲后沿，则修正值为 $+\Delta t_1$，Δt_1 由式(4-29)计算。若采样得到的第二个脉冲的最大值分布在脉冲前沿，则修正值为 $+\Delta t_2$，Δt_2 由式(4-28)计算；若采样得到的第二个脉冲的最大值分布在脉冲后沿，则修正值为 $-\Delta t_2$，Δt_2 由式(4-29)计算。

现场测试表明：依据测量时间间隔所得到的角度误差 $\Delta \theta_{max} \leqslant 0.005°$，标准差 $\Delta \theta_{std} = 0.0029°$，比传统测量方法精度提高了一个数量级。改进后的角度测量误差主要由残留噪声、采样时钟的抖动以及 A/D 转换器的量化误差引起。

作业与思考题

4.1　简述信源编码与信道编码的区别。

4.2　某数字通信系统发生 1 位传输错误的概率为 10^{-4}，则连续发生两位传输错误的概率为多少？

4.3　块交织的作用是什么？主要用于哪些领域？举例说明如何实现。

4.4　RAKE 接收机的作用是什么？在移动通信系统中为什么不对所有的多径信号进行合并？合并的方法有哪些？

4.5　数字信号处理技术在接收机的干扰抑制方面得到广泛应用，简述其硬件组成与工程实现步骤。

本章参考文献

[1]　樊昌信，曹丽娜. 通信原理. 7 版. 北京：国防工业出版社，2016.

[2]　宋鹏. 信息论与编码. 西安：西安电子科技大学出版社，2018.

[3]　傅祖芸. 信息论—基础理论与应用. 2 版. 北京：电子工业出版社，2010.

[4]　曹雪虹，张宗橙. 信息论与编码. 2 版. 北京：清华大学出版社，2009.

[5]　杨小牛，楼才义，徐建良. 软件无线电原理与应用. 北京：电子工业出版社，2001.

[6]　LIBERTI J C，RAPPAPORT T S. 无线通信中的智能天线. 马凉，译. 北京：机械工业出版社，2002.

[7]　GARG V K. 第三代移动通信系统原理与工程设计：IS-95 CDMA 和 cdma2000. 于鹏，白春霞，刘睿，译. 北京：电子工业出版社，2001.

[8]　田孝华，刘小虎，赵颖辉，等. 一种提高测角精度的线交叉寻峰算法. 机械与电子，2020，38(7)：3－6.

[9]　李丽芬，蔡小庆. 数字信号处理. 武汉：华中科技大学出版社，2017.

[10]　周其焕，魏雄志，崔红跃. 微波着陆系统. 北京：国防工业出版社，1992.

[11]　张延，黄佩诚. 高精度时间间隔测量技术与方法. 天文学进展，2006，24(1)：1－15.

[12]　李菠，孟立凡，李晶，等. 探测低慢小目标的高精度时间间隔测量方法. 科学技术与工程，2017，17(16)：248－253.

[13]　陈瑞强，江月松. 脉冲激光测距的时间间隔测量方法. 光学学报，2013，33(2)：99－104.

[14]　陈勇，王坤，刘焕淋，等. 三点寻峰算法处理光纤布拉格光栅传感信号. 光学精密工程，2013，21(11)：2751－2756.

[15]　潘继飞，姜秋喜，毕大平. 基于内插采样技术的高精度时间间隔测量方法. 系统工程与电子技术，2006，28(11)：1633－1636.

[16]　ZHU X W, SUN G F. A high-precision time interval measurement method using phase-estimation algorithm. IEEE Trans on Instrumentation and Measurement，2008，57(11)：2670－2676.

[17]　潘继飞，姜秋喜. 一种高精度时间间隔测量方法及仿真验证. 光电技术应用，2007，22(6)：71－73.

[18]　徐成发，郝宇星，陆潞. 基于互相关的快速角度估计算法. 电子与信息学波，2016，38(6)：1446－1451.

[19]　苗苗，周渭，李智奇. 用于时间同步的高精度短时间间隔测量方法. 北京邮电大学学报，2012，35(4)：77－80.

[20]　王维康，张斌，李睿. 塔康系统输出参数的精确测量方法研究. 电光与控制，2010，17(7)：78－82.

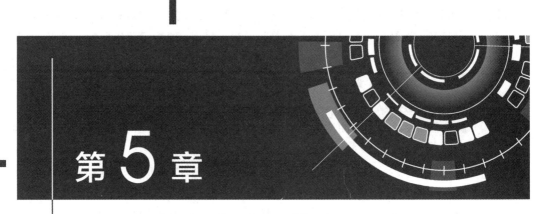

第 5 章

调制解调与中频单元

5.1 概　　述

　　由于无论是模拟基带信号还是数字基带信号都具有较低的频谱分量，除了在有线通信等少数场合采用直接传输数字基带信号外，一般都采用频带传输方式。频带传输方式将基带信号转换成其频带适合信道传输的信号后再传输，在接收端则通过相反变换，以获取基带信号。用于频带传输的调制解调与中频单元组成框图如图 5.1 所示。在发射端，首先，基带信号与频率为 f_1 的余弦信号共同作用于调制器，完成基带信号对余弦信号电参量的调制，其基带信息由余弦信号调制参量携带。为了方便实现，送到调制器的余弦信号的频率往往比事先设计的中频频率要低得多。然后，已调制信号经带通滤波器滤除不需要的频率分量后，由混频器完成将已调制信号的载频搬移到固定的中频上。最后，混频器的输出经带通滤波器与放大器后送到射频通道。为了将中频信号变换成容易传输的射频信号，在射频通道中还要对中频信号进行再次混频，使输出的调制信号的载频与系统工作的射频频率相等。在接收端，首先，由射频通道经混频、滤波、放大后输出的中频信号，经中频放大器进一步放大，以满足混频器对信号幅度的要求；然后混频器将中频信号的中心频率搬移到适用于解调器工作的较低频率上，其输出经带通滤波器与放大器后送到解调器，完成对信号的解调；最后解调后的信号经低通滤波器滤除高频噪声等干扰后，送到抽样判决电路，形成数字基带信号输出。

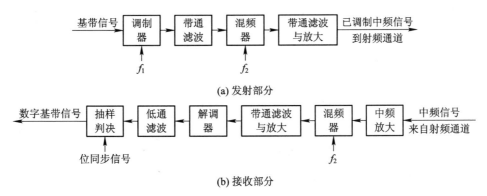

(a) 发射部分

(b) 接收部分

图 5.1　调制解调与中频单元组成框图

需要说明两点：

（1）之所以采用图 5.1 所示的二次混频与多次混频技术（超外差式结构），而不是直接将基带信号调制到射频上，主要是因为采用这种方案具有实现难度小、中频单元不需要因系统工作频率变化而改变实现电路的优点。另外，采用多次混频比一次混频使滤波器更易工程实现。工程实践表明，在滤波器性能指标相同的条件下，相对带宽为 10% 左右的滤波器最易实现，而相对带宽偏离 10% 越远实现难度越大。

（2）为了满足系统能够在多个波道（每个波道对应不同的中心频率）工作，常用方法是通过改变射频通道中混频器的本振信号频率来实现，而中频单元混频器的本振信号频率为一固定值，保证了中频单元实现电路的不变性，大大降低了系统实现的复杂性。

由上面的介绍可以看出，调制器、解调器以及混频器是频带传输系统的基本组成部分。下面分别进行讨论。

5.2　调制与解调

5.2.1　调制与解调的分类

调制就是用调制信号（包括模拟基带信号与数字基带信号）去控制载波的某一参数，使之按调制信号的规律变化的过程。解调则是调制的反过程，即从已调信号中恢复出原调制信号的过程。调制按调制信号类型分类，可分为模拟调制与数字调制；按已调信号频谱结构分类，可分为线性调制与非线性调制；按调制的电参量分类，分为幅度调制、频率调制、相位调制；按载波类型分类，可分为连续波调制与脉冲调制。尽管连续波调制与脉冲调制在工程上均有应用，但考虑到应用的广泛性，这里仅对连续波调制方式进行讨论。

连续波调制是一种用正弦波高频信号作为载波的调制。正是由于这种调制方式是用正弦波作为载波，故又称为正弦波调制。根据调制的基带信号是数字信号还是模拟信号，正弦波调制又分为模拟调制与数字调制两种。所谓模拟调制就是调制信号为连续信号的正弦波调制，而数字调制则是调制信号为数字信号的正弦波调制。

最常用和最重要的模拟调制是幅度调制与角度调制。常见的调幅（AM）调制以及双边带抑制载波（DSBSC）调制、残留边带（VSB）调制和单边带（SSB）调制等都属于幅度调制。对于幅度调制信号来说，在波形上，它的幅度随基带信号变化而呈正比变化；在频谱结构上，它的频谱已从基带低频域搬移到了某个高频域，而且它的频谱结构完全是基带信号频谱结构在频谱域的简单搬移。由于这种搬移是线性的，因此，幅度调制又称为线性调制。角度调制是通过改变载波的频率或相位来实现的，即载波的幅度保持不变，而载波的频率或相位随基带信号变化。由于频率或相位的变化都可以看成是载波的角度的变化，故这种调制又称为角度调制。角度调制是频率调制（FM）和相位调制（PM）的统称。角度调制也要完成基带信号频谱的搬移，但它所形成的信号频谱不再保持原来基带信号的频谱结构。也就是说，已调制信号频谱与基带信号频谱之间存在着非线性变换关系，所以，角度调制又称为非线性调制。

数字调制有振幅键控（ASK）调制、频移键控（FSK）调制以及相移键控（PSK）调制三种最基本的调制方式，其他各种数字调制都是这三种基本方式的改进或组合。三种最基本的调制又分为二进制数字调制与多进制数字调制两大类。也就是说，ASK 调制有 2ASK 调制与 MASK 调制，PSK 调制有 2PSK 调制与 MPSK 调制，FSK 调制有 2FSK 调制与 MFSK 调制，其中，2ASK、2PSK、2FSK 可简写为 ASK、PSK 与 FSK，2ASK 也可用 OOK 表示，2PSK 也可用 BPSK 表示。为了解决相位模糊问题，在 BPSK 调制的基础上产生了相对相移键控（DBPSK）调制，或称为差分相移键控（2DPSK）调制。MPSK 调制主要有四相相移键控（QPSK）（亦称为正交 PSK）调制与相对相移键控（DQPSK）调制、8 相相移键控（8PSK）调制以及 16 相相移键控（16PSK）调制。为了减小占用的频谱宽度，在 2FSK 调制的基础上产生了连续相位频移键控（CPFSK）调制、最小频移键控（MSK）调制以及高斯滤波最小频移键控（GMSK）调制等改进调制方式。

除了三种基本数字调制外，还有组合调制方式。例如正交振幅调制（QAM）就是调幅和调相的组合，主要有 4QAM、8QAM、16QAM、64QAM 以及 256QAM 等调制；正交频分复用（OFDM）调制可以看成是对多载波的一种调制方法，其主要思想是：将信道分成若干正交子信道，将高速数据信号转换成并行的低速子数据流，并调制到每个子信道上进行传输，每个子信道上的信号带宽小于信道的相关带宽。正交信号可以在接收端通过采用相关技术来分开，这样可以减少子信道之间的相互干扰。OFDM 调制包括矢量 OFDM（V-OFDM）、宽带 OFDM（W-OFDM）、基于子代滤波的 OFDM（F-OFDM）、多输入多输出 OFDM（MIMO-OFDM）以及多带-OFDM 等调制类型。

与调制相对应的为解调，其功能为从已调信号中恢复出原调制信号。实现解调的方法很多，与调制方式密切相关。对于模拟调制来说，AM 调制信号的解调有包络检波与同步检波两种，其中包络检波实现比较简单，同步检波则需提供同步载波（即相干载波）。FM 调制信号的解调称为鉴频，有波形变换法鉴频、脉冲计数式鉴频、正交鉴频以及锁相环鉴频四种，其中脉冲计数式鉴频具有线性鉴频范围大，便于集成等优点，它与锁相环鉴频都得到了广泛应用，但工作频率一般在 10 MHz 以下。PM 调制信号的解调称为鉴相，有乘积型鉴相与叠加型鉴相两种。对于数字调制来说，ASK 信号的解调有包络检波非相干解调法与相干解调法；FSK 调制信号的解调有包络检波法、鉴频法、过零检测法、差分检波法等非相干检测法和相干检测法；PSK 调制信号的解调采用极性比较相干解调法；而 DPSK 调制信号除极性比较相干解调法外，还可采用差分相干解调法解调。

对于上面列出的调制解调方法，若调制与解调的方法不同，或调制方式相同但解调方法不同，则系统的抗噪性能就不同，且相干解调优于非相干解调，相干解调付出的代价为必须提取相干载波。

5.2.2 调制与解调方式选择需考虑的因素

在选择调制解调方式时应着重考虑信号带宽、抗噪声性能、对信道适应能力以及设备复杂性等几个方面。信号带宽影响系统带宽效率（即传输率与最小带宽之比），抗噪声性能和对信道适应能力与系统可靠性有关，设备的复杂性决定了系统成本。下面分模拟调制与数字调制对不同调制解调方式的性能进行比较，为调制解调方式的选择提供参考。

1. 模拟调制系统性能比较

假设所有系统工作在同等条件下，即解调器输入信号功率为 S_i，信道噪声均值为 0，单边功率谱密度为 n_0，基带信号带宽为 f_m，AM 信号的调制度为 100%，FM 信号的调频指数为 m_f，均采用正弦波调制信号。模拟调制系统性能比较如表 5.1 所示。

表 5.1 模拟调制系统性能比较

调制方式	信号带宽	输出信噪比	制度增益	设备
AM	$2f_m$	$\dfrac{1}{3}\dfrac{s_i}{n_0 f_m}$	$\dfrac{2}{3}$	简单
DSB	$2f_m$	$\dfrac{s_i}{n_0 f_m}$	2	中等
SSB	f_m	$\dfrac{s_i}{n_0 f_m}$	1	复杂
VSB	略大于 f_m	近似 SSB	近似 SSB	较复杂
FM	$2(m_f+1)f_s$	$\dfrac{3}{2}m_f^2\dfrac{s_i}{n_0 f_m}$	$3m_f^2(m_f+1)$	中等

由表 5.1 可以看出：

（1）频谱利用率方面，SSB 最高，VSB 较高，DSB 和 AM 次之，FM 最差。

（2）抗噪声性能方面，FM 最好，DSB、SSB、VSB 次之，AM 最差。

（3）功率利用率方面，FM 最高，DSB、SSB、VSB 次之，AM 最差。

（4）设备复杂性方面，AM 最简，DSB 和 FM 次之，VSB 较复杂，SSB 最复杂。

不同调制方式的特点为：AM 调制的优点为接收设备简单，缺点为功率利用率低，抗噪声能力差；DSB 调制的优点为功率利用率高，带宽与 AM 相同；SSB 调制的优点为功率利用率与频带利用率都较高，抗噪声能力优于 AM，而带宽只有 AM 的一半，缺点为收发设备复杂；VSB 调制的抗噪声性能、频带利用率与 SSB 相当；FM 调制抗噪声能力强，缺点是频带利用率低，存在门限效应。

2. 二进制数字调制系统性能比较

设 r 为输入信噪比，f_m 为基带信号带宽，f_1、f_2 分别为 2FSK 输出已调制信号的两个频率，2ASK、2FSK、2PSK 三种调制方式的信号带宽与误码性能如表 5.2 所示，误码率与信噪比的关系如图 5.2 所示。

表 5.2 三种数字调制信号带宽与误码性能

调制方式	信号带宽	误码率	
		相干解调	非相干解调
2ASK	$2f_m$	$\dfrac{1}{2}\mathrm{erfc}\left(\sqrt{\dfrac{r}{4}}\right)$	$\dfrac{1}{2}\mathrm{e}^{-r/4}$
2FSK	$\lvert f_2 - f_1 \rvert + 2f_m$	$\dfrac{1}{2}\mathrm{erfc}\left(\sqrt{\dfrac{r}{2}}\right)$	$\dfrac{1}{2}\mathrm{e}^{-r/2}$
2PSK、2DPSK	$2f_m$	$\dfrac{1}{2}\mathrm{erfc}\left(\sqrt{r}\right)$	$\dfrac{1}{2}\mathrm{e}^{-r}$

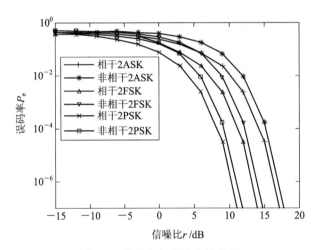

图 5.2 误码率与信噪比的关系

由图 5.2 和表 5.2 可以看出：

（1）频谱利用率方面，2ASK、2PSK 调制信号带宽相同，均为 $2f_m$，2FSK 信号带宽为 $\lvert f_2 - f_1 \rvert + 2f_m$，且 f_1、f_2 相差越大，带宽越大。显然，2FSK 系统的频带利用率最低。

（2）误码率性能方面，对于同一种数字调制信号，采用相干解调的误码率低于非相干解调的误码率。误码率一定时，2PSK、2FSK、2ASK 系统所需要的信噪比关系为

$$(r_{2\mathrm{ASK}})\mathrm{dB} = 3\ \mathrm{dB} + (r_{2\mathrm{FSK}})\mathrm{dB} = 6\ \mathrm{dB} + (r_{2\mathrm{PSK}})\mathrm{dB}$$

即要保证三种调制有相同的误码率，要求 2ASK 输入信噪比是 2PSK 的 4 倍，是 2FSK 的 2 倍，也说明 2PSK 误码性能最好，2FSK 次之，2ASK 最差。

（3）信道适应能力方面，由于 2FSK 系统通过比较上下两个支路(对应频率分别为 f_1 与 f_2)解调输出值的大小来判断是符号 0 或 1，对信道变化不敏感，而 2PSK 与 2ASK 系统在发送符号概率相等时，最佳判决门限分别为 0 与 $A/2(A$ 为信号幅度)。由于前者的判决门限不随信道特性变化，对信道变化不敏感。后者的判决门限随信号幅度发生变化，而信号幅度的变化往往是由信道变化引起，因此，2ASK 对信道特性变化敏感，性能最差。

（4）设备复杂性方面，对 2ASK、2FSK、2PSK 三种调制方式来说，发送端设备的复杂程度相差不多，而接收端的复杂程度则与所选用的调制和解调方式有关。对于同一种调制方式，相干解调的设备要比非相干解调复杂，而同为非相干解调时，2DPSK 的设备最复杂，2FSK 次之，2ASK 最简单。

综合考虑频谱利用率、误码率、信道适应能力、设备复杂度等因素，不难判断出 2PSK 与 2DPSK 是调制方式的首选。同样，对多进制调制方式进行类似分析，QPSK 与 DQPSK 也有与 2PSK 相同的优势，并且 2DPSK、DQPSK 不存在相位模糊问题。因此，在频带传输电子系统中，2DPSK、DQPSK 得到了非常广泛的应用。相移键控调制方式得到广泛应用的另一个理由是输出信号幅度恒定，平均功率最大，可以使发射机输出的功率得到充分利用，增加作用距离。

5.2.3 调制器与解调器技术参数

调制与解调方式一经确定，接下来就是调制与解调的具体实现问题，既可采用分离元器件自行设计实现，也可直接购买成熟产品。无论采用哪种实现方式，必须满足其主要性能参数要求。调制信号类型不同、调制方式不同，则调制器的技术参数也不同。同样，解调器的技术参数也存在差异。下面给出几种调制器和解调器的主要性能参数，为调制器与解调器的设计与制作提供参考。

1. 有线电视射频调制器

（1）调制方式：视频为 AM 调制，音频为 FM 调制。

（2）输出频率范围：48～870 MHz。

（3）图像载频准确度：≤5 kHz(VHF)；≤10 kHz(UHF)。

（4）射频输出频率微调范围：最大±4 MHz(0.5 MHz 步进)。

（5）图像载频输出电平：115 dBμV。

（6）R_F 输出电平调节范围：0～20 dB。

（7）输出阻抗：75 Ω。

（8）射频输出端带内反射损耗：≥12 dB(VHF)；≥10 dB(UHF)。

（9）寄生输出抑制比：≥60 dB。

（10）视频输入电平：1.0 V$_{p-p}$。

（11）微分增益：≤5%。

（12）微分相位：≤5°。

（13）视频带内平坦度：≤±2 dB。

（14）视频调制度范围：0％～90％连续可调。

（15）视频输入阻抗：75 Ω。

（16）视频信噪比（S/N）：≥45 dB。

2. WDQ－3200 QAM 调制器

（1）支持调制模式：16QAM、32QAM、64QAM、128QAM、256QAM、512QAM、1024QAM。

（2）输入数据的比特率范围：1.5～108 Mb/s。

（3）输出数据符号率范围：1～7 Mbaud/s。

（4）射频输出频率范围：45～862 MHz(分段提供)。

（5）输出电平范围：110～120 dBμV(可 0.5 dB 步进)。

（6）射频输出阻抗：75 Ω。

（7）反射损耗：≥15 dB

（8）载波抑制：＞55 dB。

（9）相位噪声：≤－95 dBc/Hz。

（10）SNR(带外)：≥50 dB。

（11）信道带宽：8 MHz。

3. 广播级多路电视解调器

1）射频输入参数

输入频率：45～860 MHz。

输入电平：60～90 dBμV。

输入阻抗：75 Ω。

AGC 范围：±20 dB。

频率变换精度：0.25 MHz。

输入反射：14 dB。

2）视频输出参数

输出电平：0.7～1.4 V_{P-P}。

视频带宽：≥5.5 MHz。

微分增益：5％。

微分相位：5°。

视频信噪比：≥51 dB。

3）音频参数

输入电平：－6～8 dBmV。

输入阻抗：600 Ω(不平衡)。

失真度：≤2％。

带内平坦度：±2 dB。

音频信噪比：≥55 dB。

5.2.4 QPSK/DQPSK 调制与解调

差分正交相移键控 DQPSK(Differential Quadrature Phase-Shift Keying)又称相对正交相移键控,在带通传输中得到了广泛应用。它是在正交相移键控 QPSK(Quadrature Phase-Shift Keying)(又称绝对正交相移键控)的基础上发展起来的,解决了 QPSK 存在的相位模糊问题,是一种实用的四相制调制。QPSK 信号可表示为

$$e_{\mathrm{QPSK}}(t) = \sum_n g(t - 2nT_s)\cos(\omega_c t + \varphi_n) \tag{5-1}$$

式中:$g(t)$ 是宽度为 $2T_s$ 的单个矩形脉冲;T_s 为二进制码元宽度;φ_n 是由二进制信息决定的相位值,它有四个取值,通常取 $0°$、$90°$、$180°$、$270°$ 或者取 $45°$、$135°$、$225°$、$315°$,但工程上均取后者,以方便判断。相位值表征的两位二进制信息为 00、01、10、11。

QPSK 信号的产生原理如图 5.3 所示,首先,二进制序列经串/并转换,将 1 路信号变为两路信号,码元宽度增加 1 倍;然后电平转换将单极性矩形脉冲变成双极性矩形脉冲,例如二进制序列 1011 经串/并变换成为 11 与 01 两个序列,再经电平转换变为 $+1+1$ 与 $-1+1$;最后电平转换输出作用于两个乘法器,其输出相加后形成 QPSK 信号。

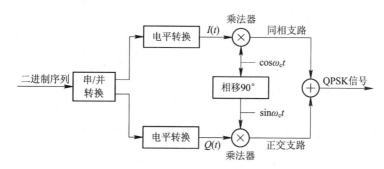

图 5.3　QPSK 信号产生原理图

对四种情况进行简单计算,即

$$e_{\mathrm{QPSK}}(t) = A\cos(\omega_c t + \varphi_n) \tag{5-2}$$

式中:当二进制序列为 11 时,$\varphi_n = \pi/4$;为 01 时,$\varphi_n = 3\pi/4$;为 00 时,$\varphi_n = 5\pi/4$;为 10 时,$\varphi_n = 7\pi/4$。

QPSK 信号的解调通常采用工程上容易实现的极性比较法,解调组成框图如图 5.4 所示。完成解调需要恢复相干载波与位同步信号。

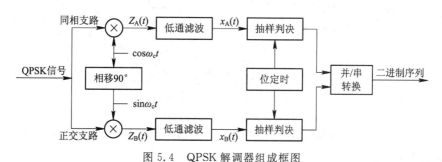

图 5.4　QPSK 解调器组成框图

设接收信号为

$$r(t) = A\cos(\omega_c t + \varphi_n) = A\cos(2\pi f_c t + \varphi_n) \tag{5-3}$$

经混频，同相与正交支路输出为

$$Z_A(t) = \frac{A}{2}\cos(4\pi f_c t + \varphi_n) + \frac{A}{2}\cos\varphi_n \tag{5-4}$$

$$Z_B(t) = \frac{A}{2}\cos\left(4\pi f_c t + \varphi_n + \frac{\pi}{2}\right) + \frac{A}{2}\sin\varphi_n \tag{5-5}$$

经低通滤波，输出为

$$x_A(t) = B\cos\varphi_n \tag{5-6}$$

$$x_B(t) = B\sin\varphi_n \tag{5-7}$$

根据 $x_A(t)$、$x_B(t)$ 在抽样时刻的值是大于零还是小于零，即根据 $x_A(t)$、$x_B(t)$ 的极性即可恢复二进制序列。两条支路的判决规则相同，抽样值大于零，判为 1，抽样值小于零，判为 0。判决规则如表 5.3 所示。

表 5.3　判决规则

φ_n	$x_A(t)$	$x_B(t)$	a_n	b_n
$\pi/4$	+	+	1	1
$3\pi/4$	−	+	0	1
$5\pi/4$	−	−	0	0
$7\pi/4$	+	−	1	0

QPSK 的误比特性能与 2PSK 相同。误码率 P_e 与信噪比 r 的关系为

$$P_e = 1 - \left[1 - \frac{1}{2}\text{erfc}\sqrt{r/2}\right]^2 \tag{5-8}$$

当信噪比 r 足够大时，有

$$P_e \approx e^{-r\sin^2(\pi/4)} \tag{5-9}$$

DQPSK 信号的产生原理如图 5.5 所示，与 QPSK 信号产生相比增加了一个差分编码环节，其余部分与 QPSK 相同。

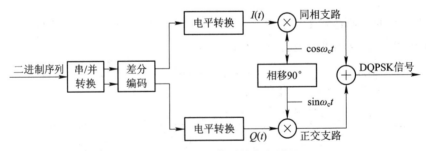

图 5.5　DQPSK 信号的产生原理

差分编码由先前的 4 个输出状态和当前的 4 个输入状态来产生当前的输出。QPSK 差分编码表如表 5.4 所示。

表 5.4　QPSK 差分编码表

当前输出		先前输出			
		00	01	11	10
当前输入	00	00	01	11	10
	01	01	11	10	00
	11	11	10	00	01
	10	10	00	01	11

与 QPSK 解调器一样，DQPSK 信号的解调也常采用极性比较法，DQPSK 解调器组成框图如图 5.6 所示，相对于 QPSK 解调器增加了差分解码单元。差分解码器对输入的数据信息 $I_1(n)$ 与 $Q_1(n)$ 用与差分编码对应的规律进行差分解码，输出数据信息 $I_2(n)$ 与 $Q_2(n)$。差分解码器首先按下式计算 $\mathrm{Dot}(n)$ 与 $\mathrm{Cross}(n)$。

$$\mathrm{Dot}(n) = I_1(n)I_1(n-1) + Q_1(n)Q_1(n-1) \tag{5-10}$$

$$\mathrm{Cross}(n) = Q_1(n)I_1(n-1) - I_1(n)Q_1(n-1) \tag{5-11}$$

式中，n 表示第 n 个符号。然后，按表 5.5 所示的规律确定输出信息 $I_2(n)$ 与 $Q_2(n)$。该信息经并/串转换得到最终的二进制序列。

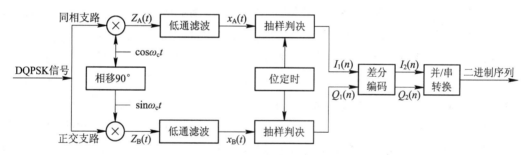

图 5.6　DQPSK 解调器组成框图

表 5.5　$\mathrm{Dot}(n)$、$\mathrm{Cross}(n)$ 与 $I_2(n)$ 与 $Q_2(n)$ 的关系

$\mathrm{Dot}(n)$ 的极性	$\mathrm{Cross}(n)$ 的极性	$I_2(n)$	$Q_2(n)$
+	+	0	0
−	+	1	0
−	−	1	1
+	−	0	1

当信噪比 r 足够大时，DQPSK 的误码率 P_e 与信噪比 r 的关系可近似表示为

$$P_e \approx \mathrm{e}^{-2r\sin^2(\pi/8)} \tag{5-12}$$

关于 QPSK/DQPSK 调制与解调技术在频带传输中的具体应用将在 5.6 节讨论。

5.3 混频与滤波

超外差方法是一种利用本地产生的振荡信号与输入信号在非线性器件的作用下实现混频，将输入信号频率变换为某个预先确定的频率的方法。相比于高频（直接）放大式接收，超外差方法容易得到足够大而且比较稳定的放大量，具有较高的选择性和较好的频率特性，中频固定使得在接收不同频率的输入信号时不需再调整。正是这些优点的存在，超外差结构成为了频带传输系统使用最为广泛的一种结构。超外差结构的主要缺点是电路比较复杂，同时也存在着一些特殊的干扰，如镜像频率干扰、干扰噪声和中频干扰等，通常采用二次变频方法来滤除这些干扰。二次变频超外差接收机原理框图如图 5.7 所示，在这种结构中，发生了二次频率搬移。

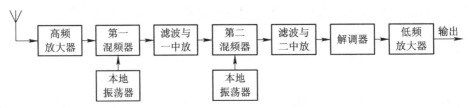

图 5.7　二次变频超外差接收机原理框图

从天线接收的中心频率为 f_c 的射频信号首先经高选择性的无源滤波器滤波与高频放大后，与本地振荡器产生的频率为 f_1（f_1 既可以高于 f_c，也可以低于 f_c，这里假设 f_1 高于 f_c）的本振信号一起加入混频器变频，得到频率为 $f_i = f_1 - f_c$ 的第一中频信号。如果输入的信号中还存在频率为 $f_干 = f_1 + f_i$ 的干扰信号，该信号经混频也能产生 $|f_1 - f_干| = f_i$ 的中频信号，会对有用信号造成干扰。为抑制这种中频干扰，第一中频频率均选择较高频率。这是由于 f_i 较高时，频率为 $f_1 + f_i$ 的干扰信号会落到无源滤波器带宽之外而被滤除。第一中频信号经滤波与放大后，在中频单元完成二次混频，得到中心频率为 f_2 的第二中频信号。该信号再经滤波、中频放大、解调和低通滤波与放大后，送给用户。信号放大主要由第一、第二中频放大器完成，这是由于第一、第二中频频率固定，高增益的放大容易实现，而用来接收和处理频率变化的高频信号放大器是很难实现的。第一中频频率选得较高，可抑制中频干扰；第二中频频率选得较低，可使第二中频放大器有较高的增益和较好的选择性。

由上可见，混频器既是超外差结构的一个基本部件，也是关键部件。它利用非线性器件将两个不同频率的电信号混合，通过滤波回路获取感兴趣的第三频率的信号。按混频器的定义，它包括频率变换与滤波两部分。为方便起见，本书将混频与滤波分开讨论，并把混频器的功能限定为频率变换。

5.3.1　混频技术

混频就是通过非线性器件将两个不同频率的电信号混合，获取某个预先确定频率的信号。混频的作用就是将信号从一个频率变换到另外一个频率，其实质是实现信号频谱的线

性搬移。由于频谱的线性搬移需要对信号进行非线性变换才能实现，因此，非线性器件是混频的核心部件，如二极管、三极管、场效应管等。假设输入混频器的两个信号频率分别为f_L与f_s，则在非线性器件的作用下，将产生频率为$\pm pf_L \pm qf_s$（p、q为正整数）的组合频率分量。一般来讲，满足需要的仅仅是$|f_L \pm f_s|$，其余组合分量均为干扰，需要想办法抑制。将输出信号频率高于输入信号频率的混频称为上混频，相反则称为下混频。上混频在发射端使用，下混频在接收端使用。

混频器按工作性质可分为加法混频器（上混频器）和减法混频器（下混频器），可分别得到和频及差频；按电路元件可分为三极管混频器、二极管混频器以及场效应管混频器；按电路工作方式可分为有源混频器和无源混频器。有源混频器一般是指利用双极结型晶体管BJT和场效应管FET（具有直流偏置）来实现混频功能的混频器。无源混频器一般是利用PIN二极管和FET（无直流偏置状态下）来实现混频功能的混频器，是目前最普遍最常用的混频器。

由于混频是利用器件的非线性特性完成的，因此混频会带来两种负面的影响，即组合频率干扰与非线性失真。组合频率干扰可分为干扰噪声、中频干扰以及镜像频率干扰（亦称为对像频率干扰），其中干扰噪声由本振信号与有用信号混频时，器件非线性导致的组合频率$|\pm pf_L \pm qf_s|$（p、q为正整数）中接近于中频（p、q为1除外）的那些分量形成，中频干扰与镜像频率干扰则由本振信号与干扰信号混频时产生。非线性失真包括包络失真、强信号阻塞、交叉调制失真、互相调制失真等。无论是组合频率干扰还是非线性失真都是非常有害的，必须采取措施减小其影响。

1. 混频器的主要参数

1）工作频率

混频器是多端口、多频率工作的器件，射频（RF）端口用于输入待下变频的高频信号，或者输出上变频后的高频信号。本地振荡器（LO）端口输出本振信号，通常该端口信号最强。中频（IF）端口用于输出下变频的中频信号，或者输入上变频的中频信号。除指明射频信号工作频率外还应给出本振频率和中频频率应用范围。

2）噪声系数

噪声系数（NF）是非常重要的参数，为由混频器产生且存在于IF端口处的附加噪声。对于无源混频器，噪声系数几乎与变频损失相等。混频器的噪声系数NF可以用输入、输出信号功率和噪声的比值的对数来定义，其关系式为

$$\text{NF(dB)} = 10\lg\left(\frac{P_{si}/P_{ni}}{P_{so}/P_{no}}\right) \tag{5-13}$$

式中：P_{si}为输入信号功率；P_{ni}为输入噪声功率；P_{so}为输出信号功率；P_{no}为输出噪声功率，单位均为W。

3）变频损耗

混频器的变频损耗定义为混频器射频输入端的信号功率与中频输出端信号功率之比。该损耗主要由电路失配损耗、二极管的固有结损耗及非线性电导净变频损耗等引起。

对于下变频混频器，变频损失为 RF 输入信号功率与 IF 输出信号功率之比。对于上变频混频器，变频损失为 IF 输入信号功率与 RF 输出信号功率之比。当混频器以线性方式工作时，其变频损失保持不变，此时，当输入信号幅度增大时，输出信号幅度增大相同的量。然而，一旦输入信号幅度达到一定水平时，输出信号幅度便不再严格随输入信号同步变化，此时，混频器不再以线性方式工作，而且其变频损失随之开始增大。

4）1 dB 压缩点

在正常工作情况下，射频输入电平远低于本振电平，此时中频输出将随射频输入线性变化，当射频电平增加到一定程度时，中频输出随射频输入增加的速度减慢，混频器出现饱和。当中频输出偏离线性区域 1 dB 时的射频输入功率为混频器的 1 dB 压缩点，也就是使变频损失增加 1 dB 所需的输入信号功率。混频器的 1 dB 压缩点决定了其动态范围的上限。对于结构相同的混频器，1 dB 压缩点取决于本振功率大小和二极管特性，一般比本振功率低 6 dB。

5）动态范围

动态范围是指混频器正常工作时的射频输入功率范围，其值由混频器的线性度决定，其大小直接影响接收机的动态范围。动态范围的下限因混频器的应用环境不同而不同，上限受射频输入功率饱和所限，通常对应混频器的 1dB 压缩点。

6）IIP3 与 OIP3

输入三阶互调阻断点 IIP3（Input third-order Intercept Point）或输出三阶互调阻断点 OIP3（Output third-order Intercept Point）又称为三阶截点或三阶交点，是表征混频器线性性能的指标，用以表征混频器对其非线性特性中的三次方项引起的互调失真（即三阶互调失真）的抑制能力。当混频器输入射频的电平足够大，混频器进入非线性工作状态时，就会出现三阶互调。当混频器输入射频功率比较小，混频器工作在线性状态时，射频输入与中频输出按 1∶1 的速度上升；当混频器输入射频功率比较大，混频器工作在非线性状态而出现三阶互调时，射频输入与中频输出按 1∶3 的速度上升，即输入功率每增加 1 dB，互调失真功率就要增加 3 dB。通常情况下，当互调输出功率与中频输出功率相等时，系统将无法正常工作。三阶截点所对应的射频输入功率是混频器的非线性互调失真使系统无法正常工作时的最大射频输入功率，工程上用 dBm 表示。可见，IP3 越大，表明混频器的线性运行范围越宽。

7）隔离度

隔离度是表征混频器内部电路平衡度的一个指标，即表示混频器各端口之间泄漏的大小。理论上混频器各端口之间应该是严格隔离的，但实际上，由于混频器内部电路的不对称性，即平衡度稍有差别，就会产生各端口间的窜透。

混频器隔离度指各频率端口间的相互隔离，包括本振与射频、本振与中频及射频与中频之间的隔离。隔离度定义为本振或射频信号泄漏到其他端口的功率与输入功率之比，单位为 dB。隔离度越高，从一个端口泄漏至另一端口的功率越小。

系统中必须考虑的三个重要的隔离度分别为 RF 至 IF、LO 至 IF 以及 LO 至 RF 的隔离度。LO 信号通常比其他两种信号强得多。在 IF 端口处，LO(或 RF)信号可能在后续链路中产生其他杂散信号，并在足够强的时候可使 IF 放大器进入饱和状态。在 RF 端口处，LO 信号可使接收器在天线端口发射射频信号。

8）本振功率

混频器的本振功率是指最佳工作状态时所需的本振功率。原则上本振功率愈大，说明混频器能够工作在线性范围的动态范围也越大，1 dB 压缩点与三阶交调阻断点也将得到改善。

9）端口驻波比

端口驻波直接影响混频器的使用，它是一个随功率、频率变化的参数。

10）中频剩余直流偏差电压

当混频器作为鉴相器使用，且只有一个输入时，输出应为零。但由于混频管配对不理想或不平衡等原因，将在中频输出端输出一直流电压，该直流电压即为中频剩余直流偏差电压，它将影响鉴相精度。

2. 混频器的典型应用

1）频率变换

频率变换既是混频器的一个基本功能，也是用途最广的一个应用。常用的有双平衡混频器和三平衡混频器。三平衡混频器由于采用了两个二极管电桥，三个端口都有变压器，因此其本振、射频及中频带宽可达几个倍频程，且动态范围大，失真小，隔离度高。但其制造成本高，工艺复杂，因而价格较高。

2）BPSK 与 QPSK 调制

此类应用的混频器要求中频直流耦合，调制信号通过控制中频电流的极性实现射频端口输出信号的相位变化。BPSK 调制通过中频端控制电流极性使输出射频信号的相位在 0° 和 180°两种状态下交替变化实现。QPSK 调制器是由两个 BPSK 调制器、一个 90°移相器和一个 0°功率分配器构成。

3）鉴相

中频端口采用直流耦合的混频器作为鉴相器。将两个频率相同、幅度一致的射频信号加到混频器的本振和射频端口，中频端将输出随两信号相差而变的直流电压。当输入的两个信号均为正弦波时，鉴相输出为随相差变化的正弦信号；当输入信号均为方波时，鉴相输出为三角波。输入信号的功率最好选择在标准本振功率附近，输入功率太大，会增加直流偏差电压，输入功率太小则使输出电平太小。

4）可变衰减

此类混频器也要求中频直流耦合，信号在混频器本振端口和射频端口间的传输损耗由中频电流的大小来控制。当控制电流为零时，传输损耗即为本振到射频的隔离；当控制电流在 20 mA 以上时，传输损耗即为混频器的插入损耗。这样，就可用正电流或负电流连续控制以形成约 30 dB 变化范围的可变衰减，且在整个变化范围内端口驻波变化很小。特别是当用方波控制时就可形成开关。

3. 混频器设计与应用中的注意事项

混频器是频带传输系统以及超外差结构的基本构成单元，在工程应用中应注意以下几点：

（1）应根据系统工作环境与指标参数，设计合理的实现方案，并选择最优的参数配置。

无论是发送端还是接收端，究竟选择几次混频技术，每次的中频频率选择多少，对于整个系统的性能影响非常大。选择几次混频与射频频率、信号带宽、后续滤波器的实现难度等密切相关。中频频率的选择，除了与上述因素有关外，还应特别注意避免出现镜像频率干扰。

（2）在选择与设计混频器时，需特别关注转换增益、线性度、噪声系数、端口之间的隔离度以及功耗等关键性能指标。

① 转换增益设置要合理。为了弥补中频滤波器的损耗，并降低混频器后续电路噪声对系统噪声的贡献，混频器需要有一定的转换增益，但增益太大又会影响混频器的输出。

② 射频输入信号功率应适中。混频器的线性度是各项性能中最重要的性能，直接决定接收机的动态范围。当射频输入信号的功率过大，超过混频器的 1 dB 压缩点时，中频输出信号的功率就会比预期值有大幅度的衰减，偏离原来的线性关系。

③ 噪声系数尽量小。为了降低系统噪声及减轻低噪声放大器(LNA)的设计压力，混频器应该具有较低的噪声系数。

④ 端口间隔离度要好。加入到混频器的本振信号幅度变化有时比较大，很容易造成信号馈通干扰，特别是当信号馈通到射频输入端时，会影响其他接收机或引起自混频(对零中频接收机的性能影响非常大)。因此，混频器需要具有良好的隔离度。

⑤ 功耗尽量小。功耗是所有系统必须考虑的问题，降低混频器的功耗，可有效地降低系统功耗。

（3）应注重减小混频干扰措施的运用。

总的来说，可采用以下两种措施来减小干扰与失真：一是减小加到混频器输入端的有用信号与干扰信号的强度；二是减小混频器的无用非线性项。

属于第一种措施的主要有：

① 混频器的干扰程度与干扰信号的大小有关，提高混频器前端电路的选择性(如天线回路、高放级的选择性)，可有效减小干扰的影响。

② 将中频选在接收频段以外，可避免产生最强的干扰哨声，同时，也可以有效地发挥混频前各级电路的滤波作用。

③ 采用高中频，可基本抑制镜像频率干扰、中频干扰等。

属于第二种措施的主要有：

① 合理选择混频管的工作点，使其主要工作在器件特性的二次方区域，以减小高次方区域带来的组合频率干扰(交调干扰)。

② 采用模拟乘法器、平衡混频器和环形混频器可大大减小组合频率干扰。

5.3.2　滤波技术

滤波是信号处理中的一个重要概念。凡是可以使信号中特定的频率成分通过，而极大地衰减或抑制其他频率成分的装置或系统称之为滤波器。它是对信号进行过滤的器件，是一种选频装置，通过它可以抑制干扰与噪声，获取有用信号。滤波器是电子系统的基本组成部分，其作用不可替代，特别是在复杂电磁环境下，其作用更加明显。例如，直流稳压电源中的滤波电路就可以减小直流电压中的交流成分，保留其直流成分，从而使输出电压纹波系数降低，波形变得比较平滑。随着数字信号处理技术的发展，滤波的内涵与外延也在不断地扩大与延伸，已远远超出了传统滤波定义的范畴。从某种意义上讲，只要是能够完成对信号的处理均可称为滤波技术。

滤波器的应用几乎无处不在，无处不有。如：在图像处理方面，滤波技术已应用于静止和活动图像的恢复和增强、数据压缩、去噪音和干扰、图像识别等，也应用到了雷达、声呐、超声波以及红外图像成像等领域；在现代通信技术领域，几乎没有一个分支不受到数字滤波技术的影响，例如信源编码、信道编码、调制、多路复用、数据压缩以及自适应信道均衡等都广泛采用数字滤波；在语音处理方面，滤波技术在语音增强、语音编码、语音合成、语音信号分析与特征提取中得到了广泛应用；在现代雷达系统中，数字信号处理是不可缺少的组成部分，因为从信号的产生、滤波、加工到目标参数的估计和目标成像显示都离不开数字滤波技术；在移动通信领域完全依靠强大的数字信号处理与滤波技术来应对复杂时变的信道环境，获取稳定的高质量通信。可以讲，移动通信离开数字滤波技术将寸步难行。

1. 滤波器的分类

滤波器按所通过信号的频段分为低通、高通、带通、带阻和全通滤波器五种。其中低通滤波器允许信号中的低频或直流分量通过，抑制高频分量的干扰和噪声；高通滤波器允许信号中的高频分量通过，抑制低频或直流分量；带通滤波器允许一定频段的信号通过，抑制低于或高于该频段的信号、干扰和噪声；带阻滤波器抑制一定频段内的信号，允许该频段以外的信号通过，又称为陷波滤波器；全通滤波器是指在全频带范围内，信号的幅值不会改变，也就是全频带内幅值增益恒等于 1。一般全通滤波器用于移相，也就是说，对输入信号的相位进行改变，理想情况是相移与频率成正比，相当于一个时间延时系统。

滤波器按照其所采用的元器件不同分为无源滤波器和有源滤波器两种。无源滤波器是利用电阻、电感和电容等元器件构成的滤波电路。无源滤波器按接线形式可分为电容滤波器、电感滤波电路、L 型 RC 滤波电路、π 形 RC 滤波电路、多节 π 形 RC 滤波电路、π 形 LC 滤波电路；按功能可分为单调谐滤波器、双调谐滤波器、高通滤波器。无源滤波器具有结构简单、维护简单、技术成熟等优点，其缺点为调试困难、稳定性较差。无源滤波器的滤波原理为：利用谐振回路工作在谐振频率时阻抗小，而工作于非谐振频率时阻抗大的特性，将多个不同谐振频率的调谐电路组合，滤除谐波分量。无源滤波器不需要电源供电，而有源滤波器则需要电源供电。根据储能器件的不同，有源滤波器可以分为电压型有源滤波器和电流型有源滤波器。电压型有源滤波器因其损耗少、效率高，被广泛使用。电流型有源滤波器因其损耗大、效率低，而较少采用。与无源滤波器相比，有源滤波器具有响应速度快、稳定性高等优点。

滤波器按其所处理的信号的类型不同，又可分为模拟滤波器和数字滤波器两种。模拟滤波器对模拟信号进行处理，其滤波电路通常由电阻、电感、电容以及运算放大器等组成。其优点是实时性好，缺点是滤波电路一旦设计好，调整不灵活，且无法设计出对信号进行复杂处理的滤波电路。模拟滤波器适用于像高通、低通、带通、带阻以及全通等滤波参数固定的传统应用场合。数字滤波器处理的对象为数字信号，它是利用计算机或通用（专用）处理设备，采用数值计算方法对数字序列进行如变换、滤波、增强、识别、估计、压缩等各种处理，把信号变换成符合需要的某种形式。数字滤波包括滤波平台与滤波算法两大部分。数字滤波器的优点是调整滤波方案只需要修改程序，不需要改变硬件平台，方便灵活；缺点是存在处理的实时性问题，在实时性要求非常高的场合，必须考虑如何缩短信号处理时间，提高实时性。数字滤波除了适用于模拟滤波器的应用场合外，还适用于对信号进行复杂滤波处理的场合。

数字滤波器主要有两种实现结构，即无限冲激响应（IIR）滤波器与有限冲激响应（FIR）滤波器。FIR 数字滤波器没有反馈信号参与滤波，结构简单，性能稳定，而 IIR 数字滤波器有反馈信号参与滤波，存在稳定性差的问题。在滤波器性能参数相同情况下，采用 IIR 数字滤波器比 FIR 数字滤波器的阶数少，运算时间短。传统的 IIR 数字滤波器可通过先设计模拟滤波器，然后将模拟滤波器转换为数字滤波器的方法实现。可通过巴特沃斯滤波器、切比雪夫滤波器、贝塞尔滤波器来设计满足要求的模拟滤波器，详细情况可参考 4.6 节。传统的 FIR 数字滤波器可采用窗函数设计法实现。常用的窗函数有矩形窗、三角窗、汉宁窗、海明窗以及布莱克曼窗等，选用不同的窗函数设计的滤波器的阶数、过渡带、旁瓣电平均不同，滤波效果也有区别。

需要说明的是，数字滤波除了可实现传统意义的高通、带通、带阻以及低通滤波等功能外，还能采用各种信号处理算法实现对信号的复杂处理与自适应处理。这些属于现代信号处理或现代滤波技术的范畴，有兴趣读者可参考相关书籍。

2. 滤波器的主要参数与特性指标

1）滤波器的主要参数

（1）中心频率。

中心频率（Center frequency）指滤波器通带的频率 f_0，一般取 $f_0 = (f_1 + f_2)/2$，f_1、f_2 为带通或带阻滤波器左、右相对下降 1 dB 或 3 dB 的边频点。窄带滤波器常以插入损耗最小点为中心频率。

（2）截止频率。

截止频率（Cutoff frequency）指低通滤波器的通带右边频点及高通滤波器的通带左边频点。通常以 1 dB 或 3 dB 相对损耗点来定义。相对损耗的参考基准为：低通以直流处插入损耗为基准，高通则以未出现寄生阻带的足够高通带频率处插入损耗为基准。

（3）通带带宽。

通带带宽指需要通过的频谱宽度，$\mathrm{BW}=(f_2-f_1)$。f_1、f_2 为以中心频率 f_0 处插入损耗为基准，下降 x dB 处对应的左、右边频点。通常 $x=3$、1、0.5，对应的带宽称之为 3 dB 带宽、1 dB 带宽以及 0.5 dB 带宽。也可用分数带宽（Fractional bandwidth）来表示，定义为 $(\mathrm{BW}_{3\,\mathrm{dB}}/f_0)\times 100\%$。

（4）插入损耗。

插入损耗（Insertion loss）指由于滤波器的引入对电路中原有信号带来的衰耗，以中心或截止频率处损耗表征。

（5）纹波。

纹波（Ripple）指 1 dB 或 3 dB 带宽（截止频率）范围内，插入损耗随频率在损耗均值曲线基础上波动的峰值。

（6）带内波动。

带内波动（Passband ripple）指通带内插入损耗随频率的变化量，如 1 dB 带宽内的带内波动是 1 dB。

（7）带内驻波比。

带内驻波比（VSWR）是衡量滤波器通带内信号是否良好匹配传输的一项重要指标。理想匹配时，VSWR＝1；失配时，VSWR＞1。对于一个实际的滤波器而言，满足 VSWR＜1.5 的带宽一般小于 3 dB 带宽。

（8）回波损耗。

回波损耗（Return loss）又称为反射损耗，是由于阻抗不匹配所产生的反射，定义为 $-10\lg[$（反射功率）/（入射功率）$]$，也等于 $|20\lg\rho|$，ρ 为电压反射系数。

（9）阻带抑制度或阻带衰减。

阻带抑制度是衡量滤波器选择性能好坏的重要指标。该指标越高说明对带外干扰信号抑制越好。常用某一给定带外频率 f_s 抑制多少 dB 来表示，计算方法为 f_s 处衰减量。通常滤波器阶数越多，阻带衰减越大。

（10）延迟。

延迟（T_d）指信号通过滤波器所需的时间。

（11）带内相位线性度。

该指标表征滤波器对通带内传输信号引入的相位失真大小。按线性相位响应函数设计的滤波器具有良好的相位线性度。

2）滤波器的特性指标

（1）特征频率。

滤波器的特征频率包括通带截止频率、阻带截止频率、转折频率、固有频率等。其中通带截止频率 f_p 为通带与过渡带边界点的频率，在该点信号增益下降到某一规定的下限，如增益下降到 $\sqrt{2}/2$ 处（即功率下降一半）对应的频率；阻带截止频率 f_r 为阻带与过渡带边界点的频率，通常在该点信号下降到最大幅度的 10% 或某一规定值；转折频率 f_c 为信号功率衰减到 1/2 时的频率；固有频率 f_0 为电路没有损耗时滤波器的谐振频率，复杂电路往往有多个固有频率。

（2）增益与衰耗。

滤波器在通带内的增益并非常数。低通滤波器的通带增益一般指 $\omega=0$ 时的增益；高通滤波器的增益是指 $\omega \rightarrow \infty$ 时的增益；带通滤波器的增益是指中心频率处的增益；带阻滤波器一般应给出阻带衰耗，衰耗定义为增益的倒数。

（3）阻尼系数与品质因数。

阻尼系数用于表征滤波器对中心频率信号的作用，是滤波器中表示能量衰耗的一项指标。阻尼系数的倒数称为品质因数，是衡量带通与带阻滤波器频率选择特性的一个重要指标，$Q=\omega_0/\Delta\omega$。$\Delta\omega$ 为带通或带阻滤波器的 3 dB 带宽，ω_0 为中心频率，在很多情况下中心频率与固有频率相等。Q 值越大，滤波器的选择性越好。

（4）灵敏度。

滤波电路由许多元件构成，每个元件参数值的变化都会影响滤波器的性能。滤波器某一性能指标 y 对某一元件参数 x 变化的灵敏度定义为 $(\mathrm{d}y/y)/(\mathrm{d}x/x)$。灵敏度越小，标志着电路容错能力越强，稳定性也越高。

（5）群时延函数。

当滤波器幅频特性满足设计要求时，为保证输出信号失真度不超过允许范围，对其相频特性 $\varphi(\omega)$ 也应提出一定要求。在滤波器设计中，常用群时延函数 $\mathrm{d}\varphi(\omega)/\mathrm{d}\omega$ 评价信号经滤波后相位的失真程度。

在设计滤波器时，首先，设计滤波器的性能参数，特别是对关键参数要进行精心设计。性能参数太高将增加设计难度，性能参数太低会影响到滤波效果。其次，确定滤波器的实现方式。由于射频通道滤波器与第一中频滤波器频率很高，需要经验十分丰富的研究人员才能实现，通常采用市场采购或订购的方式。第二中频滤波器既可采购，也可自行设计。高频、中频滤波器几乎都采用模拟滤波器的方式实现，而低通滤波器均采用自行设计的方式实现。低通滤波器采用模拟滤波器与数字滤波器的实现方式均可，对于需要完成复杂处理功能的滤波器，一般采用数字滤波的方式实现。最后，对于数字滤波器来说，需要高度重视实时性问题，尽量采用快速算法，以减小运算时间。关于混频器与滤波器的设计实例将在 5.7 节讨论。

5.4　中频放大技术

中频放大器是超外差接收机的基本组成部分，是一种专门放大中频频率信号的放大器。中频放大器具有放大与选频作用，保证特定中频频段的增益高于其他频段的增益，即只放大特定频段的中频信号。为了后续解调电路能正常工作，中频放大器通常采用多级放大的方式将混频器输出的信号进行大幅度提升，以便输出信号有足够的幅度。

为了保证系统在大动态输入范围的情况下正常工作，中频放大器除了要有足够的放大倍数（即增益）外，还需要有自动增益控制（AGC）功能。为了使系统在受到温度等因素影响而产生频率漂移时能正常工作，还需要有自动频率控制(AFC)功能，有的甚至还需要有温度补偿电路。另外，为了保证大动态范围输入时系统能正常工作，中频放大器也经常采用对数放大的形式。

中频放大器的技术参数包括工作频率范围、增益、带内平坦度、输入信号幅度范围、输出信号幅度范围、噪声系数、选择性(矩形系数)、输入电阻、输出电阻等，其中，前三个技术参数也可以用幅频特性曲线来描述。中频放大器的核心质量指标为电压(电流)增益、通频带、选择性、噪声系数等。从性能角度来看，中频放大器不仅需要高的增益和好的选择性，还要有足够宽的通频带、良好的频率响应以及大的动态范围等。

1. 对数放大技术

对数放大器是指输出信号幅度与输入信号幅度呈对数函数关系的放大电路。实际的对数放大器总是兼具线性和对数放大功能。当输入信号弱时，它是一个线性放大器，增益较大；输入信号强时，它变成对数放大器，增益随输入信号的增加而减小。对数放大技术在大动态范围的电子系统中得到广泛应用。如在雷达、通信和遥测等系统中，接收机输入信号的动态范围通常很宽，信号幅度常会在很短时间间隔内从几微伏变化到几伏，但输出信号应保持在几十毫伏到几伏范围内。采用对数放大器就可以满足这种要求，它能使弱信号得到高增益放大，对于强信号则自动降低增益，避免饱和。除动态范围外，对数放大器的主要指标还包括对数关系的准确度和频率响应。

采用晶体二极管的 PN 结可获取对数中频放大器的对数特性。晶体二极管的 PN 结的结电压是结电流的对数函数，用它作为放大电路的负载或反馈元件可以使放大器具有对数幅度特性。这种方法的优点是电路简单，缺点是只能达到小于 50 dB 的输入动态范围，而且放大器的频带受 PN 结电容的限制不能太宽。利用多级放大器串联或并联相加可形成近似对数放大特性，也可以获得较好的结果。如图 5.8 所示是多级串联相加对数放大器的框图，其中每级都是一个线性—限幅放大器。当输入信号弱时，放大器各级均不饱和，总增益最高；随着输入信号幅度的增大，从末级起各级放大器依次进入饱和状态，总增益随之降低。实用的对数放大器常用 4～10 级限幅放大器组成。

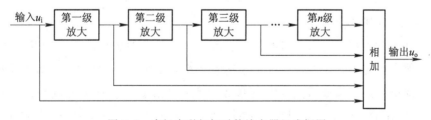

图 5.8　多级串联相加对数放大器组成框图

2. 自动增益控制技术

在接收信号强弱变化大时，放大器增益固定会导致因放大器偏离线性区而产生信号失真以及增加混频组合频率干扰和非线性的后果，解决该问题的有效办法就是采用自动增益控制 AGC(Automatic Gain Control)。AGC 的作用是自动控制信号的放大倍数，也就是当接收到弱信号时，它会自动控制放大器增加放大倍数，反之则减小放大倍数，使得在输入信号幅度变化较大时，输出信号的幅度稳定不变或限制在一个很小范围内变化。实现这种功能的电路简称AGC电路。它是一个闭环的负反馈电路。自动增益控制电路组成框图如图5.9所示。

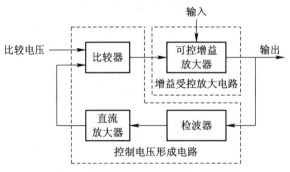

图 5.9　自动增益控制电路组成框图

由图 5.9 可见，AGC 电路可分为增益受控放大电路和控制电压形成电路两部分。增益受控放大电路位于正向放大通路，其增益随控制电压而改变。可采用放大管电流控制法、放大管集电极电压控制法、放大管负载控制法、差动电路增益控制法以及双栅场 MOS 效应管增益控制法等来控制可控增益放大器的增益。控制电压形成电路的基本部件是检波器与直流放大器，有时也包含比较器等部件。可控增益放大电器的输出信号经检波器检波后送到直流放大器，直流放大器对输入信号进行低通滤波与放大，输出与可控增益放大器输出信号幅度成正比的直流电压。该直流电压在比较器中与输入门限进行比较，产生用以控制可控增益放大器的控制电压。当输入信号增大时，放大器的输出电压与控制电压会随之增大。但控制电压的增大会使可控增益放大器的增益下降，从而使输出信号的变化量显著小于输入信号的变化量，达到自动增益控制的目的。

AGC 电路广泛用于各种接收机与测量仪器中，常被用来使系统的输出电平保持在一定范围内，因而也称自动电平控制。用于话音放大器时，称为自动音量控制。对 AGC 电路的要求为：增益控制范围大；保持系统良好的信噪比特性；控制灵敏度高；控制增益变化时，幅频、群时延特性不变，以减小信号失真；控制特性受温度影响小。

3. 自动频率控制技术

任何电子系统在持续工作一段时间后，由于电子元器件热量的累积会导致温度升高，而温度升高带来的影响之一就是系统工作频率会发生漂移，进一步导致接收机不能工作在最佳状态，甚至因为射频漂移过大会使接收机无法工作。自动频率控制 AFC（Automatic Frequency Control）可解决频率漂移带来的影响，它是使输出信号频率与给定频率保持确定关系的一种自动控制方法。实现这种功能的电路简称 AFC 电路。自动频率控制电路组成框图如图 5.10 所示。

由图 5.10 可见，AFC 电路由控制对象与反馈控制器组成。反馈控制器包括混频器、差频放大器、限幅鉴频器以及低通滤波与放大电路等，其作用是产生与频率差值成正比的控制电压。控制对象通常为压控振荡器，其作用是输出频率与控制电压成正比的本振信号。

AFC 电路能使混频器输出的中频 f_i 在输入信号频率 f_c 和压控振荡器输出振荡频率 f_1 发生变化时尽量保持稳定，通常令 $f_i = f_1 - f_c$。限幅鉴频器的作用是检测中频的频偏，并输出误差电压，闭环时，输出误差电压使受控振荡器的振荡频率偏离减小，从而把中频拉向额定值。这种频率负反馈作用经过 AFC 环反复循环调节，最后达到平衡状态，从而使系统的工作频率保持稳定且偏差很小。

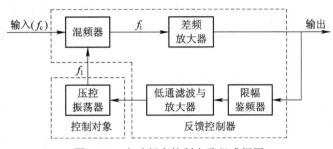

图 5.10   自动频率控制电路组成框图

自动频率控制电路广泛用作接收机和发射机中的自动频率微调电路、调频接收机中的解调电路以及测量仪器中的线性扫频电路。采用 AFC 电路作为调频接收机的自动频率微调电路的组成框图如图 5.11 所示。

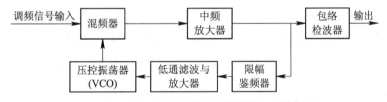

图 5.11   采用 AFC 电路的调频接收机组成框图

在图 5.11 中，中频放大器输出的中频信号除送到包络检波器以获得所需调制信号外，还送到限幅鉴频器进行鉴频，将偏离额定中频的频率误差变换为电压，而后将该电压通过窄带低通滤波器和放大器后作用到 VCO 上，控制 VCO 的振荡频率，使偏离于额定中频的频率误差减小。这样，在 AFC 电路的作用下，接收机的输入调幅信号的中心频率和 VCO 振荡频率之差接近于额定中频。因此，采用 AFC 电路后，中频放大器的带宽可以减小，有利于提高接收机的灵敏度与选择性。

4. 接收机动态范围扩展方法

接收机的动态范围是衡量接收机性能的一个重要指标。动态范围是指使接收机能够对接收信号进行检测而又使接收信号不失真的输入信号的大小范围，一般用输入信号功率来衡量。如果接收信号过大，会引起放大器的失真和引入噪声，使接收机发生过载饱和；而如果接收信号过小，则信号无法被接收机检测到。动态范围就是指这个最大、最小的范围，一般用符号 D 表示，以 dB 形式计算。

$$D = 10 \lg \frac{P_{\max}}{P_{\min}} \qquad (5-14)$$

接收器的动态范围很大程度上取决于系统中的混频器和放大器，但也会受到有源滤波器和无源滤波器的限制。要实现接收机的大动态范围，除了在中频上采用对数放大与 AGC 等措施外，合理分配系统增益也非常重要。另外，对一些测试设备，在射频部分，根据需要加入固定增益的放大器或衰减器也不失为一种性价比较高的办法。在实际使用中，根据接收信号的强弱可人为干预放大器或衰减器是否工作。即当信号很弱时，人为可让放大器工作（或衰减器不工作）；当信号很强时，人为可让放大器不工作（或衰减器工作）。

5.5 同 步 技 术

同步是数字系统的一个非常实际的问题。当采用相干解调时，接收机需提供一个与发送端调制载波同频同相的相干载波，获得这个相干载波称为载波提取，或称为载波同步。将解调的模拟基带信号变为数字基带信号时需要进行判决，而判决需要定时信息。对该定时信息的提取称为位同步提取，对接收的数字序列进行正确信道译码，其前提是必须找到数字序列的起止位置。另外，将数字序列正确分割成一个一个的"字"时同样也需要找到其起止位置。数字序列起止位置的提取称为帧同步提取。可见在数字系统中，载波同步、位同步以及帧同步是获取正确信息的基础，是最基本的同步。而且这些同步信号通常都是从接收的信号中提取，以便在接收信号发生频率漂移等情况时同步信号仍能自适应跟随接收信号同步变化，满足信道时变要求。除了这三种同步信号以外，在扩频系统中还有同步扩频序列。下面分别讨论载波同步、位同步以及帧同步的获取技术，同步扩频序列的获取可参考相关书籍，这里不再赘述。

5.5.1 载波同步获取技术

获取同步载波的方法一般分为外同步法与自同步法两类。其中，外同步法又称为插入导频法，是一种在发送有用信号的同时，在适当的频率位置上插入一个（或多个）称作导频的正弦波，接收端由导频来提取同步载波的方法。自同步法又称为直接提取法，是一种不专门发送导频，而是在接收端直接从发送信号中提取同步载波的方法。自同步法具有不需要占用额外资源的优点，在工程上得到广泛运用。自同步法分为两类：一是如果接收的已调信号中包含载波分量，则可用带通滤波器或锁相环直接提取；二是若已调信号中没有载波分量，例如抑制载波的双边带信号及两相数字调制信号等，就要对所有接收的已调信号进行非线性变换或采用特殊的锁相环来提取相干载波。这里所说的锁相环法主要有平方环法与科斯塔斯环法，下面分别进行讨论。

1. 锁相环法

对 PSK 信号相干解调的前提是接收端必须提供与接收的中频载波同步（即频率相等，相位相差一个小的固定值）的载波信号，并且当接收信号的射频频率发生漂移时，接收的中频频率也会发生漂移，要求接收端提供的载波信号的频率也跟随变化。

采用锁相环提取同步载波框图如图 5.12 所示。鉴相器（PD）对接收机混频器输出的中频调制信号与压控振荡器（VCO）输出的载波信号进行鉴相（相位比较），输出与相位差成比例的误差信号，该误差信号经环路滤波器（LF）后，作为 VCO 的控制信号去改变 VCO 的输出频率，使鉴相器的输出发生变化。当 VCO 输出信号频率与接收中频相等，相位相差一个小的固定误差时，LF 输出的控制信号保持不变，从而实现 VCO 输出与接收中频同步，即实现载波同步。当接收中频发生变化时，锁相环会自适应跟随变化。

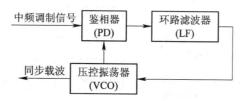

图 5.12　锁相环法提取同步载波框图

2. 平方环法

对于抑制载波的 BPSK 或 DBPSK 以及双边带信号，一般的锁相环难于提取同步载波，有效的方法是采用平方环法（一种非线性变换方法）。平方环法提取同步载波框图如图 5.13 所示。该方法将输入信号经平方律部件平方或全波整流（即非线性变换），产生二倍频分量，经带通滤波输出频率为 2 倍中频的正弦波，该正弦波信号输入到鉴相器，与 VCO 输出的 2 倍于中频的本振信号进行相位比较，输出与相位差成正比的电压，该电压经环路滤波器滤波与放大后，输出控制电压到 VCO 去调整 VCO 输出的本振信号的相位，使相位差进一步缩小。当达到平衡状态时，VCO 输出本振信号频率与中频频率的 2 倍相等、相位相差很小的值，此时 VCO 的输出经二分频后即为同步载波。

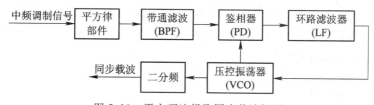

图 5.13　平方环法提取同步载波框图

3. 科斯塔斯环法

科斯塔斯环法是另外一种利用非线性变换方法以获取同步载波的方法，其组成框图如图 5.14 所示。加于两个相乘器的本地信号分别为 VCO 的输出信号 $\cos(\omega t + \varphi_r)$ 和它的正交信号 $\sin(\omega t + \varphi_r)$，因此通常将这种环路称为同相正交环。它类似于有附加电路的普通锁相环，而且在某些方面这两者确实一样，压控振荡器（VCO）也用来产生载波参考信号。

设输入信号 $\pm A\cos(\omega t + \varphi_s)$（双相调制）加到 I 和 Q 两个相乘器，它们分别和 VCO 产生的 $\cos(\omega t + \varphi_r)$ 和 $\sin(\omega t + \varphi_r)$ 相乘，则这两个相乘器的输出，对 I 相乘器为 $\pm \dfrac{A}{2}[\cos\varphi_e + \cos(2\omega t + \varphi_s + \varphi_r)]$，对 Q 相乘器为 $\pm \dfrac{A}{2}[\sin\varphi_e + \sin(2\omega t + \varphi_s + \varphi_r)]$，

$\varphi_e = \varphi_s - \varphi_r$。当它们通过低通滤波器之后，就变为 $\pm\left(\dfrac{A}{2}\right)\cos(\varphi_e)$ 和 $\pm\left(\dfrac{A}{2}\right)\sin(\varphi_e)$。这两个包含有相移键控信息和载波相位的信号再加到第三个乘法器，相乘即得到 $A^2\sin\dfrac{2\varphi_e}{8}$，经环路滤波器滤波，这个信号就用来调整 VCO 的振荡频率与相位，使它跟踪输入载波，即实现 VCO 输出与接收的载波同步，达到恢复载波的目的。

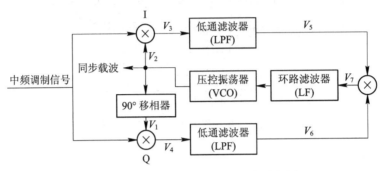

图 5.14　科斯塔斯环法提取同步载波框图

　　科斯塔斯环的工作频率是载波频率本身，而平方环的工作频率是载波频率的 2 倍，显然，当载波频率很高时，工作频率较低的科斯塔斯环易于实现。另外，科斯塔斯环性能超过一般锁相环，其主要优点是它能够解调相移键控信号和抑制载波的信号。

　　类似的方法还有逆调制环法和判决反馈环法。逆调制环法提取载波环路和科斯塔斯环一样，也工作在载波频率上，而判决反馈环法则工作在基带频率上，目前在数字微波中很受重视。

　　衡量载波同步系统的主要性能指标应满足高效率与高精度。高效率是指获得载波信号尽量少消耗发送功率，由于自同步法不需要发射专门的信号，效率比外同步法高。高精度是指提取载波的相位应尽量精确，即相位误差应尽量小。除了效率与精度指标外，还包括同步建立时间、同步保持时间等。

5.5.2　位同步获取技术

　　在数字系统中，信息是以码元形式逐个发送和接收的。由于接收端经解调得到的码元是受到噪声和干扰影响的基带信号（模拟信号），为了从这个波形失真的码元中获取传输的信息，必须对该信号在适当的位置进行抽样、判决。抽样时刻由接收端根据接收信号而恢复的与发送端码元定时脉冲频率相位一致的位同步信号决定，即位同步信号起抽样时钟的作用，要求与接收的码元速率一致。位同步不准确将引起误码率增大。衡量位同步的性能指标与载波同步信号类似，主要有相位误差、建立时间以及保持时间等。

　　位同步信号的获取方法与载波同步获取方法类似，分为外同步法与自同步法。外同步法也称为插入导频法，典型的有包络调制的插入导频法和自同步（又称为直接法，分为开环同步法和闭环同步法两种）。开环同步法采用对输入码元做某种变换的方法来提取位同步信息。闭环同步法则用比较本地时钟和输入信号的方法，将本地时钟锁定在输入信号上。

闭环同步法更为准确，但是也更为复杂。开环同步法和闭环同步法又分别有滤波法和锁相环法等。这里主要讨论在工程上得到广泛应用的滤波法和锁相法。

1. 滤波法

对于非归零的随机二进制序列，不能直接从其中滤出位同步信号。但是，若对该信号进行某种变换，使其变换后的信号中含有位同步信号分量，并对变换后的信号进行滤波，即可得到位同步信号。这种获取位同步信号的方法称为滤波法。滤波法是一种开环同步法，其原理框图如图 5.15 所示。波形变换电路将非归零信号变为归零信号(归零信号包含有位同步分量)，然后经窄带滤波器对归零信号进行窄带滤波，输出与位同步信号周期相同的正弦信号，该正弦信号经移相器与脉冲形成器后即可输出位同步信号。移相器的作用为将正弦信号的正斜率拐点与脉冲的正中间对齐，以便在脉冲的正中间位置进行判决。脉冲形成器可由过零比较器完成，当输入信号电平大于零时输出正脉冲，小于零时输出负脉冲。

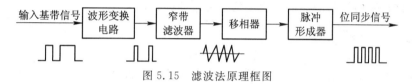

图 5.15　滤波法原理框图

实现波形变换功能的电路很多，在实际应用中可以用微分—整流电路代替，微分—整流电路的输出同样包含有位同步分量。另一种常用的波形变换方法为对带限信号进行包络检波，这种方法对频带受限的 BPSK 信号非常适用。由于频带受限，在 BPSK 信号的相位突变位置会产生信号幅度的"平滑"陷落，采用包络检波可将这些陷落检测出来，并且出现陷落的频率与码元速率直接相关，也就是说，经包络检波得到的包络信号同样包含有位同步分量。对变换后的信号进行窄带滤波、移相以及脉冲形成处理，可得到位同步信号。

2. 锁相环法

滤波法中的窄带滤波器可以用简单谐振电路，也可以用锁相电路。用锁相环路替代一般窄带滤波器以提取位同步信号的方法称为锁相环法。它是一种闭环同步法，可解决同步信号的相位抖动问题。锁相环法的基本原理与载波同步类似，在接收端用鉴相器比较接收码元和本地产生的位同步信号的相位，若两者相位不一致(超前或滞后)，鉴相器就产生误差信号去调整位同步信号的相位，直至获得精确的同步为止。在数字系统中常用数字锁相环法提取位同步信号，其原理框图如图 5.16 所示。

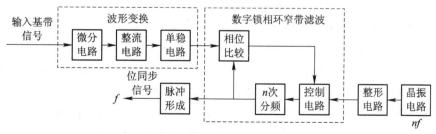

图 5.16　数字锁相环法提取位同步信号原理框图

输入基带信号经微分、整流以及单稳态后，形成包含位同步分量的窄脉冲，这些脉冲出现的位置精确地位于接收码元的过零点。没有连 0 或连 1 码时，窄脉冲的间隔正好是码元周期，但当码元中有连码时，窄脉冲的间隔为码元周期的整数倍。由于窄脉冲的间隔有时为码元周期，有时为码元周期的整数倍，因此它不能直接作为位同步信号。由高稳定振荡器产生的、经整形与 n 次分频后的脉冲与单稳态电路输出的脉冲进行相位比较，由两者相位的超前与滞后确定扣除或增加一个脉冲，以调整位同步的相位。

晶体振荡器经整形后得到的窄脉冲是周期性的，重复频率为 nf，但频率与相位不一定准确，需要进行调整。位同步信号是由控制电路输出的脉冲经 n 次分频后得到的，当数字锁相环锁定后，位同步信号的频率与码元速率完全相等，位同步信号的相位与码元相位仅相差一个很小的值。正是由于位同步信号是由高稳定的晶体振荡器产生的，而频率与相位受调整后的基带信号控制，与直接从接收的基带信号中提取位同步信号的差别是相位抖动大大减小，这是采用锁相法提取位同步信号带来的好处。

5.5.3 帧同步获取技术

在数字通信中，一般总是以一定数目的码元组成一个个的"字"与"句"，即组成一个个的帧或群进行传输。在数字时分多路通信系统中，各路信号分时隙进行传输。因此，帧同步信号的频率很容易由位同步信号经分频得到，但是，每帧的开头和末尾时刻却无法由分频器的输出决定。帧同步的任务就是要给出这个"开头"与"末尾"的时刻，以便在接收端能正确地识别接收数字信息的"字"与"句"的起止时刻或者能正确分离各个时隙。

对帧同步信号的要求为：帧同步的建立时间要短，设备开机后应能很快地建立同步，且一旦系统失步，也能迅速地恢复同步；工作要稳定可靠，应具有识别假失步和避免伪同步的能力，具有较强的抗干扰能力；在满足同步建立时间的前提下，同步码字的长度应尽可能短。

为了实现帧同步，通常有两类方法：一类是在数字信息流中插入一些特殊码组作为每帧的头尾标记，接收机根据这些特殊码组的位置就可以实现帧同步；另一类方法不需要外加特殊码组，类似于载波同步与位同步中的直接法，利用数据码组本身之间彼此不同的特殊性来实现自同步。这里主要讨论用插入特殊码组实现帧同步的方法。该方法在工程上得到广泛应用。插入特殊码组实现帧同步的方法有两种，即连贯式插入法和间隔式插入法。

1. 连贯式插入法

所谓连贯式插入法，就是在每帧的开头集中插入帧同步码组的方法。作为帧同步码组用的特殊码组首先应该具有尖锐单峰特性的局部自相关函数。由于这个特殊码组 $\{x_1, x_2, x_3, \cdots, x_n\}$ 是一个非周期序列或有限长序列，在求它的自相关函数时，在时延 $j=0$ 的情况下，序列中的全部元素都参加相关运算；在 $j \neq 0$ 的情况下，序列中只有部分元素参加相关运算。通常把这种非周期序列的自相关函数称为局部自相关函数。

对同步码组的另一个要求是识别器应尽量简单。目前，一种常用的帧同步码组为巴克码，最长的巴克码为 13 位。对于长度为 n 的巴克码来说，局部自相关函数在时延 $j=0$ 时相关值为 n；在时延 $j \neq 0$ 时，相关值为 0、+1 以及 -1，不仅有尖锐单峰特性的局部自相关函数,而且识别器也容易实现。采用巴克码作为帧同步的特殊码组,其最大问题是在某些应用场合长度不够。在这种情况下,可采用其他伪随机序列作为同步码。

接收端用接收的信号与存储的与发送端一致的帧同步信号进行相关计算,依据计算值判断是否接收到帧同步信号。

2. 间隔式插入法

在某些情况下,帧同步码组不是集中插入在信息码流中,而是将它分散插入,即每隔一定数量的信息码元,插入一个帧同步码元。帧同步码型选择的主要原则是:一方面要便于接收端识别,即要求帧同步码具有特定的规律性,这种码型可以是全"1"码、"1""0"交替码等;另一方面,要使帧同步码的码型尽量和信息码相区别。接收端要确定帧同步的位置,就必须对接收码逐位进行搜索,这种检测方法称为逐码移位法。

考虑到工程上应用最多的帧同步方法为连贯式插入法,因此,对于间隔式插入法这里不做过多的讨论,有兴趣的读者可参考相关书籍。

5.6　基于 Z87200 的 QPSK 调制解调实例分析

Z87200 是 Zilog 公司推出的、与 STEL2000A 完全相同的一种基于软件无线电结构的可编程直接序列扩频收发芯片,包括可独立使用的收发基带数字信号处理与调制解调两部分。可实现满足快速捕获直接序列扩频全双工或半双工系统要求的所有数字处理,完全支持差分编码的 BPSK 和 QPSK。接收机部分还可以处理差分编码的 $\pi/4$ QPSK 信号。也可实现扩频信息的快速捕获并支持多种数据传输速率和扩频参数,广泛应用在各类突发数据传输和无线通信系统中。其特点如下:

(1) 由一个芯片即可实现直接序列扩频的收发,性能高、可靠性好、成本低。

(2) 两个独立的长达 64 位的 PN 序列,分别用于前导码和数据扩频处理,可自动切换,处理增益可达 18 dB。这种高处理增益大大增加了捕获概率,且数字 PN 匹配滤波器的使用使得捕获时间小于一个符号周期。

(3) 1 bit 数据码可扩展成 11～64 chip 扩频码,扩频长度可由编程实现。

(4) 具有 20 MHz 和 45 MHz 两种工作频率类型。当工作频率为 45 MHz 时,最高码片速率可达 11.264 Mchip/s;采用最低 11 位 PN 码扩频,调制方式采用 QPSK,则数据传输速率可达 2.048 Mb/s。

(5) 芯片的可编程功能支持多种不同的工作模式,如连续传输与突发传输可选,差分 BPSK 与差分 QPSK 调制方式可选。

(6) 具有全双工、半双工两种操作方式,可进行频分双工或时分双工通信。

(7) 具有电源管理功能。工作在突发模式时,在不工作条件下功能模块可处于休眠状态,减小了功耗。

(8) 在突发模式下,允许处理长达 65 533 个符号的帧长。

(9) 扰码发生器可对数据做随机化处理,优化频谱,可满足监管要求。

5.6.1 Z87200 结构组成与基本工作过程

Z87200 包括发送、接收和控制三个部分，与 CPU 接口十分方便，设计简单易用，其组成框图如图 5.17 所示。发送部分由 Tx 扰码发生器、输入数据处理器、差分 BPSK/QPSK 编码器、TxPN 码发生器、BPSK/QPSK 调制器、Tx 时钟信号产生器以及收发共用的数控振荡器等组成，其输出既可以是经取样、调制的数字 IF 信号 TXIFOUT7～0（可经外部数模转换器 D/A 转换成模拟 IF 信号），也可以是已扩频基带 I 和 Q 信号（直接到一个外部调制器）。接收部分包括数字下变频器、RxPN 序列寄存器、PN 匹配滤波器、符号跟踪处理器、差分 BPSK/QPSK 解调器、输出数据处理器、Rx 扰码发生器、功率检测器、鉴频器和环路滤波器、Rx 时钟信号产生器以及收发共用的数控振荡器等，Z87200 输入信号为经 A/D 转换的数字中频信号；控制部分由控制与微处理器接口电路组成，用于接收外部微处理器发射的控制信号，并将控制字送到内部的各种控制寄存器中。

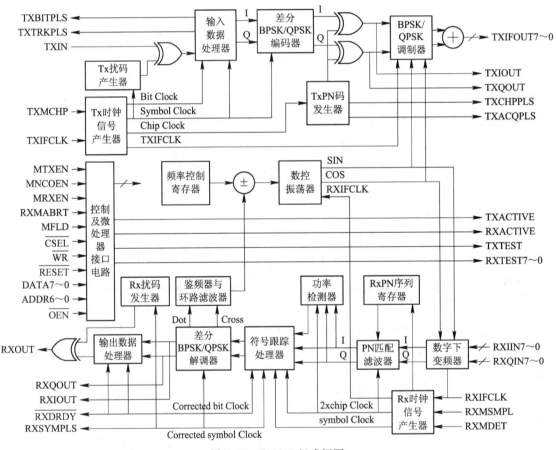

图 5.17　Z87200 组成框图

Z87200 在接收和发送模式都是以符号同步的 PN 序列调制进行工作的，也就是说，每一个数据符号都是用一个周期的 PN 序列扩频。通过码片速率和 PN 码的长度，即每符号中的码片数来确定数据率。最高码片速率可编程为 RXIFCLK 时钟频率的 1/4，而 PN 码的长度可编程达 64 位。该芯片可以采用 BPSK 和 QPSK 两种调制方式。采用 BPSK 调制时，每一个符号周期内发送 1bit 数据，当 PN 码长度为 N，码片速率为 R_c(chip/s)时，传送的数据率 R_b 是 R_c/N(b/s)；采用 QPSK 调制时，每一个符号周期内发送 2 bit 数据，在 PN 码长度为 N，码片速率为 R_c(chip/s)时，传送的数据率是 $2R_c/N$(b/s)。因此，在 PN 码长、码片速率一定条件下，QPSK 调制数据传输率是 BPSK 调制的两倍，或者，要实现相同的数据传输率，BPSK 调制相对于 QPSK 调制，或者使 PN 码长降低一半，或者使码片速率提高一倍。需要注意的是，数据率 R_b 和 PN 码长通常并不能任意选择。按 FCC 的规定，PN 码的长度至少应为 10 位。

发送部分的工作过程为：

（1）从 TXIN 端输入的串行数据，经扰码处理后，在输入数据处理器进行串/并转换，使 I 通道与 Q 通道各对应 1 bit 数据，两个通道的数据传输率比输入的串行数据降低一半。

（2）将 I 和 Q 通道数据信号送到差分编码器，根据 BPSK 和 QPSK 的调制方式，进行差分编码。

（3）差分编码器的 I 和 Q 通道输出与 TxPN 码发生器产生的 PN 码进行异或（模 2）运算，实现扩频。

（4）扩频后的 I 通道和 Q 通道输出信号 TXIOUT 和 TXQOUT 既可送到外部调制器进行调制，也可送到片内 BPSK/QPSK 调制器进行调制。

（5）使用片内的 BPSK/QPSK 调制器时，经由片内数控振荡器（NCO）产生的正弦信号和余弦信号调制后，输出数字中频（IF）输出信号 TXIFOUT7～0，TXIFOUT7～0 信号再送到外部 8 位 D/A 转换器转换成模拟 IF 信号。

需要特别说明的是，对 Z87200 来说，以数据突发方式工作时，发送信息数据前，先发送前导码，然后发送信息数据。前导码可在发送功能块中自动产生。Z87200 芯片内部发送部分有两个完全独立的 PN 码发生器，一个用于对前导码扩频，另一个用于对信息数据扩频。两个 PN 码发生器的码长相互独立，均可达 64 chip 长。

发送部分中所需的时钟可由 Tx 时钟信号产生器产生。Tx 时钟信号产生器为可编程的 16 位分频器，通过 Z87200 内部的控制寄存器对发射主时钟 TXIFCLK 编程，提供信息比特时钟、符号时钟和码片速率时钟，供发送时序用。此外，也可以从外部提供 TXMCHP 信号。

Z87200 芯片的接收功能类似于发送功能，也以突发方式工作，每次接收时从接收前导码开始，接着接收信息数据。Z87200 内接收部分也有两个独立的 PN 码发生器，一个用于解扩前导码，另一个用于解扩信息数据。两个 PN 码的码长完全独立，都可达 64 chip 长。该芯片内有一个数字控制振荡器（NCO）、频率控制寄存器和鉴频器及环路滤波器。NCO 为 BPSK/QPSK 调制器和数字下变频器提供本振信号，NCO 由接收主时钟信号 RXIFCLK 控制，产生频率分辨率为 32 位的正交输出信号。NCO 的频率由 32 位频率控制寄存器中存储的频率控制字（FCW）的值决定，由环路滤波器的输出增加或减少来调整 NCO 的频率控制字，建立起闭环频率跟踪环路，实现自动频率控制（AFC）。

接收部分的工作过程为：

（1）外部 A/D 转换器输出的数字 IF 信号，首先经数字下变频器，将接收到的数字 IF 信号与 NCO 产生的正交信号混频，产生 I 通道和 Q 通道的零中频输出信号。数字下变频器可使用正交采样和直接 IF 采样两种模式工作。当工作在正交采样模式时，外部需要两个 A/D 转换器，以提供正交的输入信号 RXIIN 和 RXQIN；而工作在直接 IF 采样模式时，外部只需要一个 A/D 转换器，以提供单路信号到 RXIIN，而 RXQIN 输入为"零"。

（2）数字下变频器 I 通道和 Q 通道输出的零中频信号送到 PN 匹配滤波器。PN 匹配滤波器的系数根据前导码的 PN 码系数寄存器或信息数据的 PN 码系数寄存器中的内容设置为±1 或 0（每个单元的系数都按两位贮存，PN 码为 1 时系数取+1，保存为 01；PN 码为 0 时系数取－1，保存为 11；不用的系数赋以 0 值，保存为 00）。在接收时，Z87200 会自动处于取样模式，PN 匹配滤波器的前导码的 PN 码系数用于解扩接收信号中的前导码。当检测到前导码后，滤波器的信息数据的 PN 码系数解扩随后的信息数据。PN 匹配滤波器以基带采样率计算 I 通道和 Q 通道输出的零中频信号与存储的 PN 码系数间的互相关，实现对信号的解扩，PN 匹配滤波器 I 通道和 Q 通道输出的已解扩信号同时送到功率检测器和 BPSK/QPSK 解调器中。

（3）功率检测器对 PN 匹配滤波器输出的 I 通道和 Q 通道信号的相关值进行平方求和，并开平方，得到一个与输入信号幅度（或功率）大小有关的值。在理想情况下，当 PN 匹配滤波器接收信号的码序列与 PN 匹配滤波器中的参考 PN 码相同时，PN 匹配滤波器的 I 通道和 Q 通道输出最佳的解扩 I 信号和 Q 信号符号。BPSK/QPSK 解调器对已解扩的 I 信号和 Q 信号进行解调，其 I 和 Q 通道输出信号再送到输出数据处理器，进行并/串转换，将 I、Q 两路数据变为一路输出。最后经解扰码处理后，在 RXOUT 端输出串行数据。此外，也可从 RXIOUT 和 RXQOUT 端输出 I、Q 两路数据符号。

接收模块中所需的时钟可由 Rx 时钟产生器产生。Rx 时钟产生器是可编程的 16 位分频器，通过 Z87200 内部的控制寄存器对接收主时钟 RXIFCLK 编程，提供码片时钟、2 倍的码片时钟、符号时钟等供接收时序使用。此外，也可以从外部提供 RXMSMPL 信号。在接收器中，符号同步和接收符号率是由 PN 匹配滤波器的输出来确定的，如果需要，也能够从接收符号的可编程码片速率或外部 RXMDET 提供。

5.6.2　Z87200 工作原理

1. 差分编码

差分编码的目的是解决对相移键控信号解调时出现的相位模糊问题（即倒 π 现象）。Z87200 有 BPSK 和 QPSK 两种调制方式。当采用 DBPSK 调制时，差分编码算法为：第 k 输出位＝第 k 输入位 $\oplus$ 第 $(k-1)$ 输出位，其中 $\oplus$ 表示异或。

当采用 DQPSK 调制时，由先前的 4 个输出状态和当前的 4 个输入状态产生当前的输出。QPSK 差分编码表如表 5.6 所示。

表 5.6　QPSK 差分编码表

当前输出	先前输出			
	00	01	11	10
当前输入 00	00	01	11	10
当前输入 01	01	11	10	00
当前输入 11	11	10	00	01
当前输入 10	10	00	01	11

2. BPSK/QPSK 调制

Z87200 的差分编码器与 BPSK/QPSK 调制器共同构成 DBPSK/DQPSK 调制器。片内 BPSK/QPSK 调制器只有在 RXIFCLK/TXIFCLK 信号频率低于 20 MHz 时可用,当 RXIFCLK/TXIFCLK 频率高于 20 MHz 时,建议使用片外调制器。片内调制器组成框图如图 5.18 所示。

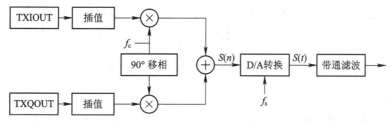

图 5.18　片内调制器组成框图

调制器输出的数字信号与模拟信号可分别表示如下:

$$s(n) = I(n)\cos\frac{n\omega_c}{\omega_s} + Q(n)\sin\frac{n\omega_c}{\omega_s} \qquad (5-15)$$

$$s(t) = I(t)\cos\omega_c t + Q(t)\sin\omega_c t \qquad (5-16)$$

式中,$I(t)$ 与 $Q(t)$ 为已扩频序列,分别来自 TXIOUT 与 TXQOUT,符号为"0"时取 $+1$,符号为"1"时取 -1。

采用 BPSK 调制时,仅使用 TXIOUT 的输出信号,且同时加到 I 通道和 Q 通道,即 $I(t)=Q(t)$,其取值或者同时为 $+1$,或者同时为 -1,且信号 $s(t)$ 只能在第一、三象限。

采用 QPSK 调制方式时,由于 I 通道和 Q 通道信号分别来自 TXIOUT 与 TXQOUT,$I(t)$ 与 $Q(t)$ 的取值有 4 种组合,经片内 QPSK 调制后,I 通道信号和 Q 通道信号相加后形成的已调制信号所在信号空间分布如表 5.7 所示。

表 5.7　QPSK 已调制信号空间分布

I 通道	0	1	1	0
Q 通道	0	0	1	1
已调制信号象限	第一象限	第二象限	第三象限	第四象限

当采用外部调制器时,已调制信号空间分布也要符合上述规律,以便采用 Z87200 片内解调器时能正确解调。

3. 直接中频采样与正交采样

Z87200 的接收机中数字下变频器(DDC)有两种不同的工作模式。当接收信号的码片速率低于中频采样时钟(RXIFCLK)的 1/8 时，使用只需要一个外部 A/D 转换器的直接中频采样模式；当码片速率比较高时，使用需要两个外部 A/D 转换器的正交采样模式。

直接中频采样模式实现电路简单，外部只需要一个 A/D 转换器即可进行带通采样，它处理的对象是实信号，其频谱波形如图 5.19 所示。由于实信号的频谱在正负频率均存在，采用该采样模式对数字下变频(DDC)中的抽取滤波器的要求高于正交采样模式。

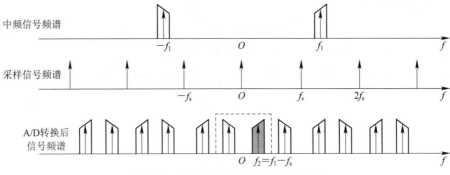

图 5.19　直接中频采样模式信号频谱

正交采样模式实现电路比直接中频采样复杂，需要一个功分器、一个移相器以及两个 A/D 转换器。正交采样组成框图如图 5.20 所示。它首先利用功分移相器将中频带通信号转换为两路相互正交的信号，这两路相互正交的信号就是中频带通信号用复信号表示时的实部与虚部；然后用双 A/D 转换器分别对相互正交的信号带通采样。显然，正交采样有两个功能：一是将实信号变为复信号；二是进行 A/D 转换。正交采样模式信号频谱如图 5.21 所示。由于复信号的频谱只存在正频率分量，采用该采样模式在滤除镜像干扰时对抽取滤波器的要求较低。

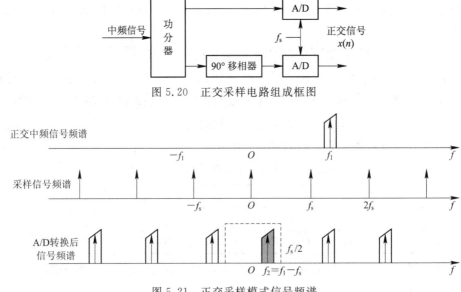

图 5.20　正交采样电路组成框图

图 5.21　正交采样模式信号频谱

由图 5.19 和图 5.21 可以看出：一个时间连续的中频带通信号经过中频采样以后的频谱是原中频带通信号频谱的周期延拓，延拓周期为采样频率。在利用 DDC 将采样后的信号变到零中频时，只需将靠近零中频的一个周期内的频谱（如图 5.19、图 5.21 的阴影部分）变到零中频即可。也就是说在 DDC 中，并不要求 NCO 频率 f_{NCO} 满足 $f_{NCO} = -f_1$（f_1 为模拟中频带通信号的中心频率），而是满足 $f_{NCO} = -f_2$（f_2 为图中阴影部分的中心频率）即可。因此，采用带通采样技术除了实现模/数转换外，还具有混频器的作用（对信号进行下变频）。

对于 QPSK 信号，经正交采样输出的数字信号可表示为

$$x(n) = A\cos\left(\frac{n\omega_2}{\omega_s} + \varphi_n + \varphi_0\right) + jA\sin\left(\frac{n\omega_2}{\omega_s} + \varphi_n + \varphi_0\right) \qquad (5-17)$$

式中：φ_n 是受信息控制的相位参数；φ_0 为初始相位；ω_s 为采样频率。

4. 数字下变频

数字下变频器工作在直接 IF 采样模式时，A/D 转换器输出的信号送到 RXIIN，而 RXQIN 输入为"零"；工作在正交采样模式时，A/D 转换输出的正交信号分别送到 RXIIN 和 RXQIN。

无论是直接中频采样的数字中频信号还是正交采样的数字中频信号，其数字下变频的工作原理相同，下面以正交采样为例进行讨论。数字下变频具有以下三个功能：

(1) 将中频信号变为零中频信号。

(2) 低通滤波滤除带外信号，提取感兴趣的信号。

(3) 采样速率转换，并利用抽取滤波器降低采样速率，以利于后续信号处理。

数字下变频器主要由数字混频器、数控振荡器（NCO）及低通抽取滤波器构成，将 1 路或 2 路相互正交的信号变为两路正交的基带信号输出，为完成对信号的解调等后续处理做准备。其组成框图如图 5.22 所示，对用正交采样模式的信号进行数字下变频后的波形如图 5.23 所示。

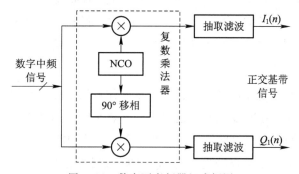

图 5.22 数字下变频器组成框图

需要说明的是：在软件无线电中用数字下变频将信号变为零中频时，并未从接收信号中恢复相干载波，而是按设计的中频频率来确定 NCO 的频率控制字（FCW）。当接收信号频率的漂移在某一范围内时，利用片内 AFC 对 FCW 设置的 NCO 的输出频率进行调整，使 NCO 的输出频率随接收信号频率的变化而变化，达到输出零中频信号的目的。

经 DDC 的复数乘法器与抽取滤波后，以码片速率输出的零中频信号为

$$I_1(n) = A\cos(\varphi_n + \varphi_0) \qquad (5-18)$$

$$Q_1(n) = A\sin(\varphi_n + \varphi_0) \qquad (5-19)$$

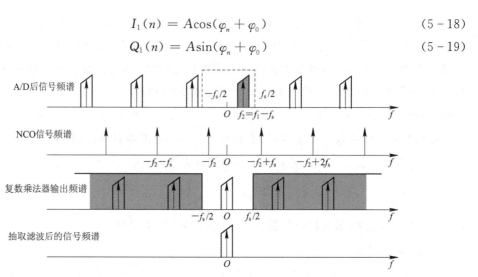

图 5.23　数字下变频频谱关系

5. 匹配滤波

利用存储在匹配滤波器中的、与发射 PN 码相对应的 PN 码对 $I_1(n)$、$Q_1(n)$进行相关解扩，以得到数据信息。用 N 表示扩频序列的长度，$C_Q(n)$、$C_I(n)$为第 n 个码片的 PN 值，取值 $+1$、-1 和 0，则匹配滤波器以码片速率的输出为

$$I_2(n) = \sum_{n=0}^{N-1} I_1(n)C_I(n) = \sum_{n=0}^{N-1} A\cos(\varphi_n + \varphi_0)C_I(n) \qquad (5-20)$$

$$Q_2(n) = \sum_{n=0}^{N-1} Q_1(n)C_Q(n) = \sum_{n=0}^{N-1} A\sin(\varphi_n + \varphi_0)C_Q(n) \qquad (5-21)$$

对于 I 路来说，当连续 N 个码片的 $\cos(\varphi_n + \varphi_0)$ 与 $C_I(n)$ 的符号完全相同（即收到的正好是发送 $+1$ 的 PN 码对应的 N 个码片）时，$I_2(n)$有正的最大值输出；当连续 N 个码片的 $\cos(\varphi_n + \varphi_0)$ 与 $C_I(n)$ 的符号完全相反（即收到的正好是发送 -1 的 PN 码对应的 N 个码片）时，$I_2(n)$有负的最大值输出；其他时刻输出是一个非常小的值。Q 通道规律与 I 通道相同。

6. 功率检测与差分解调

匹配滤波器是以码片速率将相关值输出，而差分解调电路要求以符号速率输入。为了实现速率转换，并且保证在匹配滤波器输出正、负最大值时刻将正、负最大值输出到差分解调电路，用功率检测电路产生的符号同步信号来实现此功能。

功率检测电路将匹配滤波器输出的 $I_2(n)$、$Q_2(n)$相关值平方求和，并开平方，其值为

$$P(n) = \sqrt{I_2^2(n) + Q_2^2(n)} = A \qquad (5-22)$$

显然，$P(n)$仅与接收信号的振幅（即功率）大小有关，将 $P(n)$ 与设定的门限比较，确保仅在 $I_2(n)$、$Q_2(n)$有正、负最大相关值时才会产生输出。

由于比较器输出信号的速率与信息数据传输率相同，因此，可用此输出信号作为符号同步信号。这样 $I_2(n)$ 与 $Q_2(n)$ 在符号同步信号的控制下，产生送到差分解调器的信号 $I_2(k)$ 与 $Q_2(k)$。$I_2(k)$ 与 $Q_2(k)$ 可看成是对 $I_2(n)$ 与 $Q_2(n)$ 的抽样，抽样速率为信息数据速

率，抽样值为 $I_2(n)$ 与 $Q_2(n)$ 的正、负最大相关值。

差分解调电路对以符号速率输入的数据信息 $I_2(k)$ 与 $Q_2(k)$ 用与差分编码对应的规律进行差分解调，输出信息符号 $I_s(k)$ 与 $Q_s(k)$。差分解调器首先按下式计算 $\mathrm{Dot}(k)$ 与 $\mathrm{Cross}(k)$，即

$$\mathrm{Dot}(k) = I_2(k)I_2(k-1) + Q_2(k)Q_2(k-1) \tag{5-23}$$

$$\mathrm{Cross}(k) = Q_2(k)I_2(k-1) - I_2(k)Q_2(k-1) \tag{5-24}$$

式中，k 表示第 k 个符号。然后，按如表 5.8 所示规律确定输出信息 $I_3(k)$、$Q_3(k)$。该信息经串/并转换以及解扰后，得到最终的数据。

表 5.8　$\mathrm{Dot}(k)$、$\mathrm{Cross}(k)$ 与 $I_s(k)$ 及 $Q_s(k)$ 的关系

$\mathrm{Dot}(k)$ 的极性	$\mathrm{Cross}(k)$ 的极性	$I_3(k)$	$Q_3(k)$
+	+	0	0
−	+	1	0
−	−	1	1
+	−	0	1

5.6.3　Z87200 在数据传输与测距中的应用

数据传输与测距系统采用的是超外差式软件无线电结构的一种变形结构，该系统直接采用短码扩频信号进行数据传输，并利用扩频序列进行询问回答式测距，同时采用扰码技术提高系统的保密性，调制方式为 DQPSK 方式。超外差式模拟中频与射频组成框图如图 5.24 所示，采用 Z87200 构成的数字中频与基带处理组成框图如图 5.25 所示。

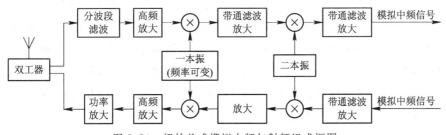

图 5.24　超外差式模拟中频与射频组成框图

在图 5.25 中，发射部分采用传统的实现方法，输入数据经串/并转换电路转换为同相、正交两路数据，然后经差分编码后被同一 PN 扩频码扩频，以码片速率输出的两路信号经放大后送 QPSK 调制器完成调制，最后调制信号经带通滤波后送到超外差式模拟中频与射频通道进行处理，由天线向外辐射。接收部分采用软件无线电的方式对中频信号进行处理。来自超外差式模拟中频与射频通道的模拟中频信号经正交采样转换成数字中频信号，经数字下变频变成零中频的数字信号，同时采用抽取技术减少采样点数并抑制干扰，以及采用数字匹配滤波技术对信号进行解扩。解扩输出的相关值序列一方面从测试口 RXTEST7～0 输出，用于测距；另一方面在功率检测器输出的符号同步信号的控制下，将正、负最大相关

峰值送差分解调器，完成 DQPSK 解调，并经并/串转换后输出解调的数据。由测试口 RXTEST7~0 输出的数据及解调的符号信息送到 DSP 处理电路，共同完成测距。

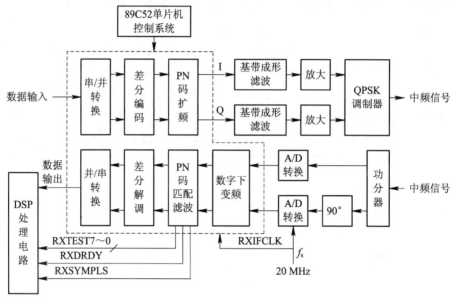

图 5.25　数字中频与基带处理组成框图

测距系统采用询问回答式测距，测距由粗测与精测两部分组成。在发射测距扩频信号的同时，启动计数器计数，接收方以收到测距信号时间为基准，延迟一固定时间后，再发射应答信号，在得到应答信号的第一个相关峰时，停止计数器计数，根据计数器所计脉冲数目实现距离的粗测。由于最大相关值对应时刻与 Z87200 的/RXDRDY 和 RXSYMPLS 的上升沿或下降沿有确定对应关系，因此，粗测可利用/RXDRDY 和 RXSYMPLS 来实现。由于发射与接收是异步的，得到的第一相关峰时刻不一定正好是相关值的最大值时刻，因此需采用精测方法对粗测值做进一步修正。精测由输出的数字相关值序列实现。询问回答式粗测＋精测测距原理如图 5.26 所示，采用 Z87200 的测试口 RXTEST7~0 以 2 次/码片速率输出的相关数据即可实现精测。为了保证测试口有可靠输出，Z87200 的 RXIFCLK 采用 20 MHz 时钟信号。粗测与精测均在 DSP 内完成。

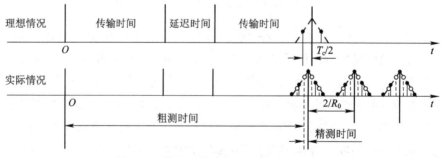

图 5.26　询问回答式粗测＋精测测距原理

5.7　接收中频单元与解调电路设计实例分析

上节以 QPSK 信号为例，对数字调制解调器的设计进行了分析。在参数测量等系统中也经常采用模拟体制，下面以 PM 信号为例，对接收中频单元与解调电路的设计进行讨论。

某电子设备的中频信号为调幅调相信号（中心频率为 455 kHz），用于参数测量的信息包含在调相信号中，通过获取 170 Hz 正弦调相信号的正斜率拐点来完成参数测量，而幅度调制信号对参数测量来说是一种干扰信号。设计的接收中频单元与解调电路应具备以下功能：

（1）对接收信号解调，以获取高精度 170 Hz 的正弦调相信号。

（2）具有减小幅度调制信号对鉴相影响的措施。

（3）具有 AFC 功能，当中心频率发生漂移时系统能够正常工作。

（4）具有 AGC 功能，当中频信号的幅度在某一范围变化时系统正常工作，且不影响参数测量精度。

依据上述要求，设计的中频单元与解调电路组成框图如图 5.27 所示，该电路由带 AGC 功能的放大电路、AFC 电路、PLL 组成的鉴相电路以及 170 Hz 滤波器等几部分组成。频率为 455 kHz 的中频调制信号首先经具有 AGC 功能的放大电路对信号进行放大，以满足混频电路对幅度的要求，峰值检波电路完成对信号幅度的检测；其次，由带 AGC 功能的放大电路输出的信号送到由锁相环构成的 AFC 电路，以实现频率的自动控制。VCO1 输出信号的中心频率为 765 kHz，混频器输出信号频率为 310 kHz，该信号经限幅放大后，输出等幅的调相信号到鉴相电路。需要特别说明的是，这里的混频器虽改变了输出信号的频率，但这不是采用它的主要目的，它只是作为锁频环的一个基本组成部件，由锁频环完成自动频率控制。另外，当锁频环达到稳定状态时，并不能使频率漂移量减小到零，但通过它的作用可使频率漂移量大大减小。也就是说，如果中频偏离了 455 kHz，经 AFC 的作用达到稳定状态后，混频器的输出信号频率非常接近于 310 kHz，这个很小的偏移量不会影响后续电路的正常工作。最后，由锁相环完成对调相信号的相干解调，相干载波由锁相环的 VCO2 提供。当锁相环稳定时，VCO2 输出的相干载波与调相信号频率相等，相位相差一个很小的值。鉴相电路的输出经放大后，一路经 170 Hz 滤波器滤波后输出 170 Hz 的正弦信

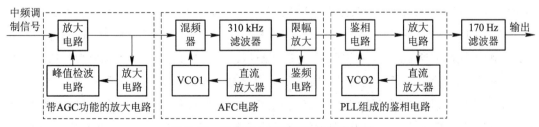

图 5.27　中频放大与解调电路组成框图

号，另一路经直流放大后输出控制信号，直流放大器除了放大信号外，还起低通滤波作用，滤除 170 Hz 的正弦信号，以保证 VCO2 输出信号频率不随 170 Hz 变化。

1. 中频放大电路

具有 AGC 的中频放大电路如图 5.28 所示，中频信号首先送到由 N_2 构成的 455 kHz 放大器进行放大，5 脚输出分为两路。一路通过 R_3、R_5 送往由 N_3 构成的射随器，以减小前后级的相互影响，并从 N_3 第 1 脚输出，经电容 C_{10} 耦合送往混频器；另一路送给自动增益控制电路，即经耦合电容 C_7 加到放大管 V_1 的基极，由于 V_1 的基极接有二极管 VD_1，它使 V_1 基极电位钳位在 0.7 V。当输入的 455 kHz 信号为零时，V_1 无输出；当输入的 455 kHz 信号不为零时，放大后的信号加至集成双运放 N_3 的同相端 6 脚，而 N_3 的反相端 5 脚接有稳压二极管 VD_2，它使 N_3 的反相端加有 +5 V 的固定电压。当 455 kHz 信号较大时，放大后的信号经峰值检波二极管 VD_3 检波后反馈到 N_2 的反相端 2 脚，N_2 的反相端电压抬高，其输出端 5 脚信号将减小，从而达到了自动增益控制的目的。当 455 kHz 信号较小时，N_3 的第 7 脚输出低电平，VD_3 截止，无自动增益控制。

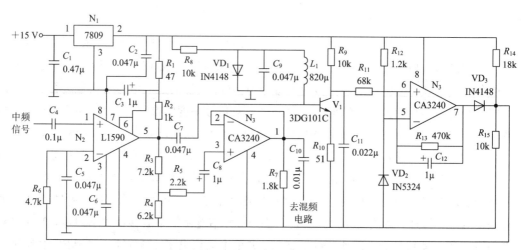

图 5.28　具有 AGC 的中频放大电路

2. AFC 电路

AFC 电路如图 5.29 所示，该电路主要由混频器 N_4、滤波器 Z_1、限幅放大器 N_5、压控振荡器 V_7（VCO_1）、直流放大器 U_1 及鉴频器 $V_3 \sim V_6$ 组成。来自中频放大器的信号送至混频器 N_4 的 4 脚。由 V_7 构成的压控振荡器 VCO_1 产生 765 kHz 振荡信号，经射随器 V_8 送到混频器 N_4 的 10 脚，两者经混频后产生 310 kHz 的调幅调相信号从 N_4 的 12 脚输出。该信号经由 LC 构成的 310 kHz 滤波器滤波后，经射随器 V_2 送至限幅放大器 N_5 的 14 脚，限幅放大后从 7、8 脚输出两路反相的等幅调相方波信号，均送到鉴相电路。同时，从 N_5 的 7 脚输出的方波经由 V_3、V_4、V_5、V_6 以及谐振回路 L_5、C_{30}、L_4、C_{27} 组成的平衡双失谐斜率鉴频器对信号鉴频，其输出经直流放大后，送到 V_7 的集电极，控制压控振荡器 VCO_1 的振荡频率，以确保 455 kHz 的中频信号与 VCO_1 产生的 765 kHz 信号经混频后，频率维持在 310 kHz。

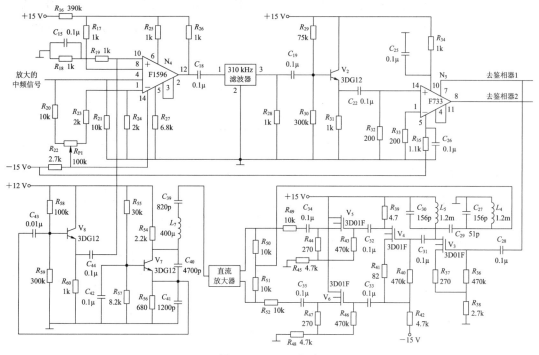

图 5.29　AFC 电路

直流放大器如图 5.30 所示，来自鉴频器的输出信号经低通滤波后，送到由场效应管 V_1 构成的放大器进行放大，产生大小适中的控制信号，改变 VCO_1 的输出频率。

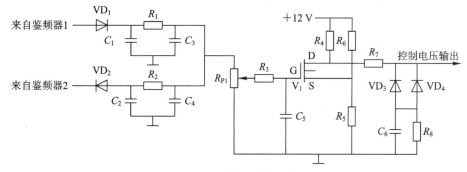

图 5.30　直流放大电路

3. 鉴相电路

由锁相环构成的鉴相电路如图 5.31 所示，该电路包括鉴相器、低通滤波与直流放大器、压控振荡器等几部分。来自限幅放大器的两路相位相反的等幅调相信号分别经过电容 C_{45}、C_{46} 加至二极管 VD_6、VD_7，与压控振荡器输出的相干载波进行鉴相，其输出送到低通滤波与直流放大电路。

低通滤波与直流放大电路如图 5.32 所示，该电路主要由场效应管 V_1、V_3 及三极管 V_2 组成。鉴相信号经 V_1、V_2 放大后分两路输出。一路经 C_3、R_7 加至 V_3 栅极，放大后从其源极输出包络为 170 Hz 的正弦信号的脉冲，此信号经 170 Hz 滤波器进一步滤波，输出 170 Hz

的正弦信号;另一路经低通滤波后从变容二极管 VD$_1$ 两端输出,改变 VCO$_2$ 输出信号的频率与相位,VCO$_2$ 的输出经 V$_{12}$ 放大以及射随器 V$_{11}$ 隔离后加到鉴相器,作为相干解调的相干载波信号。

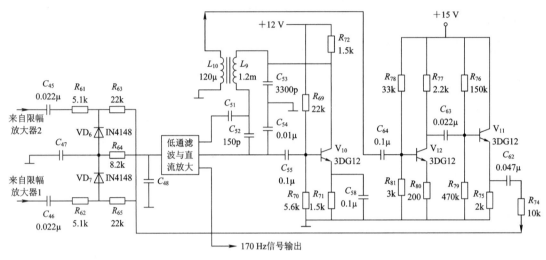

图 5.31　PLL 鉴相电路

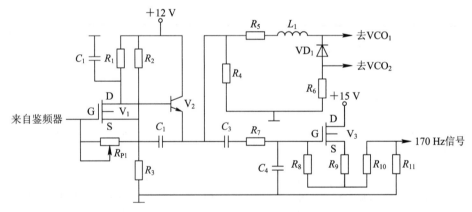

图 5.32　低通滤波与直流放大电路

作业与思考题

5.1　数字系统在选择调制解调方式时应从哪些方面考虑?相移键控调制方式为什么得到广泛应用?列举几个采用相移键控调制方式的系统。

5.2　混频器的指标有哪些?设计混频器时应注意哪些因素?

5.3　中频放大单元除了对信号放大外,还应具备哪些功能?请说明原因。

5.4　数字系统需要哪些同步?其作用分别是什么?

5.5　帧同步与载波同步各有哪些实现方法?

本章参考文献

[1] 樊昌信，曹丽娜. 通信原理. 7 版. 北京：国防工业出版社，2016.

[2] 徐勇. 通信电子线路. 北京：电子工业出版社，2017.

[3] 严国萍，龙占超，黄佳庆. 通信电子线路. 2 版. 北京：科学出版社，2016.

[4] 杨小牛，楼才义，徐建良. 软件无线电原理与应用. 北京：电子工业出版社，2001.

[5] 李丽芬，蔡小庆. 数字信号处理. 武汉：华中科技大学出版社，2017.

[6] 弋稳. 雷达接收机技术. 北京：电子工业出版社，2005.

[7] 王加祥，雷洪利，曹闹昌，等. 电子系统设计. 西安：西安电子科技大学出版社，2012.

[8] 暴宇，李新民. 扩频通信技术及应用. 西安：西安电子科技大学出版社，2011.

[9] 谢嘉奎. 电子线路：非线性部分. 4 版. 北京：高等教育出版社，2000.

[10] 谢嘉奎. 电子线路：线性部分. 4 版. 北京：高等教育出版社，1999.

[11] Z87200 spread – spectrum transceiver product specification（PS010202 – 0601）. html://www.zilog.com.

[12] 徐磊，潘强. 扩频通信新器件 Z87200 的应用研究. 信息与电子工程，2005,3(3)：207 – 209.

[13] 吴明捷. 用 Z87200 组成直接系列扩频通信系统. 煤炭工程，2003,35(1)：8 – 10.

[14] 徐波，罗伟雄. 利用 Z87200 实现直接序列扩频基带系统. 电子世界，2005,27(5)：44 – 46.

[15] 吴明捷，王伟. 扩频通信专用芯片 Z87200 原理. 石油化工高等学校学报，2002,15(4)：73 – 77.

[16] 龙光利. 直序扩频芯片的原理与应用. 现代电子技术，2005,28(15)：28 – 30.

[17] 杨力生，韩庆文，杨士中. 数字下变频及其频谱分析. 信息与电子工程，2005,3(2)：153 – 157.

第 5 章　调制解调与中频单元

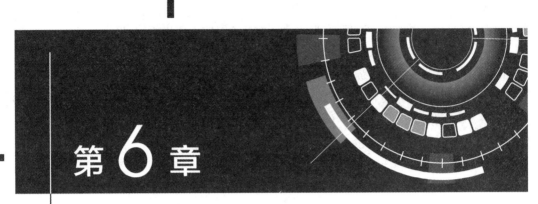

第6章

射频通道与天线

6.1 概 述

在发射端，待发射的已调制中频信号需要经射频通道进一步处理，以形成射频信号由天线辐射。在接收端，天线感应的射频信号同样需经射频通道处理，以得到中频信号。射频通道与天线单元组成框图如图 6.1 所示，图(a)与图(b)分别表示收发分离与收发一体两种结构。

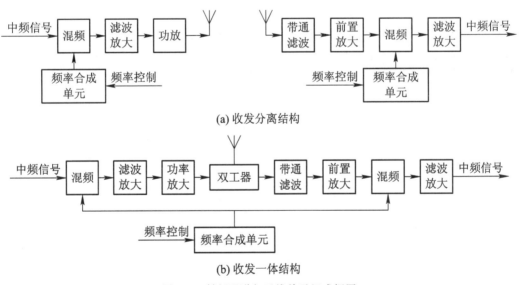

(a) 收发分离结构

(b) 收发一体结构

图 6.1 射频通道与天线单元组成框图

收发分离结构适用于单工通信，收发一体结构适用于双工通信。相比于收发分离结构，收发一体结构为了降低实现成本，通常接收与发射共用一副天线，发射信号与接收信号采用双工器实现隔离。同时，为了减小发射大功率信号对接收微弱射频信号的影响，采用频分双工(FDD)工作体制，即发射的射频信号与接收的射频信号的射频频率存在一个固定的频率差。如日常使用的手机就是一种收发一体频分双工通信设备。

无论是收发分离结构还是收发一体结构，其射频通道与天线部分的组成都是极其相似的。在发射端，已调制中频信号经再次混频，将中频信号变换成容易传输的射频信号，射频频率或工作波道由受频率控制字控制的、频率合成单元输出的本振信号频率决定。射频信号经滤波放大以及功率放大后，由馈线送到天线向外辐射。选择馈线时应尽量选择对射频信号衰减小的馈线，馈线既可以是射频电缆，也可以是波导，由射频频率决定。在接收端，天线感应的微弱射频信号经馈线送到带通滤波器，或经双工器后送到带通滤波器，然后由低噪声前置放大器对信号进行适量放大。当天线与接收设备较远、馈线较长时，有时先对信号进行放大，然后经馈线送到设备前端，以抵消馈线对射频信号的损耗。前置放大后的信号再经主放大器放大，送到混频器，将信号的中心频率由射频搬移到中频，并经滤波、放大处理后送到中频单元。频率控制字与接收信号的射频频率或工作波道对应，以保证工作在不同波道时，混频器输出的中频频率固定。考虑到上一章已对混频器进行了讨论，下面对其他组成部分进行介绍。

6.2 电波传播与天线

对于一个电子系统来说，工作频率不同，则电波传播方式、衰减特性、天线尺寸以及系统覆盖区域都存在很大差异。设计电子系统的工作频率时必须掌握这些知识。

在真空中，所有的无线电信号，不管它的频率是多少，都以光速直线传播。但是，地球周围的空间并不是真空，而是大气和电离层。无线电信号在这样的介质中传播，其传播特性则与它们的频率有着密切的关系。本节介绍与电子系统设计相关的电波传播与天线的相关知识。

6.2.1 无线电频段的划分

无线电频率一般认为是从 3 kHz 到 300 GHz 的范围。为了方便对不同频率无线电信号的传播特性进行描述，通常又将这个范围划分为若干个频段，如表 6.1 所示。不同频段电波传播特性差别很大。

在较高的频段上，经常采用如表 6.2 所示的频段划分。这种划分与标准的波导尺寸有关，使用也比较广泛。

表 6.1 无线电频段划分

频段名称	字母缩写	频率范围	波 长	波段名称	
甚低频	VLF	3～30 kHz	100～10 km	甚长波	
低 频	LF	30～300 kHz	10～1 km	长波	
中 频	MF	300 kHz～3 MHz	1 km～100 m	中波	
高 频	HF	3 ～30 MHz	100～10 m	短波	
甚高频	VHF	30～300 MHz	10～1 m	超短波	
超高频	UHF	300 MHz～3 GHz	1 m～10 cm	分米波	微波波段
特高频	SHF	3～30 GHz	10～1 cm	厘米波	
极高频	EHF	30～300 GHz	1 cm～1 mm	毫米波	

表 6.2 高频段无线电频段详细划分

字母代号	频率范围/GHz	字母代号	频率范围/GHz
L	1.00～1.88	X	8.20～12.40
Ls	1.50～2.80	Ku*	12.40～18.00
S	2.35～4.175	K	16.00～28.00
C	3.60～7.45	Ka	26.00～40.00
X_b	6.00～10.65	Q	33.00～50.00

＊包括了 13.3 GHz 附近的 Ke 波段。

6.2.2 无线电信号的传播特性

发射天线产生的无线电波,通过自然条件下的媒质或真空到达接收天线的过程,称为无线电波的传播,它是一种电磁能量的传播。当电磁波在电导率为零、相对介电常数和相对磁导率都恒为 1 的各向同性、均匀无耗介质的自由空间传播时,只有直线传播的扩散损耗,传播速度等于真空中的光速。但是电磁波实际传播空间并不是真空,而是存在着各种各样的媒质,并且这些媒质的电磁参数具有明显的不均匀性和随机性,使得通过它们的电磁波的传播特性会发生随机变化,产生反射、折射、散射、绕射、色散和吸收等现象,并可能引起无线电信号的畸变。实际传播媒质对电波信号传播的影响,主要表现在传输的吸收性损耗、相速变化、传播方向的改变、干扰和噪声等方面。

电波传播特性不仅与媒质的结构特性有关,而且与电波的特征参数(如频率、极化方式等)有关。下面针对无线电定位系统中使用的三种电波传播方式讨论无线电信号的传播特性。

1. 地波传播

电波沿地球表面的传播称为地波传播（Ground wave propagation）或表面波传播（Surface wave propagation）。这种传播方式主要发生在 VLF、LF、MF 频段。长波、超长波沿地面传播的能力最强，传波距离可达几千到上万公里；中波可以沿地面传播几百公里；短波的地波传播距离更近，从几十到一百公里左右；超短波和微波沿地面传播的能力就更差了。沿地球表面传播的电磁波，由于地表面的吸收、损耗，所接收的功率已经不像在自由空间那样与距离平方成反比，而是与距离的四次方近似成反比。

地波传播受地表面传播路径上的电导率和介电常数的影响很大，关系也很复杂。但地表面的电参数随时间的变化一般较小，而且很慢，同时，它受太阳照射条件变化的影响也很小，因此，地波传播稳定可靠，波长越长，这个优点越突出。采用地波传播作为主要传播方式的无线电系统的缺点为：

（1）很难建设一个接近半个波长的垂直发射天线，辐射效率很低。

（2）由雷电产生的大气噪声比接收机内部噪声大得多，从而影响系统作用距离。

（3）电波沿地表面的传播速度不像在自由空间那样完全是常数，而是对系统与传播速度有关的性能指标会产生不利影响。

2. 天波传播

天波传播（Sky wave propagation）是指电波由发射天线向高空辐射，在高空被电离层连续折射或散射而返回地面接收点的传播方式，有时也称电离层电波传播（Ionospheric propagation）。在适当的条件下，一个接收点可以接收到从一个天线发射的、经多个不同路径反射的无线电波，如图 6.2 所示。

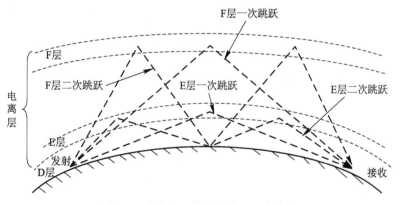

图 6.2　电离层反射的多路径天波传播

电离层反射无线电波的能力与电波频率有关，甚低频和低频无线电波由电离层下边缘（白天为 D 层，晚上为 E 层）反射，中波由 E 层反射，而短波由 F 层反射，但 F 层极不稳定。频率超过 30 MHz 的电波电离层将不产生反射，因而它将透过所有的电离层进入外部空间。

无线电波必须满足一定的入射（角）条件才能使电离层产生反射，否则，将穿过电离层而不再返回地面，如图 6.3 所示。

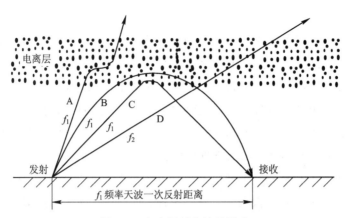

图 6.3　电离层对电波的影响

图 6.3 给出了频率分别为 f_1 和 $f_2 (f_1 < f_2)$，且入射角不同时的无线电波经电离层反射的情况。射线 A 对反射层的入射角太小，电波进入电离层后，虽然由于折射而向下弯曲，但由于到达层的半厚度处（这里电离层的离化最强，再向上又减退），所以仍不能使射线平行于地表面，只能又向上弯曲，穿过该层进入空间而不再回到地表面（除非它又碰到更密的一层）；射线 B 的入射角增大，使得电波传播到该层的半厚度之前就由于折射而向下弯曲得与地面平行，在继续传播的过程中，射线向下弯曲，最后反射回地表面的接收点；射线 C 的入射角继续增大到某一个值，电波到达该反射层，并立即被反射回地表面接收点；对于更高的频率 f_2 来说，即使电波入射角非常大（如射线 D），反射系数也不足以使电波反射回地球，而继续向外层空间传播。这就是频率在 30 MHz 以上时电波的反射的情况。

由图 6.3 可见，对于一个给定频率及一定条件的反射层来说，存在着一个能接收到反射波（天波）的最小距离；反过来，对于这个最小距离来说，给定的频率称为该距离的最大可利用频率。

对于电离层能够反射的无线电信号，天波对其的衰减主要由功率扩散和电离层吸收引起。电离层对电波功率的吸收比地表面对电波功率的吸收小得多，因而传播距离可以达到很远。图 6.4 给出了频率一定的无线电信号其天波、地波信号传播时衰减与传播距离的关系。

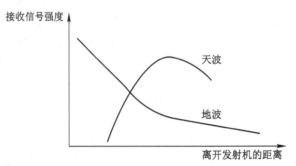

图 6.4　天波与地波信号衰减曲线

当信号频率增加时，地波曲线向左移，天波曲线向右移，最后会空出一个间隙。在这个间隙距离范围内，天波、地波都将收不到。

在天波、地波信号强度大致相等的区域内，由于天波信号的相位相对于地波信号的相位随机地变化，因此会产生严重的天、地波干涉现象。例如，从同一个发射台发射出来的地波 E_a 和天波 E_b 同时被接收时，由于天波传播路径要比地波长（对于接收两个或多个不同路径传播的天波之间，情况也一样），这样，接收天线感应到两个信号之间将存在相位差。并且，由于电离层的高度和离化程度在不断变化，因而对接收点来说，天波传播路径，也即天波相位和场强也在不断变化，其结果是造成了合成信号 E_r 的振幅和相位也不断变化，这种现象称之为衰落。衰落现象对测向、测距系统，都将产生严重的误差，甚至不能工作。

收发两点间信号传输路径的不同（见图 6.2）将导致信号失真，这是由于接收点接收到的不同路径的信号在时间上有不同的延时，这种不同路径的时间延迟有时长达几毫秒。这种由于多路径传播而导致信号失真的现象，称之为多路径效应。

由此可见，天波只能提供某种极不稳定的电波传播。它的传输性能与作用距离、工作频率以及在一天的什么时间传输等关系极大，而且难以精确预测。无线电系统工作在这个频段将无法获得满意的性能指标，因此，有高精度要求的无线电系统，当天波与地波传播同时存在时，应利用直达的、能很好预测的地波传播和获取信息，而不是利用天波。相反，天波作为一种有害的因素（作为一种对地波的污染），应尽力予以消除。

3. 视距传播

视距传播（Propagation over the line of sight）是指接收和发射两点间处于直视范围之内，能互相"看见"的电波传播，这种传播方式主要发生在 VHF 以上各频段。视距传播可分为地地视距传播和地空视距传播。前者的传播距离会受到地球曲率的限制，但由于大气造成的折射会使电波向地面方向产生稍微的弯曲，因此实际的最大传输距离要大于视线距离。视距传播的特点是：

（1）地面衰减很小。

（2）电离层不能反射这些波段的信号。

（3）在电离层以下，信号基本上按直线传播。

除了地物反射、大气折射和大气吸收等因素影响外，视距传播还遵从自由空间电波传播的各种规律，如：

（1）传播速度同光速一样，为 $(299\ 792.5 \pm 0.3)$ km/s，可近似地认为是 300 000 km/s。

（2）直视距离（即在地面上视线传播的最远距离）由发射天线、接收点高度决定。

设发射天线高为 h_1，接收点高为 h_2，则直视距离如图 6.5 所示。

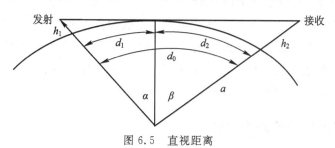

图 6.5　直视距离

设收发两点间的地面距离为 d，a 为地球半径。从几何关系可知：

$$\cos\alpha = \frac{a}{a+h_1} \tag{6-1}$$

$$\sin\alpha = \sqrt{\frac{2ah_1 + h_1^2}{(a+h_1)^2}} \tag{6-2}$$

通常 α 很小，而 $h_1 \ll a$。所以

$$\alpha = \sqrt{\frac{2h_1}{a}} \tag{6-3}$$

由此可得

$$d_1 = \alpha a = \sqrt{2ah_1} \tag{6-4}$$

$$d_2 = \sqrt{2ah_2} \tag{6-5}$$

$$d_0 = d_1 + d_2 = \sqrt{2a}(\sqrt{h_1} + \sqrt{h_2}) \tag{6-6}$$

地球半径 $a = 6370$ km，则 $d_0 = 3.57(\sqrt{h_1} + \sqrt{h_2})$ km。

若考虑大气折射的影响，电波射线会发生弯曲，而不再是直线。用等效地球半径 a_0（$a_0 = 8487$ km）来代替 a 时，上述按直线的计算仍然正确。这时有

$$d_0 = 4.12(\sqrt{h_1} + \sqrt{h_2}) \text{ km} \tag{6-7}$$

视距传播方式的优点有：

(1) 传播路径在直视距离的范围之内，因而传播特性能更好地预测。

(2) 干扰小。

(3) 由于系统工作频率高，发射机及天线的尺寸、重量将大为减小。

(4) 在这些频段内，可以产生很窄的脉冲以及尖锐的天线方向性图，参数测量精度高。

因此，具有视距传播方式的无线电系统得到了广泛的应用。视距传播方式的缺点是不能提供地平线以下的覆盖。

通过上面的讨论，可以得到以下结论：

(1) 无线电系统工作频率不同，电波传播方式不同，因而对无线电信号的影响也不同。

(2) 在进行无线电系统的设计时，必须充分考虑它的应用背景，合理选择其工作频率。

若要求无线电系统的作用距离在直视距离以内，则系统工作频率应选择在电波传播为视距传播的频段，因为在这个频段内电离层扰动的影响和大气衰减最小，也不存在天波污染的问题，而且设备体积小、重量轻、天线尺寸小；若要求系统的作用距离超过直视距离，则系统工作频率应选择在电波传播以地波传播为主的频段，而不采用天波传播方式，因为地波传播比较稳定，受太阳照射条件变化的影响也很小，而天波传播只能提供某种极不稳定的电波传播；若要求系统作用范围覆盖水下区域，则系统工作频率应选择在甚低频段，以减小水媒质对无线电信号引起的损耗。

6.2.3 自由空间传播的路径损耗

电波传播路径损耗是指无线电波离开发射源到接收点的能量损耗。已知发射机的功率

为 P_t，发射天线在接收方向的增益为 G_{tr}，接收天线在发射机方向的增益为 G_{rt}，电波传播的路径损耗为 L，则接收功率 P_r 可用下式计算

$$P_r = P_t + G_{tr} + G_{rt} - L \qquad (6-8)$$

上式中的所有量都用 dB 表示，在计算路径损耗时也用 dB 表示。

当收、发均采用各向同性天线时，路径损耗即为电波在自由空间的损耗，用 L_0 表示，为

$$L_0 = 32.45 + 20\lg f + 20\lg r \qquad (6-9)$$

式中：f 为系统工作频率，单位为 MHz；r 为作用距离，单位为 km。

当收、发天线均用半波对称振子时，路径损耗 $L_{\frac{\lambda}{2}}$ 为

$$L_{\frac{\lambda}{2}} = 28.18 + 20\lg f + 20\lg r \qquad (6-10)$$

式中，参数、单位与式(6-9)同。

知道了自由空间的路径损耗，实际环境下的电波传播路径损耗就可以在此基础上计算出来。例如，对于采用地波传输的无线电系统，当天线架高小于波长时，其电波传播路径损耗由自由空间路径损耗与地面衰减损耗两部分组成，具体表达式可参考相关书籍，这里不再赘述。

需要特别说明的是，自由空间路径损耗与实际环境下的电波传播路径损耗是不同的，自由空间路径损耗只是实际环境下的电波传播路径损耗的一部分，自由空间路径损耗只能作为实际环境下电波传播路径损耗计算的一个参考。

6.2.4　天线及其性能参数

天线是一种在无线电设备中用来发射或接收电磁波的部件，是一种变换器，可把传输线上传播的导行波变换成在媒介中传播的电磁波，或者进行相反的变换。一般天线都具有可逆性，即同一副天线既可用作发射天线，也可用作接收天线，且作为发射天线或接收天线时的基本特性参数相同。

天线种类繁多，对发射与接收信号的影响很大。天线按其工作性质可分为发射天线和接收天线；按其方向性可分为全向天线和定向天线等；按其工作波长可分为超长波天线、长波天线、中波天线、短波天线、超短波天线、微波天线等；按其结构形式和工作原理可分为线天线和面天线等；按其使用场合的不同可以分为手持天线、车载天线、基地天线三大类；按其辐射方式可分成电流源和磁流源天线、行波天线、阵列天线以及孔径天线等。电流源天线和磁流源天线主要有单极、偶极子、双锥、对称振子、线天线等；行波天线主要有菱形、螺旋、对数周期天线等；阵列天线主要是线阵，如对数周期阵；孔径天线主要有反射面、喇叭、透镜天线等。电流源天线使用的频率范围为 10 kHz～1 GHz，行波天线使用的频率范围为 1 MHz～10 GHz，阵列天线使用的频率范围为 10 MHz 到几十 GHz，孔径天线使用的频率范围为 100 MHz 以上。

天线尺寸与辐射效率关系密切。当天线的长度远小于波长时，辐射微弱；长度与波长相比拟时，能形成较强的辐射。影响天线性能的参数很多，在天线设计过程中其参数需进行不断调整，如谐振频率、阻抗、增益、孔径或辐射方向图、极化、效率和带宽等。天线电

参数如下：

1）谐振频率

谐振频率与天线的电长度相关。电长度是指天线物理长度除以自由空间中电波的传输速度与电线中电波传输速度之比，通常由波长来表示。天线一般在某一频率调谐，并在此谐振频率为中心的一段频带上有效。

2）增益

增益是指天线最强辐射方向的天线辐射方向图强度与参考天线的强度之比的对数。如果参考天线是全向天线，增益的单位为 dBi。比如偶极子天线的增益为 2.14 dBi；半波对称振子的增益为 2.15 dBi；4 个半波对称振子沿垂线上下排列，构成一个垂直四元阵，其增益约为 8.15 dBi。偶极子天线也常用作参考天线，这种情况下天线的增益以 dBd 为单位。

天线是无源器件，不能产生能量，仅重新分配辐射能量而使在某方向上比全向天线辐射更多的能量，因此，天线增益反映的是将能量有效集中从而向某特定方向辐射或接收的能力。天线增益由振子叠加产生，天线长度越长，增益越高。天线增益越高，方向性越好，能量越集中，波瓣越窄。

3）带宽

天线的带宽是指它有效工作的频率范围，通常以其谐振频率为中心。天线带宽可以通过一些技术增大，如使用较粗的金属线，以及使用金属"网笼"来近似更粗的金属线等。

4）驻波比

电波在天线系统不同部分（电台、馈线、天线、自由空间）传输会遇到阻抗差异，导致在每个接口处电波的部分能量会被反射，在馈线上形成一定的驻波。将电波最大能量与最小能量之比值称为驻波比（SWR）。驻波比表示天线输入、输出阻抗的匹配特性，驻波比越接近于 1，则天线的辐射效率（天线辐射效率指天线辐射功率与天线输入功率之比）就越高；相反，驻波比越大，反射的能量就越大。

5）极化形式

天线极化特性可以根据它所辐射的电波的极化特性加以区分。所谓电波的极化是指电波中电场强度矢量的空间取向随时间变化的方式，用电场矢量端点随时间变化在空间的轨迹来表示。极化一般分为线极化、圆极化以及椭圆极化三种。其中，线极化指电场矢量端点在一条直线上变化，通常以地面为参考来区分线极化波。电场矢量垂直于地面的称为垂直极化波，相应的天线为垂直极化天线；电场矢量平行于地面的称为水平极化波，水平架设在地面上的天线为水平极化天线。圆极化指电场矢量端点在一个圆上变化，圆极化波通常由两个互相垂直、幅度相等而相位相差 90° 的线极化波合成。圆极化波既可由两个线极化天线共同产生，也可由专门的圆极化天线产生。椭圆极化指电场矢量端点在一个椭圆上变化，两个互相垂直、幅度相等、相位差为任意值的线极化波合成的就是椭圆极化波。椭圆极化波一般不是专门产生的，它可能是由于线极化或圆极化波不理想而形成的，也可能是由于传播过程中介质的影响出现的。

垂直极化波要用具有垂直极化特性的天线来接收，水平极化波要用具有水平极化特性的天线来接收。右旋圆极化波要用具有右旋圆极化特性的天线来接收，而左旋圆极化波要用具有左旋圆极化特性的天线来接收。

当来波的极化方向与接收天线的极化方向不一致时，接收到的信号就会变小，也就是说，发生极化损失。用圆极化天线接收任一线极化波，或者用线极化天线接收任一圆极化波，只能接收到来波的一半能量。

当接收天线的极化方向与来波的极化方向完全正交时，例如用水平极化的接收天线接收垂直极化的来波，或用右旋圆极化的接收天线接收左旋圆极化的来波时，天线就完全接收不到来波的能量，这种情况下极化（能量）损失最大。

6）输入阻抗

天线输入端信号电压与信号电流之比称为天线的输入阻抗。输入阻抗具有电阻分量和电抗分量之分，电抗分量的存在会减少天线从馈线对信号功率的提取，因此必须使电抗分量尽可能为零，也就是应尽可能使天线的输入阻抗为纯电阻。事实上，即使是设计、调试得很好的天线，其输入阻抗中也总含有一个小的电抗分量值。

输入阻抗与天线的结构、尺寸以及工作波长有关。半波对称振子是最重要的一种基本天线，其输入阻抗为 $Z_{in}=(73.1+j42.5)\Omega$。当把其长度缩短 $3\% \sim 5\%$ 时，就可以消除其中的电抗分量，使天线的输入阻抗为纯电阻，此时的输入阻抗为 $Z_{in}=73.1\ \Omega$（标称 $75\ \Omega$）。半波折合振子的输入阻抗为半波对称振子的 4 倍，即 $Z_{in}=280\ \Omega$（标称 $300\ \Omega$）。

对于任一天线，在要求的工作频率范围内，总可通过天线阻抗调试，使输入阻抗的虚部很小且实部接近 $50\ \Omega$，从而实现天线与馈线的阻抗匹配。

7）工作频率

无论是发射天线还是接收天线，它们总是在一定的频率范围内工作。天线的工作频率范围是指在驻波比 SWR≤1.5 的条件下，天线的工作频带宽度。尽管在工作频率范围内的各个频率点上天线性能存在差异，但这种差异造成的性能下降是可以接受的。

对于方向天线，除了上面常见的描述天线的一般电参数之外，还有以下电参数用于描述天线的方向性。

8）方向性函数与方向图

实际的天线向各个方向辐射的能量是不同的，通常用方向性函数来描述天线在不同方向的辐射能力。显然方向性函数是方位角与俯仰角的函数。对于同一副天线来说，接收时的方向性函数与发射时的方向性函数相同。将方向性函数用图形表示，这个图形则称之为方向图。由于方向图是用于表示天线在不同方向辐射或接收能力的相对大小的，所以通常用归一化方向性函数来表示方向图。所谓归一化方向性函数就是在最大辐射方向上方向函数的值等于1。方向图有极坐标方向图与直角坐标方向图两种表示方式。方向图为一立体图形，但画天线的立体方向图很复杂，在大多数情况下也没有必要，所以通常用天线最大辐射方向上的两个互相垂直的平面来表示。

方向图描述了同一副天线在不同方向上辐射能力的相对大小，但不能描述不同天线辐射能力的差异。为了比较方向天线与无方向天线辐射能力的差异，引入了方向系数的概念。

所谓方向系数，是指假定从各个方向传来的电波场强相同，天线在最大接收方向接收时向负载输出的功率与它在各个方向接收时输入到负载上的功率平均值之比。对于同一副天线，在接收与发射两种状态下，方向系数相同。

9）主瓣宽度

主瓣宽度是一个衡量天线最大辐射区域尖锐程度的物理量。通常主瓣宽度定义为天线方向图主瓣上两个半功率点（−3 dB）之间的宽度，也就是场强等于最大场强的 $1/\sqrt{2}$ 的两点之间的宽度，有时也用主瓣的两个零点之间的角度表示。为区别起见，前者写为 $2\theta_{0.5}$，后者写为 $2\theta_0$。显然，主瓣宽度越小，说明天线辐射能量越集中，其定向辐射的性能越好，即天线的方向性越强。

10）旁瓣电平

旁瓣电平是指离天线方向图主瓣最近且电平最高的第一旁瓣电平，定义为旁瓣的最大值与主瓣最大值之比的对数，即 20lg（旁瓣最大值 / 主瓣最大值）。

方向图的旁瓣区是不希望辐射的区域，所以电平应尽可能地低。一般来说，在实际的方向图中，离主瓣越远的旁瓣电平越低，因而，第一旁瓣电平的高低在某种意义上也反映了天线方向性的优劣。

11）前后比

前后比是指天线在最大辐射方向（前向）的电平与其反向（后向）电平之比，用分贝表示为 20lg（最大辐射方向电平值 / 反向电平值）。

移动通信基站使用最普遍的板状天线的主要参数为：频率范围为 824～960 MHz；频带宽度为 70 MHz；增益为 14～17 dBi；极化方式为垂直极化；标称阻抗为 50 Ω；电压驻波比≤1.4；前后比＞25 dB。

6.3　馈　　线

连接天线和发射机输出端（或接收机输入端）的电缆称为传输线或馈线。传输线的主要任务是有效地传输信号能量，因此，它应能将发射机发出的信号功率以最小的损耗传送到发射天线的输入端，或将天线接收到的信号以最小的损耗传送到接收机输入端，同时本身不产生杂散干扰，即传输线必须屏蔽。

超短波段的传输线一般有平行双线传输线和同轴电缆传输线两种，微波波段的传输线有同轴电缆传输线、波导和微带。平行双线传输线由两根平行的导线组成，是一种对称式或平衡式的传输线，这种馈线损耗大，不能用于 UHF 频段。同轴电缆传输线的两根导线分别为芯线和屏蔽铜网，因铜网接地，两根导体对地不对称，因此也叫不对称式或不平衡式传输线。同轴电缆工作频率范围宽，损耗小，对静电耦合有一定的屏蔽作用，但对磁场的干扰无能为力。

馈线的主要技术参数如下：

1）工作频率

馈线的工作频率是指在驻波比满足一定值的要求条件下的工作频带宽度。

2）衰减系数

信号在馈线里传输，除有导体的电阻性损耗外，还有绝缘材料的介质损耗。这两种损耗随馈线长度的增加和工作频率的提高而增加。单位长度产生的损耗称为衰减系数，其单位为 dB/m，电缆技术说明书上的单位大都用 dB/100 m。

设输入到馈线的功率为 P_1，从长度为 Lm 的馈线输出的功率为 P_2，传输损耗 TL＝$10 \times \lg(P_1/P_2)$dB，则衰减系数 $\beta =$ TL$/L$(dB/m)。

3）特性阻抗

无限长传输线上各处的电压与电流的比值定义为传输线的特性阻抗，用 Z_0 表示。同轴电缆的特性阻抗的计算公式为

$$Z_0 = \left(\frac{60}{\sqrt{\varepsilon_r}}\right)\lg\left(\frac{D}{d}\right) \ \Omega \qquad (6-11)$$

式中：D 为同轴电缆外导体铜网内径；d 为同轴电缆芯线外径；ε_r 为导体间绝缘介质的相对介电常数。通常 Z_0 为 50 Ω，也有 75 Ω 的。

由上式不难看出，同轴电缆馈线特性阻抗只与导体直径 D 和 d 以及导体间介质的介电常数 ε_r 有关，与馈线长短、工作频率以及馈线终端所接负载阻抗无关。

4）电压驻波比与反射损耗

当馈线终端所接负载阻抗与馈线特性阻抗不匹配时，馈线上会同时存在入射波和反射波，在馈线上形成一定的驻波。与天线驻波比定义相同，馈线的电压驻波比为馈线中最大电压振幅与最小电压振幅之比。驻波比越接近于 1，匹配也就越好。在实际工作中，天线的输入阻抗会受到周围物体的影响，为了使馈线与天线良好匹配，在架设天线时需要通过测量，适当调整天线的局部结构，或加装匹配装置，实现良好匹配。反射损耗指由反射引起而未被吸收的那部分能量。

6.4　信号隔离与射频滤波

6.4.1　环形器

环形器是一种多端口器件，电磁波在其内部只能沿单方向环行传输，反方向是隔离的。在收发设备共用一副天线的电子系统中广泛使用环形器作双工器。四端口环形器结构示意图如图 6.6 所示，信号只能沿①→②→③→④→①方向传输，反方向被隔离。环形器的主要技术参数如下：

（1）频率范围：环形器使用的频率带宽。

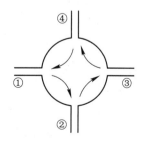

图 6.6　四端口环形器结构示意图

（2）插入损耗：当环形器接入传输电路后所增加的衰减，单位为 dB。

（3）反向隔离：也称为隔离度，指泄露到其他端口的功率与原有功率之比，单位为 dB。

（4）驻波比：驻波比越接近于 1 性能越好。

（5）平均功率：系统能够输出的最大平均功率，单位有 W、mW、dBm 等。

（6）连接器形式：把不同类型的传输线连接在一起的装置，一般连接接头类型有 N、SMA、L16、L29、DIN、BNC 等。

（7）工作温度：环形器正常工作的温度范围。

（8）尺寸：环形器外形尺寸大小。

某环形器的主要参数为：频率范围为 0.8～1.2 GHz；带宽为 70 MHz；插入损耗为 0.3 dB；隔离度为 23 dB；驻波比≤1.20；平均功率为 60 W；外形尺寸（mm）为 30×33×15；连接器形式为 SMA。

6.4.2 射频滤波

射频滤波是射频通道必不可少的功能部件，主要是抑制不需要的干扰与噪声。尽管数字滤波技术在基带甚至中频得到广泛应用，但射频滤波还是主要采用模拟滤波技术。射频滤波器按频率选择的特性可以分为低通、高通、带通、带阻等滤波器；按实现方式可以分为 LC 滤波器、声表面波滤波器/薄膜体声滤波器、螺旋滤波器、介质滤波器、腔体滤波器、高温超导滤波器、平面结构滤波器；按不同的频率响应函数可以分为巴特沃斯滤波器、切比雪夫滤波器、椭圆滤波器以及贝塞尔滤波器等。在射频通道中使用最多的是低通滤波与带通滤波。低通滤波在混频的镜像频率抑制、频率源的谐波抑制方面有着广泛应用，而带通滤波则在接收机前端信号选择、发射机功放后杂散抑制、频率源杂散抑制等方面使用广泛。

常见的射频滤波器有 LC 滤波器、晶体滤波器、陶瓷滤波器、声表面波滤波器/薄膜体声滤波器。它们的特点不同，其应用场合也不一样。

1）LC 滤波器

由电感 L、电容 C 以及电阻 R 元件构成的滤波器称为 LC 滤波器，该类滤波器为无源滤波器不需要提供电源。LC 滤波器采用集总混合参数设计，具有结构简单、体积小、重量轻、性能稳定可靠、价格较低、能应用的频带宽等优点，在射频滤波中得到了广泛应用。这类滤波器的主要缺点是补偿特性受电路阻抗和运行状态影响，易和系统发生并联谐振，导致谐波放大，使 LC 滤波器过载甚至烧毁。

LC 滤波器可分为一般 LC 滤波器、谐振回路滤波器和耦合回路 LC 滤波器。一般 LC 滤波器可实现低通、高通、带通和带阻滤波，谐振回路 LC 滤波器一般只能实现带通和带阻（或陷波）滤波，而耦合回路 LC 滤波器通常仅实现带通滤波。

2）晶体滤波器

晶体滤波器具有体积小和重量轻的优点，并且由于晶体的 Q 值很高，易于实现窄带的带通或带阻的滤波。晶体滤波器具有中心频率稳定、带宽窄、边沿衰减陡峭的特点。但晶体滤波器的相对带宽只有千分之几，在许多情况下限制了应用。

3）陶瓷滤波器

陶瓷滤波器是利用压电陶瓷材料经直流高压电场极化后，形成的类似于石英晶体中的压电效应这一特性而构成的滤波器。陶瓷滤波器的品质因数较晶体小得多，但比 LC 滤波器的品质因数高，且串并联频率间隔也比较大，因此，陶瓷滤波器的相对带宽较大。高频陶瓷滤波器的工作频率可以从几兆赫兹到上百兆赫兹，并且其相对带宽可从千分之几至百分之十。简单的陶瓷滤波器是在单片压电陶瓷上形成双电极或三电极，它们相当于单谐振回路或耦合回路。性能较好的陶瓷滤波器通常是将多个陶瓷谐振器接入梯形电路网络而构成，是一种多极点的带通或带阻滤波器。由于陶瓷滤波器的 Q 值比通常电感元件高，因而滤波器的通带衰减小、带外衰减大以及矩形系数较小。

4）声表面波滤波器/薄膜体声滤波器

声表面波滤波器（SAW）是一种将电能转换为表面声波，利用声波共振效应实现滤波的器件。声表面波沿弹性固体表面传播，具有其幅度随进入固体材料的深度增加而迅速减小的特性。声表面波滤波器的优点为体积小，Q 值相对 LC 滤波器高，适合批量生产；缺点为功率容量小，滤波性能易受温度变化的影响，传播速度慢。

SAW 滤波器频率上限为 2.5～3 GHz。频率高于 1.5 GHz 时，选择性降低；在 2.5 GHz附近，仅限于性能要求不高的应用。

薄膜体声滤波器是一项利用新型电、声谐振技术的滤波器，不仅具有声表面波滤波器的优点，而且更适用于高频应用，一般工作在 1.5～6.0 GHz，同时具有对温度变化不敏感、插入损耗低、体积小、承受功率高以及带外衰减大等优点。薄膜体声滤波器作为滤波器和双工器被广泛用于现代无线通信系统。目前，薄膜体声滤波器的结构以 SMR 结构最为简单，且与目前半导体工艺兼容性好，极具发展潜力。

与基带滤波和中频滤波的设计不同，射频滤波器的设计与调试需要丰富的工程实践经验，通常只有长期从事相关工作的工程技术人员才能设计出满足指标要求的射频滤波器。在电子系统射频通道的设计中，常用的做法是：专注于技术指标的设计，委托专门研究所或专业公司进行开发。衡量射频滤波器的主要电性能技术指标可参考 5.3 节。

射频滤波中，LC 滤波器得到非常广泛的应用。LC 滤波器的设计通常采用将经典的低通滤波器原型通过不同的变换转换成符合要求的滤波器的方法来实现。其设计步骤为：

（1）将待设计滤波器的技术指标转换为归一化低通滤波器的技术指标；

（2）依据归一化低通滤波器的技术指标，选择一个满足要求的归一化低通滤波器；

（3）将归一化低通滤波器转换为待设计的滤波器。

下面以在射频中广泛使用的带通滤波器的设计为例介绍其设计过程，其他滤波器的设计可参考本章参考文献[23]的相关书籍。

设计一 LC 带通滤波器，要求信号频率在 500 Hz 和 2000 Hz 处衰减为 3 dB，在 100 Hz 和 4000 Hz 处最小衰减为 40 dB，输入阻抗 R_S 和输出阻抗 R_L 均为 600 Ω。

由于带通滤波器的上、下截止频率之比为 4，属于宽带带通滤波器的设计，因此可采用宽带带通滤波器的设计方法，也就是，采用一个低通滤波器与一个高通滤波器级联的方法来实现。另外，由于高通滤波器与低通滤波器的截止频率相距仅两个倍频程，故在两个滤波器级联时，需采用一个 3 dB 的 T 型衰减器来隔离这两个滤波器。

由带通滤波器的技术指标可得到高通滤波器与低通滤波器的技术指标。高通滤波器的技术指标为：在 500 Hz 处衰减为 3 dB，在 100 Hz 处最小衰减为 40 dB；低通滤波器的技术指标为：在 2000 Hz 处衰减为 3 dB，在 4000 Hz 处最小衰减为 40 dB。

具体设计步骤为：

（1）低通滤波器的设计。

① 计算低通滤波器归一化参数。

计算滤波器的陡度系数 A_{S} 与频率标度系数 FSF，为

$$A_{\mathrm{S}} = \frac{f_{\mathrm{S}}}{f_{\mathrm{C}}} = \frac{4000}{2000} = 2 \tag{6-12}$$

$$\mathrm{FSF} = \frac{待设计滤波器的 3 \text{ dB} 角频率}{归一化滤波器的角频率} = \frac{2\pi \times 2000}{1} = 12560 \tag{6-13}$$

用频率标度系数 FSF 对待设计低通滤波器的参数归一化，可得归一化低通滤波器的参数为：在 1 rad/s 处衰减 3 dB，在 2 rad/s 处至少衰减 40 dB。

② 选择原型滤波器实现形式，确定阶数 n。

选用巴特沃斯滤波器实现，依据上述归一化参数，查阅巴特沃斯滤波器衰减特性曲线，$n=7$ 的巴特沃斯滤波器满足其性能指标要求。

③ 查表得到归一化原型滤波器。

查阅可得 $n=7$、输入、输出阻抗相等（$R_{\mathrm{S}} = R_{\mathrm{L}} = 1 \ \Omega$）的归一化巴特沃斯低通滤波器如图 6.7 所示。

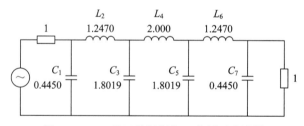

图 6.7　$n=7$ 的巴特沃斯归一化低通滤波器

④ 去归一化，得到满足要求的滤波器。

用 $Z=600$ 和频率标度系数 FSF 对滤波器去归一化，可得到满足要求的低通滤波器。各个参数如下：

$$R_{\mathrm{S}}' = R_{\mathrm{L}}' = R \times Z = 1 \times 600 = 600 \ \Omega \tag{6-14}$$

$$L_2' = L_6' = \frac{L \times Z}{\mathrm{FSF}} = \frac{1.247 \times 600}{12\ 560} = 0.059\ 57 \text{ H} = 59.57 \text{ mH} \tag{6-15}$$

$$L_4' = \frac{L \times Z}{\mathrm{FSF}} = \frac{2.0 \times 600}{12\ 560} = 0.095\ 54 \text{ H} = 95.54 \text{ mH} \tag{6-16}$$

$$C_1' = C_7' = \frac{C}{\mathrm{FSF} \times Z} = \frac{0.4450}{12\ 560 \times 600} = 0.059 \ \mu\text{F} \tag{6-17}$$

$$C_3' = C_5' = \frac{C}{\text{FSF} \times Z} = \frac{1.8019}{12\ 560 \times 600} = 0.239\ \mu\text{F} \qquad (6-18)$$

设计的低通滤波器如图 6.8 所示。

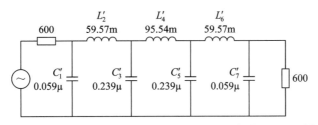

图 6.8　设计的 2000 Hz 处衰减 3 dB、4000 Hz 处最小衰减 40 dB 的低通滤波器

（2）高通滤波器的设计。

① 计算高通滤波器归一化参数。

计算高通滤波器的陡度系数 A_s 与频率标度系数 FSF 分别为

$$A_\text{s} = \frac{f_\text{c}}{f_\text{s}} = \frac{500}{100} = 5 \qquad (6-19)$$

$$\text{FSF} = \frac{\text{待设计滤波器的 3 dB 角频率}}{\text{归一化滤波器的角频率}} = \frac{2\pi \times 500}{1} = 3140 \qquad (6-20)$$

用频率标度系数 FSF 对待设计高通滤波器的参数归一化，可得归一化高通滤波器的参数为：在 1 rad/s 处衰减 3 dB，在 0.2 rad/s 处至少衰减 40 dB。

② 将归一化高通滤波器参数转换为归一化低通滤波器参数。

将归一化高频滤波器的角频率取倒数，而衰减值不变，输入输出阻抗不变，即可得到归一化低通滤波器的参数。按此原则得到的归一化低通滤波器的参数为：在 1 rad/s 处衰减 3 dB，在 5 rad/s 处至少衰减 40 dB。

③ 选择原型滤波器实现形式，确定阶数 n。

选用巴特沃斯滤波器实现，依据上述归一化参数，查阅巴特沃斯滤波器衰减特性曲线，$n=3$ 的巴特沃斯滤波器满足其性能指标要求。

④ 查表得到归一化原型滤波器。

查阅可得 $n=3$，输入、输出阻抗相等（$R_\text{S} = R_\text{L} = 1\ \Omega$）的归一化巴特沃斯低通滤波器如图 6.9 所示。

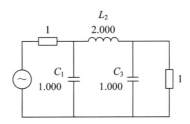

图 6.9　$n=3$ 的巴特沃斯归一化低通滤波器

⑤ 去归一化，得到满足要求的滤波器。

将归一化低通滤波器变换为高通滤波器的方法为：将电容用电感置换，电感用电容置

换，且元件值取倒数。归一化低通滤波器变换成的高通滤波器如图 6.10 所示。

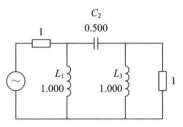

图 6.10　归一化低通滤波器变换成的高通滤波器

用 $Z=600$ 和频率标度系数 FSF 对高通滤波器去归一化，可得到满足要求的高通滤波器。各个参数如下：

$$R'_{\mathrm{S}} = R'_{\mathrm{L}} = R \times Z = 1 \times 600 = 600 \ \Omega \qquad (6-21)$$

$$L'_1 = L'_3 = \frac{L \times Z}{\mathrm{FSF}} = \frac{1.0 \times 600}{3140} = 0.191 \ \mathrm{H} = 191 \ \mathrm{mH} \qquad (6-22)$$

$$C'_2 = \frac{C}{\mathrm{FSF} \times Z} = \frac{0.5}{3140 \times 600} = 0.265 \ \mu\mathrm{F} \qquad (6-23)$$

设计的高通滤波器如图 6.11 所示。

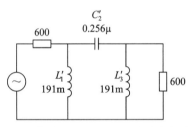

图 6.11　设计的 500 Hz 处衰减 3 dB、100 Hz 处最小衰减 40 dB 的高通滤波器

需要说明的是，图 6.11 所示的高通滤波器由两个电感和一个电容组成，考虑到电感制作不方便，需要尽量减少电感数。如果选择与图 6.9 所示归一化低通滤波器对偶的电路作为归一化低通滤波器，在完成低通到高通的变换以及去归一化处理后，得到的高通滤波器将由一个电感和两个电容组成，减少了电感数目。

（3）级联滤波器间的隔离。

如果低通滤波器与高通滤波器级联，且两个滤波器设计成相同的输入输出阻抗，它们的截止频率至少相距一或两个倍频程，则每个滤波器在其通带内都有合适的端接阻抗。如果通带间隔不够，由于阻抗变化，滤波器将相互影响。若两个滤波器用衰减器隔离，影响可以减至最小，通常衰减 3 dB 即可。常用的衰减器有 T 型和 π 型衰减器两种。

考虑到本例中低通滤波器与高通滤波器的截止频率相距仅两个倍频程，故采用一个衰减量为 3 dB 的 T 型衰减器隔离。构成 T 型衰减器的三个电阻的阻值分别为 102 Ω、1690 Ω 与 102 Ω。

（4）带通滤波器的设计。

将上面设计的低通滤波器、T 型衰减器以及高通滤波器级联，即可得到满足要求的带通滤波器，其电路如图 6.12 所示。

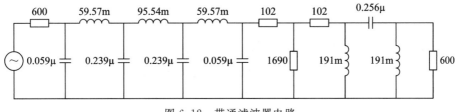

图 6.12　带通滤波器电路

6.5　射频放大

　　射频放大可分为低噪声放大、高增益放大以及功率放大。低噪声放大一般位于接收机的前端，用于对天线接收到的微弱信号的放大；高增益放大一般位于低噪声放大之后，对高增益放大器的要求是放大倍数要足够大；在射频信号送到天线发射之前，一般需要进行射频功率放大。射频功率放大与低噪声放大和高增益放大的区别为：

　　（1）低噪声放大器与高增益放大器放大的是信号的幅度，而功率放大器放大的是信号的功率。

　　（2）功率放大器放大的是小信号，放大管工作在线性区域，而低噪声放大器和高增益放大器放大的是大信号，放大管工作在非线性区域。

　　考虑到低噪声放大与高增益放大除对噪声系数要求不同外，其工作原理相同，下面分两大类对射频放大技术进行讨论。

6.5.1　低噪声放大与高增益放大技术

　　低噪声放大器是一种噪声系数很低、增益较高的小信号放大器。由于它一般位于接收机的前端，所以，对整个接收系统的噪声特性起决定作用。低噪声放大器通常用于对天线接收的微弱信号的前置放大，其技术指标要求如下：

　　（1）噪声温度低于 75 K，以满足低噪声系数要求。

　　（2）一般情况下，低噪声放大器与后续的高增益放大器的总增益要达到 50～60 dB，以实现对微弱信号的放大。

　　（3）对增益的短期稳定度优于 ±0.1 dB/小时，中期稳定度优于 ±0.2 dB/天，长期稳定度优于 ±0.5 dB/周。

　　（4）带宽应能覆盖系统所占有的频带。

　　（5）输入、输出驻波比一般应小于 1.3∶1。

　　（6）放大器的 1 dB 压缩点一般应大于 10 dBm，以满足动态范围要求。

　　（7）放大器带内幅频特性应尽量平坦，以减小不同频率分量放大倍数不同而导致的信号失真；放大器的带外抑制应尽量大，以避免发射机正常工作时的泄漏信号对放大器的工作产生影响。

（8）放大器产生的杂散噪声应低于热噪声。

低噪声放大器主要有低温制冷参量放大器、常温恒温参量放大器、微波场效应晶体管放大器和高电子迁移率晶体管放大器等几种。由于微波场效应管放大器性能稳定、结构紧凑、价格低廉，且噪声性能与常温参量放大器接近，因此，微波场效应晶体管放大器已取代了常温参量放大器。目前，Ku 频段以下的低噪声放大器普遍采用低噪声 FET 放大器。继低噪声微波场效应晶体管放大器之后，高电子迁移率晶体管（High Electron Mobility Transistor）简称 HEMT 器件，由于在低噪声、高工作频率方面比 FET 更具有优越性，因此获得了迅速发展与应用。

目前广泛使用的低噪声放大器为微波场效应晶体管放大器，其核心部件为场效应晶体管。场效应晶体管有源极(S)、栅极(G)和漏极(D)三个电极，通过栅极电压控制漏极电流，实现对信号的放大。

由微波场效应晶体管构成的低噪声与高增益放大器一般由多级放大电路组成，其中第一、二级用于最小噪声系数设计，中间级用于高增益设计，末级要求保持良好的线性，以满足系统互调特性的要求。在低噪声与高增益放大器的设计中应注意以下几点：

（1）选择适当的放大管与电路形式。虽然晶体管与场效应管均可作为放大管，但在设计低噪声放大电路时尽量选择截止频率高的场效应管，在设计高增益放大电路时选用截止频率高的场效应管与晶体管，通常截止频率应为工作频率的 3～5 倍。在使用场效应管放大时采用共源极电路形式，使用晶体管放大时采用共发射极、共基极级联的电路形式，以兼顾低噪声和高增益的要求。这样做的原因为：晶体管的自身噪声由闪烁噪声、基极电阻的热噪声、散粒噪声以及分配噪声四部分组成，其中闪烁噪声在频率很低时比较大，频率几百 MHz 以上时可忽略，基极电阻的热噪声与散粒噪声基本与频率无关，分配噪声与频率的平方成正比，且当工作频率高于晶体管的截止频率时，这种噪声会急剧增加。在高频放大时，应尽量选用截止频率高的晶体管，使其工作频率范围位于晶体管的噪声系数—频率曲线的平坦部分。场效应管没有散粒噪声，在低频时主要是闪烁噪声，频率较高时主要是热噪声。由于场效应管的噪声比晶体管小，在低噪声放大时，尽量选用场效应管。

（2）选用合适的偏置电路，以保证最佳工作点的稳定。偏置电路有恒流偏置电路和分压偏置电路两种可选。在低噪声放大时，漏极电流一般在 10 mA 左右，高增益放大时，漏极电流一般在 10～30 mA。

（3）根据放大管的输入、输出阻抗，设计输入和输出匹配网络。一般在微波场效应管低噪声放大器输入、输出端接入隔离器，以改善输入、输出端的驻波特性。

6.5.2 功率放大技术

在发射机的前级电路中，调制振荡电路产生的射频信号功率很小，为了获得足够大的射频输出功率，必须对射频信号进行功率放大，以保证天线辐射信号的作用距离。可见，射频功率放大器是发射系统非常重要的组成部分。

射频功率放大器的技术指标包括频率范围、输出功率、转换效率、功率增益、回波损耗与驻波比、线性度以及噪声系数等，其中最重要的技术指标无疑是输出功率与转换效率。如何提高输出功率和转换效率是射频功率放大器设计的核心。

射频功率放大器根据工作状态的不同，可分为线性功率放大器与开关型功率放大器两大类。射频功率放大器一般都采用选频网络作为负载回路。线性功率放大器具有较高的增益和线性度，但效率低，而开关型功率放大器具有很高的效率和高输出功率，但线性度差。另外，线性功率放大器的工作频率高，但相对频带较窄。按照电流导通角的不同，线性功率放大器可分为甲（A）、乙（B）、丙（C）三类。甲类放大器电流的导通角为 $360°$，乙类放大器电流的导通角为 $180°$，丙类放大器电流的导通角小于 $180°$。甲类放大器适用于小信号低功率放大，乙类和丙类都适用于大功率放大。丙类放大器的输出功率和效率是三种中最高的，其缺点是电流波形失真太大，通常利用谐振回路的滤波作用以及采用调谐回路作为负载使输出电压与电流接近于正弦波形，以减小失真。因此，线性功率放大器大多采用调谐回路作为负载的丙类放大器。

开关型功率放大器的放大管工作于开关状态，常见的有丁（D）类放大器和戊（E）类放大器，丁类放大器的效率高于丙类放大器。由于开关型功率放大器的放大管工作于开关状态，其电压和电流的时域波形不存在交叠现象，直流功耗为零，所以，理想的效率能达到 100%。

功率放大器通常由放大电路与阻抗变换网络、直流偏置与稳定电路、输入输出匹配网络几个部分组成，其组成框图如图 6.13 所示。

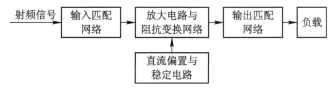

图 6.13　功率放大器组成框图

电源提供的功率一部分经放大电路转换为有用的射频信号功率，一部分转换为无用的功率，如热能、电路损耗。当转换效率高时，被电路本身损耗的功率小；反之，损耗的功率就大。损耗功率转化成的热能会导致放大电路中的放大管温度不断升高，如果不外加散热装置，不仅会使放大管性能恶化，甚至会烧坏放大管，因此，功率放大器的散热是必须高度重视的问题。散热的目的是保证放大管长期工作时温度在合理的范围之内。为了保证良好的散热，除了给放大管加装大的散热片以外，通常会把放大管安装在机壳上，利用机壳散热，有的甚至加装风机来散热。为了减小因加装散热片而带来的设备重量的增加，应尽量采用转换效率高的功率放大电路。

直流偏置与稳定电路的作用是为放大管提供最佳的静态工作点，且当温度变化时维持静态工作点不变。输入输出匹配电路的作用是实现阻抗匹配，减小反射，以实现最大功率的输出，同时利用谐振回路的滤波作用，使输出电压与电流接近于正弦波形，减小失真。在功率放大电路中，需要重视输入输出匹配电路的设计。如果电路不匹配，会导致功率放大器产生的信号功率因反射问题而无法高效地送到下一级，严重时反射的功率甚至会烧坏发射机。

6.6 频率合成技术

6.6.1 频率合成技术概述

随着无线电技术的发展，要求信号的频率越来越稳定与准确，一般振荡器将不能满足要求。于是出现了利用高稳定度的晶体振荡器作为标准信号发生器，但它们的频率标准往往是单一的或只能在极小范围内进行微调。然而，许多无线电设备常需要在一个很宽的频率范围内具有许多的频率点。为了解决既要频率稳定、准确，又要频率能在大范围内可变这样一对矛盾，就出现了频率合成技术。频率合成技术在无线电技术与电子系统的各个领域中均得到广泛应用，既可以作为发射机的激励信号源，也可以作为接收机的本地振荡器，还可以作为测试设备的标准信号源。

所谓频率合成技术，是指将一个高稳定度与高精度的基准频率经过加、减、乘、除运算，产生同样稳定度和精确度的一个或多个离散频率的技术。根据其原理组成的设备或仪器称为频率合成器或频率综合器。纵观频率合成技术的发展过程，频率合成有直接合成法与间接合成法两大类。直接合成法又分为传统实现方法与现代实现方法两种。传统实现方法是一种将一个或多个基准频率信号经过谐波发生器产生出各次谐波，再经过混频、分频、倍频、滤波等途径获得所需要的大量频率信号的方法。现代实现方法是一种随着计算机技术的发展而出现的新方法，首先产生信号波形数据，并存储在只读存储器 ROM 中，然后周而复始地读数据并进行 D/A 转换来产生需要的信号，输出信号频率的改变由读数据的时钟决定。间接合成法是一种将一个或多个基准频率信号通过相位锁定来获得合成频率信号的方法。由于在间接合成法中使用了锁相环，因此，又称为锁相式频率合成方法。锁相式频率合成方法具体实现分为脉控锁相法与数字锁相法两类。其中数字锁相法由于具有输出频谱纯净、易于集成、功耗低等优点而得到广泛应用。

频率合成器的用途不同，其性能要求也不同。其共性的主要性能指标如下：

1）频率范围

频率范围是指频率合成器输出的最低频率与最高频率之间的变化范围，也可以用频率覆盖系数（最高频率与最低频率之比）表示。

2）频率长期稳定度

频率稳定度在第 2 章已给出定义。频率合成器应具有良好的长期稳定度，其典型值为 $(10^{-7} \sim 10^{-10})$/每日。频率合成器输出信号的长期稳定度与准确度由内部的基准频率源决定。室温下晶体振荡器的稳定度一般为 10^{-6}/月，恒温条件下可达到 10^{-9}/每月。

3）频率总数与频率间隔

频率总数指频率合成器能够输出离散频率信号的总个数。频率间隔指输出两个相邻频率之间的间隔。频率间隔也称为频率合成器的分辨力。

4）相位噪声

相位噪声简称相噪，是衡量频率合成器输出信号频谱纯度的重要指标。它指系统在各种噪声的作用下引起的系统输出信号相位的随机变化或抖动。相位噪声通常用在偏移中心频率一定范围内单位带宽内的功率与总信号功率之比来表示，单位为 dBc/Hz，其中，dBc 是以 dB 为单位的单位带宽内的功率与总功率的比值。一个振荡器在某一偏移频率处的相位噪声定义为在该频率处 1 Hz 带宽内的信号功率与信号的总功率比值。频率合成器引起相位抖动的噪声与干扰主要来自内部电路以及器件的非线性，工程上要求相位噪声尽量小，以保证输出信号频谱的纯净。

5）频率转换时间

频率转换时间是指频率合成器从某一频率转换到另一频率并达到锁定的时间。主要是锁相环路的捕获时间。为了缩短频率转换时间，通常要求捕获时间小于几十毫秒。

6.6.2 常用的频率合成器

目前常用的频率合成器有直接数字频率合成器以及各种数字锁相频率合成器，下面分别进行介绍。

1. 直接数字频率合成器

直接数字频率合成器又称为计算法数字频率合成器，它采用数字采样技术，通过计算将参考信号转换为数据并存储在只读存储器中，然后通过数/模（D/A）转换输出所需频率的信号。输出信号的频率由时钟通过控制从只读存储器中读出数据的时间间隔来实现。其原理框图如图 6.14 所示。

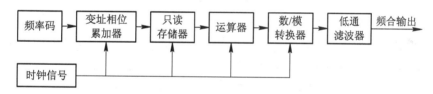

图 6.14 直接数字频率合成器原理

在时钟信号的控制下，首先变址相位累加器根据不同的频率码给出相应的相码，送到只读存储器，然后运算器读出不同的幅度编码，经运算后得到不同的数字波形，并通过数/模转换器输出阶梯波形，最后经低通滤波器滤波后输出幅度与时间均连续的所需频率模拟信号。

直接数字频率合成器的优点是能产生任意波形的周期信号，缺点是输出信号的频率会受到 D/A 转换速度的限制。

2. 数字锁相频率合成器

数字锁相频率合成器利用一个高稳定度和高精度的晶体振荡器产生基准频率信号，通过锁相环路的锁相稳频作用与优良的滤波性能，在输出端可得到大量（成千上万）与晶体振荡器具有相同稳定度与精确度的离散频率信号。

在数字锁相频率合成器中，锁相环既是基本组成部分，又是关键部件。下面先介绍锁相环，然后讨论基于锁相环的各种频率合成器。

1）锁相环

锁相环通常由鉴相器(Phase Detector，PD)、环路滤波器(Loop Filter，LF)、压控振荡器(Voltage Control Oscillator，VCO)组成，如图 6.15 所示。

图 6.15　锁相环组成

鉴相器又称为相位比较器，用于比较相位，产生误差电压。鉴相器可分为模拟鉴相器与数字鉴相器两类，模拟鉴相器由模拟电路构成，输入的信号为模拟信号，而数字鉴相器由数字逻辑电路组成，输入的信号为数字信号。在数字锁相频率合成器中，对鉴相器的要求为：具有较大的鉴相灵敏度，以利于环路抑制噪声并稳定工作；纹波输出小，减小对压控振荡器输出信号的影响；鉴相特性线性区域大，减小鉴相器的非线性导致的不良影响；具有鉴频能力，使锁相环更容易入锁。

压控振荡器的作用为：在控制电压的作用下，使输出信号的频率跟随控制电压变化。对锁相环中压控振荡器的要求为：有一定的压控灵敏度；控制特性的线性好；频率覆盖范围大；输出信号幅度的平稳度好；开环相位噪声低，频谱纯度高；频率短期稳定度较高。

环路滤波器为低通滤波器，其作用是滤除误差电压中的高频成分和噪声，并可改善锁相环的噪声性能。锁相环路在正常工作时(即处于锁定状态)，压控振荡器输出信号频率与输入信号频率相等，相位差较小且为常数。这是因为一旦锁相环进入锁定状态，环路将具有自动控制作用，将使压控振荡器的输出信号频率跟随输入信号频率。也就是说，如果输入信号为高稳定信号，而 VCO 的输出为低稳定信号，在锁相环的反馈控制作用下，将使 VCO 的输出信号也达到与输入信号一样稳定。这就是锁相环的稳频原理。

2）单环数字式频率合成器

单环数字式频率合成器组成如图 6.16 所示。高稳定度与高精度的晶体振荡器输出信号经固定分频器分频后，得到所需要的基准频率信号；而压控振荡器输出信号经可变程序分频器分频后，由鉴相器完成与基准信号的比相。当达到相位锁定时，压控振荡器输出信号的频率为

$$f_o = Nf_r = \frac{N}{R}f_i \tag{6-24}$$

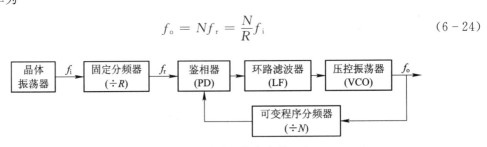

图 6.16　单环数字式频率合成器组成

可见，当可变程序分频器的分频次数 N 设置成不同的值时(即分频器的分频数变化

时），从 VCO 的输出即可得到最小频率间隔 Δf 为 f_r、频率稳定度与频率准确度由高性能晶体振荡器决定的不同频率的信号。

另外，由图 6.16 可以看出，单环数字式频率合成器除了锁相环路之外，主要是在压控振荡器与鉴相器之间增加了一个可变程序分频器。这是由于鉴相器的工作频率通常比压控振荡器低，可变程序分频器可以将压控振荡器输出信号的频率降低到鉴相器工作频率附近，以便与参考频率比相。另外，由于 $f_o = N f_r$，可变程序分频器的另一个作用是改变频率合成器输出信号的频率。对可变程序分频器的要求为：可变分频的分频数满足设计要求；输出脉冲相位抖动小；稳定性与可靠性高。

考虑到可变程序分频器的工作频率受限，为了进一步提高单环数字式频率合成器的工作频率，可采用固定前置分频方式、脉冲吞除方式以及混频方式的单环频率合成器。带有高速前置固定分频器的单环数字式频率合成器组成框图如图 6.17 所示。压控振荡器输出的信号由固定前置分频器将频率很高的信号变成频率满足可变程序分频器要求的信号。由于固定前置分频器的工作速率高于可变程序分频器的工作速率，因此，采用带有高速固定前置分频器的数字式单环可提高频率合成器的工作频率。当相位锁定时，压控振荡器输出信号的频率为

$$f_o = NK f_r = \frac{NK}{R} f_i \qquad (6-25)$$

式中，K 为固定前置分频器的分频比。

由上式可见，频率合成器输出频率间隔为 $K f_r$，即频率间隔变成原来的 K 倍。欲使频率间隔仍为 f_r，也应对基准频率进行 K 次分频。

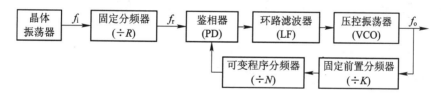

图 6.17　带有高速固定前置分频器的单环数字式频率合成器组成框图

在锁相环性能不受影响的条件下，也可在图 6.16 的基础上，通过对压控振荡器输出信号进行倍频，以提高频率合成器输出信号的频率，其组成框图如图 6.18 所示。

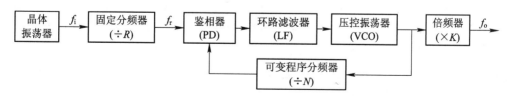

图 6.18　带倍频器的单环数字式频率合成器组成框图

采用双模计数的脉冲吞除单环数字式频率合成器可在不改变输出频率间隔的条件下使工作频率扩展 p 倍，最高频率可达到 1 GHz，p 值一般为 3～128。双模计数脉冲吞除单环数字式频率合成器组成框图如图 6.19 所示。

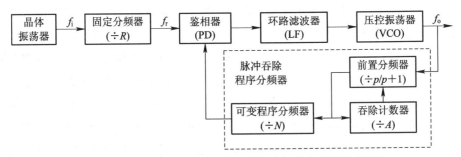

图 6.19　双模计数脉冲吞除单环数字式频率合成器组成框图

脉冲吞除技术是程序分频器在计数方法上的一次改进，当脉冲吞除程序分频器输出端输出一个脉冲时，输入端进入的脉冲数由两部分合成。前置分频器首先工作在 $p+1$ 分频模式，并由吞除计数器确定该模式的次数，在该模式下输入的脉冲数为 $A(p+1)$；当 $p+1$ 分频模式计数满后，前置分频器改换成 p 分频模式，该模式的次数为 $N-A$，在此模式输入的脉冲数为 $(N-A)p$。这样，在双模式下输出一个脉冲，输入脉冲的总数为 $A(p+1)+(N-A)p$。当相位锁定时，压控振荡器输出信号的频率为

$$f_o = N_\text{总} f_r = (A(p+1)+(N-A)p)f_r = \frac{Np+A}{R}f_i \tag{6-26}$$

由上式可见，N、p 值一经确定，通过改变吞除计数器 A 的值即可改变输出频率，其频率合成器输出频率间隔为 f_r，即在不改变输出频率间隔的条件下，使工作频率实现了扩展。

需要注意的是，为了实现正确的分频，以便从压控振荡器的输出端得到设计的工作频率，要求 $N \geqslant A$。

混频方式的单环数字式频率合成器也可以降低可变程序分频器的工作速度，其组成框图如图 6.20 所示。

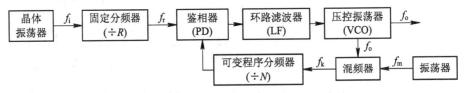

图 6.20　混频方式的单环数字式频率合成器组成框图

使用混频器与晶体振荡器对压控振荡器输出频率进行混频降频，并通过混频器内部带通滤波器输出频率为 $f_k = f_o - f_m$ 的信号。当环路锁定时，频率合成器输出信号频率为

$$f_o = N f_r + f_m \tag{6-27}$$

式中，f_m 为晶体振荡器输出信号频率。通过改变 f_m，即可得到适用于可变程序分频器工作频率范围的信号。

3) 多环数字式频率合成器

当单环数字式频率合成器的可变分频比比较大以及 f_r 较小时，将使锁相环路的通频带变得较小，锁定时间变得较长，输出信号的噪声变得较大。为了克服这些缺点，可使用多环路数字频率合成器。下面以双环数字式频率合成器为例说明其工作过程。

双环数字式频率合成器组成框图如图 6.21 所示，该频率合成器采用了两个锁相环路和一个混频滤波相加电路。先由环路 I 产生频率范围为 10～11 MHz、频率间隔为 1 kHz 的信号，然后通过除 10 固定分频器后得到频率范围为 1～1.1 MHz、频率间隔为 100 Hz 的信号，该信号的频率为 f_i；频率为 f_i 的信号再通过分频比为 N_2 的可变程序分频器后进入混频器，与另一参考频率为 f_{r2}（为 100 kHz）的信号混频，混频后经滤波器取上边带，其频率范围为 101～101.53 kHz，频率为 $f_{r2} + f_i/N_2$，最后进入环路 II 的鉴相器 2；环路 II 是一可变倍频器，其倍频比为 N_2，因此，输出频率 f_o 应等于 $N_2 f_{r2} + f_i$，不难得出，f_o 的频率应为 73～101.1 MHz，频率间隔为 100 Hz。

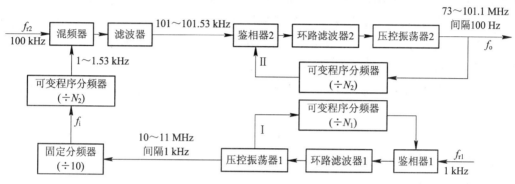

图 6.21　双环数字式频率合成器

应该注意的是，两个可变程序分频器具有相同的分频比范围，在任何情况下，它们均应该选取相同的数值，只有这样，f_o 才能等于 $N_2 f_{r2} + f_i$，这一情况称为同步工作。这种双环数字式频率合成器的优点是结构较为简单、同步方式好、输出噪声较小。但在减小噪声时，对混频器、滤波器要求高，增加了实现难度。利用三环数字频率合成器可解决上述问题。

6.6.3　频率合成器设计

下面给出频率合成器的粗略设计步骤，设计时应根据具体情况、已知因素以及限制条件，在全面考虑后做出选择。设计步骤如下：

（1）依据技术指标，确定基准信号的频率 f_r 与程序分频器的分频比 N。

一般选择基准信号频率等于要求的频率间隔，即

$$f_r = \Delta f = f_{n+1} - f_n \tag{6-28}$$

设要求频率合成器输出最高频率为 f_{omax}，输出最低频率为 f_{omin}，基准频率为 f_r，则程序分频器的最大与最小分频比为

$$\begin{cases} N_{max} = \dfrac{f_{omax}}{f_r} \\[2mm] N_{min} = \dfrac{f_{omin}}{f_r} \end{cases} \tag{6-29}$$

（2）确定压控振荡器的调谐范围与压控灵敏度。

压控振荡器的调谐范围通常选择为

$$2f_{\text{omin}} - f_{\text{omax}} < f_o < 2f_{\text{omax}} - f_{\text{omin}} \tag{6-30}$$

设压控振荡器产生频率为 f_{omin} 信号所需电压为 U_1，产生频率为 f_{omax} 信号所需电压为 U_2，则压控振荡器灵敏度为

$$K_o = \frac{f_{\text{omax}} - f_{\text{omin}}}{U_2 - U_1} \tag{6-31}$$

（3）选择环路滤波器的阻尼系数与自然角频率。

阻尼系数是表征滤波器对能量衰耗的一项指标。阻尼系数与品质因数呈倒数关系，即阻尼系数为 $\Delta\omega/\omega_0$。其中，$\Delta\omega$ 为滤波器的 3 dB 带宽，ω_0 为中心频率，也就是电路没有损耗或增益为 1 时滤波器的谐振频率。在很多情况下中心频率与固有频率相等。

由于分频比 N 可变，加之波段内增益的不一致，使得环路增益在频段内发生变化，导致阻尼系数也发生变化。阻尼系数太大使得环路的低通特性变差，阻尼系数太小将使捕捉时间加长，通常比较合适的阻尼系数为 0.5～1.5 之间，最佳值为 1。

一旦阻尼系数与截止频率确定，高增益二阶环路滤波器的自然角频率由下式确定，即

$$\omega_n = \frac{\omega_c}{\sqrt{2\zeta^2 + 1 + \sqrt{(2\zeta^2 + 1)^2 + 1}}} \tag{6-32}$$

式中：ζ 为阻尼系数；ω_c 为截止角频率；ω_n 为自然角频率。

（4）确定鉴相器灵敏度。

鉴相灵敏度取决于所选用的鉴相器。如果采用二极管平衡鉴相器，则具有正弦形特性的鉴相灵敏度为 $K_d = \frac{1}{2}K_m V_o V_i$。如果选用数字电压型鉴相器，则

$$K_d = \frac{|u_m|}{2\pi} = \frac{0.75}{2\pi} \text{ V/rad}$$

（5）确定环路滤波器参数。

常用的高增益有源比例积分滤波器如图 6.22 所示，参数确定方法如下：

① 根据确定的参数 K_o、K_d 和 ω_n 确定 τ_1 为

$$\tau_1 = R_1 C = \frac{K_o K_d}{N_{\text{max}} \omega_n^2} \tag{6-33}$$

② 选择适当的 C 值，然后确定 R_1 为

$$R_1 = \frac{K_o K_d}{N_{\text{max}} \omega_n^2 C} \tag{6-34}$$

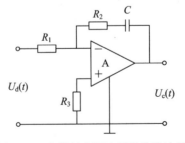

图 6.22　高增益有源比例积分滤波器

③ 根据确定的参数 ζ、ω_n 和 C 确定 R_2 为

$$R_2 = \frac{2\zeta}{\omega_n C} \qquad (6-35)$$

④ 根据 R_1、R_2 确定 R_3 为

$$R_3 = \frac{R_1 R_2}{R_1 + R_2} \qquad (6-36)$$

下面以设计一个能输出音频调相信号的数字频率合成器为例，讨论数字频率合成器的具体设计。

设计的数字频率合成器的技术指标要求为：工作频率 f_o 为 36～57 MHz；输出频率间隔 $\Delta f = 100$ kHz；转换时间 $t_c < 2$ ms。

根据以上技术指标要求和现有元件，拟采用中规模数字式频率合成器来实现。具体参数如下：

（1）确定鉴相器输入基准信号的频率 f_r 与程序分频器的分频比。

$$f_r = \Delta f = 100 \text{ kHz}$$

$$N_{max} = \frac{f_{omax}}{f_r} = 570$$

$$N_{min} = \frac{f_{omin}}{f_r} = 360$$

（2）确定压控振荡器的调谐范围与压控灵敏度。

根据输出频率覆盖范围、变容二极管调谐范围与电压范围，拟采用分频段实现。第一频段为 36～46 MHz，第二频段为 46～57 MHz，其分频比为

$$N_{1max} = \frac{46 \text{ MHz}}{100 \text{ kHz}} = 460$$

$$N_{1min} = \frac{36 \text{ MHz}}{100 \text{ kHz}} = 360$$

$$N_{2max} = \frac{57 \text{ MHz}}{100 \text{ kHz}} = 570$$

$$N_{2min} = \frac{46 \text{ MHz}}{100 \text{ kHz}} = 460$$

根据压控振荡器调谐电压为 $\Delta U_c = 10$ V，现以第一频段为例进行设计，压控振荡器的灵敏度为

$$K_o = \frac{2\pi(46 - 36) \times 10^6}{10} = 2\pi \times 10^6 \text{ rad/V}$$

（3）选择环路滤波器的阻尼系数与自然角频率。

阻尼系数 $\zeta = 1$。根据技术指标要求，应能通过音频调相信号，故选择 $\omega_c = 2\pi \times 3 \times 10^3$ rad/s，则自然角频率为

$$\omega_n = \frac{2\pi \times 3 \times 10^3}{\sqrt{2 \times 1^2 + 1 + \sqrt{(2 \times 1^2 + 1)^2 + 1}}} = 2\pi \times 1208 \text{ rad/s}$$

（4）确定鉴相器灵敏度。

选用数字电压型鉴相器，则 $K_d = \dfrac{0.75}{2\pi}$ V/rad。

（5）确定环路滤波器参数。

采用如图 6.22 所示常用的高增益有源比例积分滤波器，电容 C 取标称值 0.015 μF，则 R_1 为

$$R_1 = \frac{K_o K_d}{N_{\max}\omega_n^2 C} = \frac{28.3 \times 10^{-6}}{C} = 1887 \ \Omega$$

$$R_2 = \frac{2\zeta}{\omega_n C} = 17\ 575 \ \Omega$$

R_1、R_2 分别取标称值 1.8 kΩ 与 18 kΩ。$R_3 = R_1 /\!/ R_2 = 1636 \ \Omega$，取标称值 1.6 k$\Omega$。

6.7 电磁兼容技术

6.7.1 电磁兼容概述

所谓电子设备的电磁兼容性，是指电子设备在预定的电磁环境中能按设计要求正常工作的性能与能力。其内涵包括三点：

（1）在给定电磁环境中，电子设备具有抵御预定电磁干扰的能力，并留有一定安全余量。

（2）电子设备不能产生超过规定限度的电磁干扰。

（3）电子设备可按设计的技术要求完成其预定功能使命。

电磁兼容性设计就是对三方面内容进行比较权衡寻求效果最佳而成本最低的方案。对于射频通道来说，由于工作频率高，信号之间的影响非常严重，有时会导致性能指标下降，甚至系统不能正常工作，电磁兼容问题更要引起高度重视。

所谓电磁干扰，是指无用信号或电磁骚扰（噪声）对有用电磁信号的接收或传输所造成的损害。电磁干扰一般以传导和辐射两种方式传输。电磁干扰可分为内部干扰与外部干扰两大类。内部干扰指电子设备内部各元件之间的相互干扰，主要包括：工作电源通过线路的分布电容和绝缘电阻产生漏电造成的干扰；信号通过地线、电源和传输导线的阻抗互相耦合或导线之间的互感造成的干扰；设备或系统内部某些元件发热，影响了元件本身或其他元件的稳定性而造成的干扰；大功率或高压元件产生的磁场、电场通过耦合影响其他元件而造成的干扰。外部干扰指电子设备或系统以外的因素对线路、设备或系统的干扰。外部干扰包括：外部的高电压、电源通过绝缘漏电而干扰电子线路、设备或系统；外部大功率的设备在周围空间产生很强的磁场，通过互感耦合干扰电子线路、设备或系统；空间电磁波对电子线路或系统产生的干扰；工作环境不稳定，引起电子线路、设备或系统内部元件参数改变造成的干扰；由工业电网供电的设备和由电网电压通过电源变压器所产生的干扰。电磁干扰伴随电子系统（设备）的产生而产生，为了尽可能减小电磁干扰，提高电子系

统(设备)的电磁兼容能力,必须从开始设计时就给予足够的重视。内部干扰可通过正确设计与合理布局加以削弱或消除,外部干扰则可通过适当的抗干扰措施加以解决。对电磁干扰的抑制主要有三条途径:

(1) 抑制电磁干扰源,如采用低噪声电路、稳压电路以及高品质元器件等。

(2) 切断电磁干扰耦合途径,最有效的措施为滤波、屏蔽、接地以及布线时信号线与电源线尽量分开和信号线单方向布线等。

(3) 降低电磁敏感装置的敏感性。

6.7.2 常用电磁兼容技术

1. 电磁屏蔽技术

屏蔽是一种十分有效和应用广泛的抗干扰措施,凡是涉及电场或磁场的干扰都可以采用这种方法来加以抑制。采用屏蔽,一方面能防止干扰源向设备或系统内部产生有害影响,另一方面也可以防止设备或系统内部有害的电磁辐射向外传播。屏蔽分为电屏蔽、磁屏蔽以及电磁屏蔽。

电屏蔽也称电场屏蔽,它能抑制电场耦合干扰,其实质是减小两个回路(或是两个元件、组件)之间的电场感应。电屏蔽利用良导体做成,既可以阻止屏蔽体内干扰源产生的电力线泄漏到外部,同时也能阻止屏蔽体外电力线进入到屏蔽体内。为了提高屏蔽效果,屏蔽金属体应与地相连。

对于印制板,通常用金属盒屏蔽,即将电路板安装在封闭的金属盒中。对于单面印制板,在两条信号线之间敷设接地的印制导线来屏蔽,双面印制板除了在信号线之间敷设接地导线之外,还可以将其背面铜箔接地。采用电屏蔽设计时应注意屏蔽体接地良好、选择正确的接地点、合理设计屏蔽体形状等事项。

磁屏蔽也称磁场屏蔽,用来抑制或消除磁场耦合引起的干扰。对于高频磁场通常利用电磁感应现象在屏蔽壳体表面所产生的涡流的反磁场来达到屏蔽的目的,采用的材料为低电阻率的良导体材料,如铜、铝等。

对于电磁场来说,电场与磁场分量总是同时存在,但条件不同时二者影响差别较大。对于高电压、小电流干扰源,近场以电场为主,磁场可忽略不计;而对于低电压、大电流的干扰源,近场以磁场为主,电场可忽略;当电磁波频率较高,超过 150 kHz 时,电子设备的元件与导线的几何尺寸可与电磁波的波长相比拟,电磁辐射能力随频率的升高而增强。当干扰源与接收器之间的间距足够大时,耦合作用很小,辐射成为传递干扰的主要方式,此时需采用电磁屏蔽技术来抑制干扰。电磁屏蔽主要利用辐射电磁场在金属界面上的反射和金属屏蔽层的吸收来抑制电磁辐射干扰。

2. 接地技术

接地技术是抑制电子产品电磁干扰非常重要的一环,特别是良好的接地设计可以在不增加产品成本的前提下,抑制大部分的电磁干扰,提高产品的可靠性。

对于高频电路来说,接地的关键是减小地线的分布电容和引线的电感效应。在设计高频印制电路板时，通常在电路板没有布线的地方敷设大面积的铜作为接地面，这样可以保证地线面积大，有利于减小地线的阻抗，保证元件就近接地。

对于大型复杂电子设备来说，由于包含多种电子电路以及电机、电器等电气元件，地线应分组敷设，以减小地线干扰。地线一般分为信号地线、噪声地线和金属地线等，其中信号地线通常又分为数字信号地线与模拟信号地线。这些地线单独敷设，集中在一点相连，或通过电感在一点相连。对大功率设备以及有机械触点的开关的控制，为减小对控制电路和信号采集与处理电路的干扰，通常采用光电耦合技术实现隔离，隔离前、后的地线相互独立，可提高系统的抗干扰能力。

对于屏蔽电缆与屏蔽罩来说，接地的选择也会直接影响到屏蔽效果。当传输信号的频率低于 100 kHz 时，电缆屏蔽体应采用单端接地；当传输信号的频率高于 1 MHz 或者电缆长度超过 $\lambda/20$ 时，电缆屏蔽体应采用多点接地，以保证外表面有最低电位；高增益的放大器常常采用金属罩屏蔽，并将屏蔽罩接至放大器的公共端（即使放大器的公共端不接地也适用），以防止外界电场的干扰。

3. 滤波技术

在电子系统中常采用滤波技术，以抑制高频系统中工作频段之外的干扰、信号频谱中不同于有用信号的干扰以及电源电路、信号处理电路、控制电路和转换电路等的干扰。对于频段之外的干扰以及不同于有用信号的干扰的滤波抑制在前面相关章节已有讨论，这里主要介绍电源电磁干扰的滤波技术。

电源电磁干扰滤波的目的是抑制经电源传入的电磁干扰，以保护设备免受其害，同时抑制设备本身产生的电磁干扰，防止它进入电源，危害其他设备。电源线上的任何传导干扰信号都可表示成共模与差模干扰两种方式。设计电源电磁干扰滤波器时，应注意以下两点：

（1）设计的滤波器应具有双向滤波功能，即电网对电源、电源对电网都应有滤波作用。

（2）能有效抑制差模干扰与共模干扰，特别是共模干扰的抑制。

设计的滤波器主要有如图 6.23 所示的几种形式，其中极性电解电容用于滤除脉冲干扰，无极性瓷片电容和电感用于滤除高频干扰。

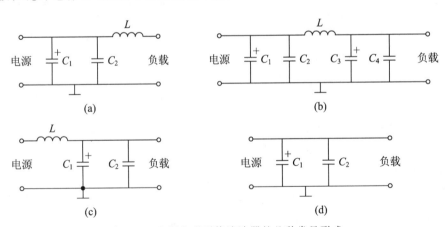

图 6.23　电源电磁干扰滤波器的几种常见形式

6.7.3 印制电路板与配线的电磁兼容设计

1. 印制电路板电磁兼容技术

印制电路板电磁兼容性设计的目的是提高线路本身的抗干扰能力，减小电路板本身的电磁辐射，提高电路板上电路工作的稳定性，从而提高设备的电磁兼容稳定性。在印制电路板上采取电磁兼容措施，比在其他方面采取电磁兼容措施更具有可靠性、稳定性和经济性。

印制电路板应选择合适的尺寸，既不能太小，也不能太大。印制电路板尺寸过小，则散热不好，并且相邻印制导线之间易引起干扰；电路板过长，印制导线也较长，容易引起高速信号的波形畸变。

选择合适的元器件并合理布局。在选择元器件方面应注意以下几点：

（1）尽量采用贴片器件，以便最大限度减少管脚与器件分布参数。

（2）选择的元器件参数在电路中应有足够的余量，应避免极限工作。

（3）尽量采用大规模集成器件，以减小电路板体积，并提高电路板工作的可靠性。

在元器件布局方面应注意以下几点：

（1）注意元器件的分组，将同组元器件摆放在一起，以便在空间上保证各组的元器件不会产生组件的相互干扰。可按工作频率、电流大小、模数电路以及功能单元等进行分组。应注意不能将电源电压等级不同的元器件交叉重叠，以避免相互串扰。

（2）布局连接器时最好将连接器放在电路板的一侧，以减小干扰。当高速数字集成芯片与连接器之间没有直接的信号交换时，高速数字集成芯片应远离连接器；如果高速器件的信号线必须与连接器相连，则应把高速器件放在连接器处。另外，驱动电路应尽量靠近连接器。

（3）元器件布局时，应尽量缩短高速信号线的长度，如时钟、数据线与地址线等。对于高频电路，尽量减小元器件的引线长度，并避免长距离走线。

（4）强干扰源与敏感电路的布局原则上采用空间远离的方法，且对强干扰源进行屏蔽。如电源变压器和电源的其他部分单独放置在一块电路板上，以减小电源对其他电路的干扰。

（5）元器件在电路板上的排列分立式、卧式与混合式三种，立式排列通常适用于 30 MHz 以上的高频电路，而卧式适用于 30 MHz 以下的低频电路，混合式多用于业余制作的电路。

（6）元器件最好按照电路原理图的前后顺序布局，并保证信号单方向传输。尽量避免信号线来回走线，以减小耦合反馈所造成对信号的再次放大，形成自激。

电路板布线需要注意的事项为：

（1）板上面积与线条密度允许时，尽量采用宽导线布线。特别是电源线、地线以及大电流线更应该采用宽导线，以减小导线电阻对大电流的影响。

（2）印制导线间距直接影响电路电气性能，导线间距过小，导线间互感电容、分布电容均会增大，电路稳定性变差，特别在高频情况下电路产生的干扰会更严重，因此，需合理选择导线间的距离。

（3）传输同一信号的导线宽度尽可能均匀一致，避免突然变细，同时不要有硬拐角，因为这样会破坏导线特性阻抗的一致性和导致反射以及产生谐波或局部高压放电现象。

（4）重要信号线两边应用地线保护，以免受干扰。

（5）印制板上不要留下空白的铜皮层，以防止充当发射和接收天线，应将其接地。

（6）采用地线网络，缩小小信号环路面积，以减小干扰强度。

（7）像高频与低频、高电压与低电压、大电流与小电流、信号与电源等不相容信号线应相互隔离，尽量将数字电路与模拟电路分开。

2. 配线电磁兼容技术

在实际电子设备中，存在许多配线，如信号线、控制线、电源线等。这些配线之间往往会存在分布参数，如线阻、分布电容、分布电感等。在实际安装时，如果配线选择不当，走线不合理，就可能造成相互干扰，产生辐射。

常用的配线有圆双绞线、同轴电缆、带状电缆等。双绞线在较低频率(100 kHz 以下)使用有效；同轴电缆从直流到高频范围均有较好性能；带状电缆在使用中的最大问题是信号线与地线的分配，最好的接线方式是让信号线与地线相间排列，一根信号线配一根地线，以减小线间串扰。

在配线设计时应注意：强、弱信号分开；减小布线的回路面积；在信号线间嵌入屏蔽地线；电缆屏蔽层良好接地；线端阻抗匹配等。

6.7.4　常用电子电路电磁兼容设计

1. 前置放大器、高频放大器、宽带放大器电磁兼容设计

对于前置放大器，传导干扰主要体现在三个方面：

（1）由输入信号线上的电容耦合引起。

（2）由输入信号线上的电感耦合引起。

（3）由直流电源的波纹引起。

在同相前置放大器中，电容耦合引起的干扰占主要因素，在设计中采用有源等电位屏蔽的方法可消除干扰。在反向放大器中，感性耦合引起的干扰为主要因素，可采用外部电磁屏蔽与内部电磁屏蔽来克服。

在高频、宽带、低噪声放大器设计中，主要采用接地、屏蔽以及滤波三种电磁兼容设计方法。传感器与检测放大器的连接一般采用浮地技术，而数字信号、功率信号以及低噪声的弱信号采用单点接地以减小对弱信号的干扰。当放大器印制电路板中地导线较长时，应采用多点接地。对于灵敏度高的放大器，必须用屏蔽方法消除空间电磁场的干扰。对放大器的电源应采用图 6.23 所示的滤波技术。

2. 传感器接口电路的抗干扰技术

传感器是把规定的被测量转换成可输出信号的器件，一般由敏感器件、传感器件和其他辅助组件构成。传感器的输出一般为小信号，而出现在传感器接口及信号传输线上的干扰会导致信号失真，影响测量结果的准确性，因此，必须采取抗干扰措施。

传感器接口电路的干扰主要包括来自于电网、地线、信号通道以及空间电磁辐射。采用的抗干扰措施包括电源滤波技术、屏蔽技术、接地技术、双绞线传输技术以及光电隔离与电磁隔离技术。

3. A/D 转换器的抗干扰技术

A/D 转换器在将各物理模拟量转换成数字量时，会遇到被测信号弱而干扰噪声强的情况。主要采用光电耦合解决 A/D 转换器配置引入的多种干扰，以及采用信号处理算法提高 A/D 转换器抗工频干扰的能力。

在工业现场计算机控制系统中，主机与被控系统往往相距较远，A/D 转换器如何配置是个关键问题。如果 A/D 转换器和主机放在一起，虽然便于计算机管理，但模拟量传输距离太长，不仅对有用信号产生较大衰减，而且会导致分布参数和干扰影响增加；如果将 A/D 转换器与控制对象放在一起，则存在因数字量传送线过长而对管理 A/D 转换器命令的数字量传送不利的问题。这两种情况都是因为传送线的匹配和公共地造成了共模干扰。若将 A/D 转换器放于工业现场，经过两次光/电变换将采集的信号经 I/O 接口送到主机，主机的命令由 I/O 接口再经两次光/电变换送到 A/D 转换器，两次光/电变换分别在数字量传送线的两侧。由于主机与 I/O 接口共地、A/D 转换器和被控对象共地，以及传送数字量的传输线使用浮地，且三地独立，也就是说，采用这种光/电耦合技术切断了数字量传送线两边信号的联系，因此减小了相互干扰。且由于数字信号的单向性，在数字信号中的其他非地电流干扰因其幅度与宽度的限制，不能有效进行电/光转换而不能通过，提高了抗干扰性能。

工业生产现场工频干扰比较严重，干扰从 A/D 转换器输入端叠加在模拟信号上，可采用软件方法抑制，即对 A/D 转换的数据进行数字滤波处理，即可滤除信号中的工频干扰。

4. 数字电路的抗干扰技术

数字电路由于分布着谐波丰富的高频脉冲信号而成为电磁干扰的主要产生源。当带宽非常宽的脉冲信号经过由半导体器件构成的电路时，由于器件的非线性使其输出波形发生畸变，这种由内部电路引起的工作信号的畸变也可看成是一种内部干扰源。提高数字接口电路抗干扰性能的途径是设法保证传输通道和信号处理电路的正常工作，以避免信号在传输过程中发生畸变和受到干扰。数字电路抗干扰的方法主要有：对干扰源进行隔离；对串入的干扰信号进行衰减、削波与限幅；对工作信号进行隔离、整形与提取；采取必要的硬件电路措施和软件技术，以保证传输信号失真尽量小。

5. 高速电路的电磁兼容技术

高速电路工作频率高，信号变化快，谐波分量丰富，容易对外产生辐射，影响周边信号质量。高速电路的抗干扰问题比低频电路复杂得多。噪声干扰源不仅来自外部，而且也产生于系统内部，如元器件的寄生电容、电感和电阻在低频时可忽略不计，但在高频下就必须考虑。因此，高速电路的电磁兼容问题需要高度重视。

首先，串扰是高速电路系统存在的最突出问题，分为容性串扰和感性串扰。当信号线之间的距离比较近时会产生容性串扰，通过增加信号线之间的距离即可减小容性串扰。如果信号线之间的距离受电路板空间大小的限制，也可在信号线之间放置地线来减小串扰。感性串扰由主、副线圈信号间存在不必要的互感耦合导致。互感线圈指在电路板上布线时不注意，人为造成的电流环。互感耦合的大小不仅与电流环的尺寸和接近程度有关，也与受影响负载的阻抗有关。电流环的尺寸越大，靠得越近，互感耦合越强。解决互感耦合的办法为消除电流环、尽量减小电流环的尺寸以及避免信号返回路径共用同一路径。

其次，高速电路 PCB 设计是解决电磁干扰的关键。高速电路 PCB 设计应注意以下事项：

(1) 精心实施电源布线，确保高品质电源配送。电源网络的布线主要有电源总线与电源层两种方案，采用电源层布线方案时，数字地与模拟地应分开，以防止数字电路对模拟电路的干扰。采用电源总线布线方式时，电源线路网络的阻抗比较大，而其阻抗是产生噪声的根本原因，应加宽电源布线宽度，减小阻抗。另外，电源滤波应高度重视，典型滤波电路如图 6.23 所示。

(2) 信号线布线应尽量避免锐利弯曲，信号线与负载应阻抗匹配，以减小甚至消除反射。引线端子应尽量短，避免产生高频噪声。

(3) 做好电磁屏蔽。高速电路板应放置在金属屏蔽盒中，避免外部信号对高频电路的干扰，同时也避免内部的高频信号对外产生辐射。另外，高频接口电路应选用屏蔽性能好的接口器件，以防止内外互扰。

作业与思考题

6.1　电波传播有哪几种方式？对应的频段分别是多少？各列举一个实例说明。

6.2　对于收、发共用天线的双工电子系统来说，接收与发射的信号能否共用一个频率？为什么？环形器是如何减小收、发信号的相互干扰的？

6.3　发射机与馈线、馈线与天线间如果阻抗不匹配，对系统的作用距离是否会产生影响？为什么？对发射设备可能产生的后果是什么？

6.4　接收的射频信号在进行高增益放大之前，通常先进行低噪声放大，说明其原因。

6.5　简述功率放大技术的发展现状。

6.6　结合实例说明锁相环的典型应用。

6.7　双模计数脉冲吞除单环数字式频率合成器在电子系统中得到广泛应用，结合实例说明如何应用。

6.8　可采取哪些电磁兼容技术抑制射频信号对其他信号的干扰以及其他信号对射频信号的干扰？

本章参考文献

[1]　STIMSON G W. 机载雷达导论. 2 版. 吴汉平，译. 北京：电子工业出版社，2005.

[2]　弋稳. 雷达接收机技术. 北京：电子工业出版社，2005.

[3] 贲德, 韦传安, 林幼权. 机载雷达技术. 北京：电子工业出版社, 2008.

[4] 张光义. 相控阵雷达系统. 北京：国防工业出版社, 2001.

[5] 谢钢. GPS 原理与接收机设计. 北京：电子工业出版社, 2009.

[6] 杨大成, 等. cdma2000 技术. 北京：北京邮电大学出版社, 2000.

[7] 杨小牛, 楼才义, 徐建良. 软件无线电原理与应用. 北京：电子工业出版社, 2001.

[8] 樊昌信, 曹丽娜. 通信原理. 7 版. 北京：国防工业出版社, 2016.

[9] 程新民. 无线电波传播. 北京：人民邮电出版社, 1982.

[10] 谢处方. 电磁场与电磁波. 4 版. 北京：高等教育出版社, 2006.

[11] 朱庆厚. 通信干扰及其在频谱管理中的应用. 北京：人民邮电出版社, 2010.

[12] 宋铮, 张建华, 黄冶. 天线与电波传播. 3 版. 西安：西安电子科技大学出版社, 2009.

[13] 杨恩耀, 杜加聪. 天线. 北京：电子工业出版社, 1984.

[14] 毛康侯. 天线. 哈尔滨：哈尔滨工业大学出版社, 2017.

[15] LIBERTI J C, RAPPAPORT T S. 无线通信中的智能天线. 马凉, 译. 北京：机械工业出版社, 2002.

[16] LUDWIG R, BOGDANOV G . 射频电路设计：理论与应用. 王子宇, 译. 北京：电子工业出版社, 2005.

[17] 黄玉兰. 射频电路理论与设计. 2 版. 北京：人民邮电出版社, 2008.

[18] 刘长军, 等. 射频通信电路设计. 2 版. 北京：科学出版社, 2017.

[19] 黄智伟. 射频功率放大器电路设计. 西安：西安电子科技大学出版社, 2009.

[20] 陈邦媛. 射频通信电路. 北京：科学出版社, 2002.

[21] 徐勇, 通信电子线路. 北京：电子工业出版社, 2017.

[22] 谢嘉奎. 电子线路：非线性部分. 4 版. 北京：高等教育出版社, 2000 .

[23] 阿瑟·B. 威廉斯. 电子滤波器设计手册. 喻春轩, 译. 北京：电子工业出版社, 1986.

[24] 市川裕一, 青木胜. 高频电路设计与制作. 卓圣鹏, 译. 北京：科学出版社, 2011.

[25] 森荣二. LC 滤波器设计与制作. 薛培鼎, 译. 北京：科学出版社, 2006.

[26] 张冠百. 锁相与频率合成技术. 北京：电子工业出版社, 1990.

[27] MANASSEWITSCH V. 频率合成原理与设计. 2 版. 何松柏, 译. 北京：电子工业出版社, 2008.

[28] 吴良斌. 现代电子系统的电磁兼容性设计. 北京：国防工业出版社, 2004.

[29] 郑军奇. EMC 电磁兼容设计与测试案例分析. 北京：电子工业出版社, 2010.

[30] WILLIAMS T. 产品设计中的 EMC 技术. 李迪, 王培清, 译. 北京：电子工业出版社, 2004.

[31] JOHNSON H, GRAHAM M . 高速数字设计. 沈立, 译. 北京：电子工业出版社, 2010.

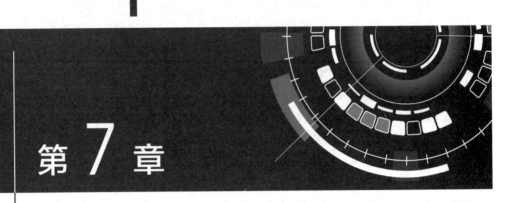

第7章

其他单元电路设计

7.1 嵌入式技术在电子系统中的应用

7.1.1 嵌入式技术概述

嵌入式系统也称为嵌入式计算机系统，美国电气和电子工程师协会 IEEE 对嵌入式系统的定义为用于控制、监视或者辅助操作机器和设备的装置。目前被国内计算机界普遍认同的定义为：以应用为中心，以计算机技术为基础，软、硬件可裁剪，适应应用系统对功能、可靠性、成本、体积、功耗等有严格要求的专用计算机系统。本书讨论的嵌入式系统为美国 IEEE 定义的广义嵌入式系统，一般由嵌入式计算机系统和执行装置组成，是软、硬件相结合的综合体。

嵌入式系统的核心部件为嵌入式处理器。嵌入式技术产生于 20 世纪下半叶，其发展历程与微处理器发展历程密切相关。微处理器分为通用微处理器与专门用于嵌入式系统的专用微处理器。虽然通用微处理器主要用于生产通用的微型计算机，但也可以与一些配套芯片及外设组成一个专用计算机系统作为嵌入式系统使用。专用微处理器可分为单片机、嵌入式微处理器、数字信号处理器和片上系统。不同类型、不同型号的专用微处理器系统其硬件组成也不相同，共同点是都有微处理器、存储器、输入输出设备。通用微处理器与专用微处理器的主要区别为：专用微处理器内部集成了更多的功能模块，目的是提高处理与控制能力；而通用微处理器则把这些功能模块设计成另外单独的芯片，专注于计算速度的提高。在嵌入式系统的发展过程中，出现过以下几种系统：无操作系统控制的嵌入式系统，如8 位单片机直接使用汇编语言或 C 语言编程；小型操作系统控制的嵌入式系统，如使用

μC/OS-Ⅱ的系统；大型操作系统控制的嵌入式系统，如使用 Windows CE 的系统。使用或不使用操作系统以及使用小型或大型操作系统往往取决于具体嵌入式产品功能的复杂程度。

不同类型的嵌入式系统由于硬件组成、集成化程度、片上资源以及处理速度的不同，其应用场合也不尽相同，其开发环境、开发的复杂程度与开发周期也存在很大差异。单片机系统开发简单，控制能力强，但受总线宽度、计算能力、时钟速度等的影响，适用于实时性与计算能力要求不高的控制场合；嵌入式微处理器有自己的操作系统，速度快，适用于对实时性要求较高的复杂系统的控制；数字信号处理器运算能力强，实时性好，适用于对数据处理能力要求较高的场合；可编程片上系统主要在 FPGA 硬件载体上内置了 IP 硬核或 IP 软核，具有硬件组成灵活、处理速度快、功能强大、保密性好的优点，适用于对控制能力与运算能力均要求高的场合；通用计算机系统与工控机系统虽然体积大，功耗高，运算速度也不具备优势，但硬件成熟，可采用高级语言开发人机交互界面，编程调试方便，适用于中大型电子系统。在实际应用中，应根据需要选择合适的嵌入式系统，当多种类型的嵌入式系统均能满足要求时，应将成本低、开发简单、开发人员熟悉的嵌入式系统作为优先选择的对象。

由于嵌入式系统具有体积小、性能强、功耗低、可靠性高以及面向行业具体应用等突出特点，目前广泛应用于国防、消费电子、信息家电、网络通信、工业控制等各个领域。嵌入式系统在电子系统中的应用可以说是无处不在，无论是像通信、雷达、导航等大型专用电子设备，还是像电子手表、电话、手机、PDA、洗衣机、电视机、电饭锅、微波炉、空调等日常生活电子产品都有嵌入式系统的存在。特别是随着万物互联时代的来临，嵌入式系统在电子系统中的应用将达到前所未有的高度。

嵌入式技术在电子系统中有很多应用，其典型应用包括非电信息实时监测与控制、人机交互与控制、设备自检与参数定时监测控制、数据采集处理以及 Internet 互联等。其中信号采集处理在前面已有讨论，这里主要讨论其他应用。

7.1.2　嵌入式技术在人机交互与控制单元中的应用

人机交互界面友好、操作方便是对电子系统与产品的基本要求。特别是对与人们日常生活密切相关的电子产品来说，由于绝大部分使用者不是产品的设计与开发者，甚至不具备电子产品的一些基本知识，要使他们放心使用，消除后顾之忧，人机交互界面友好就显得更加重要。随着新型电子器件的不断涌现，人机交互也在发生不断变化。以手机为例，早期产品仅有很小的显示屏，键盘会占用手机的很大部分空间。随着触摸屏的出现，实现了显示、操控一体化，显示屏更大，操控更加方便，即使是对电子信息知识知之甚少的老年人来说，使用起来也驾轻就熟。

人机交互与控制单元是电子系统非常重要的组成部分，直接关系到使用者的方便程度。良好的人机交互不仅会给使用者带来方便，也会大大提高消费者对产品的认可度，为产品的推广也奠定了基础。人机交互与控制单元的主要功能有：控制参数的输入、修改与显示；依据控制参数向控制对象输出控制信号。由嵌入式系统构成的人机交互与控制单元组成框图如图 7.1 所示，包括嵌入式微处理器系统、人机交互输入与显示模块以及输出控制模块。

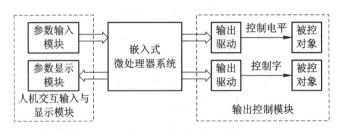

图 7.1　人机交互与控制单元组成框图

嵌入式微处理器系统既可采用由单片机系统、ARM 系统、DSP 系统、FPGA 构成的片上系统，也可以采用通用计算机系统和工控机。无论采用哪种方式，嵌入式微处理器系统都包含有微处理器、程序存储器、数据存储器、时钟电路、复位电路以及各种输入输出接口电路，有的甚至包含数据采集电路。人机交互输入与显示模块包括参数输入模块与参数显示模块，既可以采用输入和显示一体化的触摸屏实现，也可以采用独立方式完成。采用独立方式时，参数输入模块可根据需要采用自行设计的键盘，参数显示模块根据显示的参数量的多少以及对显示方式的要求，可在数码管、LED 点阵显示器、LCD 液晶显示器之间进行选取，在中大型电子系统中，甚至可以直接采用计算机显示器的显示方式。输出控制模块是嵌入式系统与电子系统的其他单元的接口，控制系统发出的各种控制命令均由输出控制模块转换成相应的控制信号。输出控制模块一般需具备两个功能：① 由于嵌入式微处理器系统驱动能力不能满足被控对象的要求，该模块需完成对控制信号的驱动，使被控对象在控制信号的作用下产生可靠的动作；② 嵌入式微处理器系统输出的控制信号与被控对象的要求不一定匹配，该模块需要完成控制信号的匹配。例如，有的嵌入式微处理器系统输出的高、低电平与控制对象不兼容，需要实现电平转换。又如嵌入式微处理器系统输出的控制信号不一定具有锁存功能，而控制对象要求控制信号改变时应维持不变，此时输出控制模块需要有锁存电路。另外，有的被控对象由控制电平控制执行动作，有的则是需要相应的控制字(如频率合成器的频率控制字)控制其工作状态，这些都需要输出控制模块来实现。

嵌入式微处理器系统片内外设资源较多，在实际应用中，嵌入式微处理器与参数输入模块间的输入接口、与显示器间的输出显示接口、与输出控制模块间的输出接口究竟采用何种方式，应进行精心设计，合理规划资源，避免因设计不合理而导致系统过于复杂。

嵌入式系统是软、硬件相结合的综合体，由嵌入式系统构成的人机交互与控制单元除了硬件电路外，还必须结合编写的程序才能实现规定的功能。为了保证嵌入式系统可靠工作，程序需要有容错与抗干扰措施。程序在初始化后，对键盘进行动态扫描，实时检测键盘状态的变化。一旦检测到键盘输入，将读取键盘输入值，并根据读入的键盘值产生相应的动作。如果输入的是参数值，则将该参数送到显示单元显示；如果输入的是控制命令，则将给输出控制单元输出相应的控制信号，使被控对象产生正确的动作，达到改变电子系统工作状态的目的。

7.1.3　嵌入式技术在设备自检与监测单元中的应用

　　许多先进的电子系统已经将自检测、故障检测与智能诊断作为电子系统的一个组成部分，以检查设备的完好性，例如高档示波器就具有开机自检测功能。另外，为了不影响设备的工作性能，对设备输出的重要参数(如功率、调制度等)需要进行定期监测，当参数下降到规定门限时，以便及时报警或进行主备机切换。对于电子系统的自检测主要有两种方式。一种是在系统中增加一个专门用于设备检查的中频信号源，该信号源产生的信号格式与系统正常工作时信号格式一致。每次开机时由控制系统选择信号源工作模式，并将产生的信号送到电子系统，代替设备正常工作时所接收的信号，自检单元根据系统输出的数据或测量的参数与信号源发射的信息是否一致来判断设备是否完好。当自检测通过后，信号源停止发射信号，系统切换到正常工作模式。这种自检方式除了不能对电子系统射频以及天线进行检查外，对其他单元电路都能进行自检测，是一种较全面的自检测方式。优点是检测全面，而且在维修后或根据需要随时都能对设备进行检测，缺点是需要中频信号源，会增加系统成本。另外一种自检测方式是通过对设备各个电路板的电源、关键点信号幅度以及外场信号功率等的检测，以检查系统是否正常工作。这种自检测方式优点为实现相对简单，缺点为不能对输出结果进行检查。参数定时监测控制是对正在运行的设备工作状态的一种在线检查方式，从电路实现的角度来说，其与自检测的第二种方式类似，不同之处为要依据检测的参数发出相应的控制信号，以便使系统告警、主备机切换或者使设备停止工作。

　　基于嵌入式技术实现设备自检与参数定时监测控制单元由参数监测电路、信号调理电路、多路信号选择电路、模数转换电路、嵌入式微处理器系统、输出驱动电路以及被控对象等组成，组成框图如图 7.2 所示。

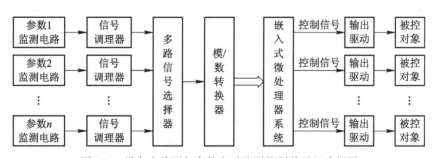

图 7.2　设备自检测与参数定时监测控制单元组成框图

　　嵌入式微处理器系统可根据需要选择单片机系统、ARM 系统、DSP 系统、FPGA 构成的片上系统以及通用计算机系统与工控机中的一种。参数监测电路将监测参数转换为模拟电压，监测参数包括电源电压、关键点信号幅度、信号功率、调制度等。监测参数不同，则实现电路也不同。不同的监测参数经监测参数电路处理后，均变成了大小不等的模拟电压。信号调理电路将变化范围不同、幅度不等的模拟信号变为满足模/数转换器要求的模拟信号。为了减少模/数转换器的数目，在信号调理电路与模/数转换器之间加入了多路信号选择器,多路信号选择器在嵌入式微处理器系统的控制下,按相同或不同的时间间隔选择被监测的模拟信号进行模/数转换,多路信号选择器保证每一时刻只有一路模拟信号送到模/数转换器。嵌入式微处理器对采样数据进行滤波等处理,判断是否与正常值一致。当发现异常时,产生控制信号,改变系统的工作状态。只要设备处于运行状态,在控制程序的作用下,将周而复始地对监测参数进行定期监测。

需要说明的是,上述组成框图对于非电量参数(温度、湿度、光强等)的实时监测与控制同样适用,其区别主要体现在参数监测电路与被控对象上。

7.1.4 嵌入式技术在 Internet 互联设备中的应用

随着计算机技术、互联网技术、移动通信技术、物联网技术以及嵌入式技术的快速发展,以互联网与移动通信网为传输介质的远程信息共享成为了可能,其应用产品不断涌现,给人们的工作与生活带来了方便。例如:远程监控技术的发展,使得人们借助移动终端手机即可实现随时随地对自家周边环境的检查;远程诊断技术的发展,使得异地优质资源的高效利用与准确诊断成为了可能;移动互联技术的发展,不仅为可移动终端间的信息传输提供了方便,而且大大增加了作用距离,丰富了像无人机之类系统的应用场景等。随着新一代移动通信技术的加速推广应用,毫无疑问万物互联技术将发展到一个新高度。下面通过几个例子讨论嵌入式技术在 Internet 互联设备中的应用,以便对其他网络互联产品的设计与开发起借鉴作用。

1. 远程医疗数据采集与传输

远程医疗是下一代医学技术发展的新方向,在远程医疗中,医疗数据需要通过物联网与互联网技术实现异地传输。一种基于 ZigBee 技术的远程医疗数据采集与传输系统组成框图如图 7.3 所示,由本地数据采集、本地数据无线发送、本地数据无线接收以及数据互联网传输等模块组成。

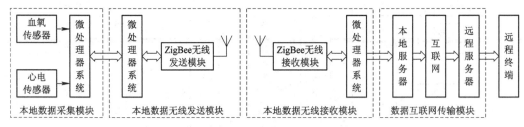

图 7.3 基于 ZigBee 技术的远程医疗数据采集与传输系统组成框图

本地数据采集模块完成对病人生理数据的采集,由血氧传感器 Max30100、心电传感器 AD8232 以及以 ATMEGA8535 8 位微处理器为核心的微处理器系统等构成。本地数据采集模块采集的数据经简单滤波处理后通过通用异步收发串口 UART 送到本地数据无线发送模块。本地数据无线收发模块完成对生理数据的无线发射与接收,它由微处理器 STM32F103C8T6 与 ZigBee 收发器 CC2530 组成。采用无线收发的方式传输可满足用户终端的可移动性要求,而 ZigBee 技术协议简单,特别适用于这种对速率要求不高的场合。其中 STM32F103C8T6 为数据收发模块的主控制器芯片，是一款基于 ARM Cortex - M 内核的 32 位嵌入式微控制器，片上有 64 KB 的 FLASH 程序存储器、20 KB 的数据存储器以及 12 位的模/数转换器。CC2530 是美国 TI 公司生产的 ZigBee 芯片，片内有 2.4 GHz 的射频收发器、8051MCU、FLASH 存储器、8 KB 的 RAM 以及 2 个 UART 和 12 位 ADC 等，是一款能够用于 2.4 GHz IEEE802.15.4、ZigBee 和 RF4CE 应用的片上系统（SoC），具有灵敏度高、覆盖范围广的优点。由本地数据无线接收模块接收的数据通过 USB 接口传输到本地服务器，再经本地服务器通过互联网与远程服务器连接。

2. 远程视频实时监控

随着移动通信带宽的不断增加，基于无线通信网络的远程视频实时监控由于具有在任何时间、任何有网络覆盖的地点方便接入监控的优点，因此已得到广泛应用。在设计其实现方案时，必须充分考虑实时图像信号的压缩编码与传输问题、前端移动终端数据的移动网络接入问题。一种基于无线通信网络的远程视频实时监控系统组成框图如图 7.4 所示，其中视频监控前端的功能包括视频采集编码、视频压缩编码、4G 网络接入。该系统采用具有较高下载速率与上传速率的 4G 无线网络传输视频图像，图像压缩编码采用适用于 4G 视频网络传输的视频压缩标准与压缩算法 H.264/AVL。H.264/AVC 在压缩编码效率、图像质量保持、网络适应性以及传输容错性能等方面较其他标准视频压缩效果有明显的优势。数据封装采用 IP/UDP/RTP 协议组合，视频无线网络接入采用 TD - LTE 标准。

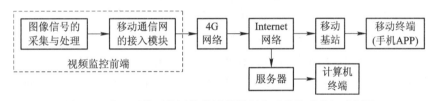

图 7.4 基于无线通信网络的远程视频实时监控系统组成框图

视频监控前端可采用大唐移动公司推出的便携式视频通信终端 TD - LTE 无线多模块视频终端来实现。该终端支持 1080 p(30F/s)视频输入和输出，活动图像帧率 5~60 F/s 可选；采用 H.264 SVC High Profile 编解码算法，能同时进行多路图像的编码和解码，可节省 50% 的视频通信带宽；具有强大的网络适应能力、智能纠错能力、智能网络修复能力以及自适应传输能力。该设备将一路视频信息编码后，拆分为多路信息，然后将多路图像信息在多个 LTE 模块中并行传输，视频业务平台接收到多路拆分的图像信息后进行合并、处理，形成完整的视频。

由视频监控前端完成图像信号的采集、编码处理，并将视频数据以封装的形式通过移动通信网的接入模块接入到 4G 网络，信号借助于 4G 网络与 Internet 网络传输到计算机终端与手机 APP 上，实时显示监控图像。由于来自视频监控前端的视频数据以无线方式接入到传输网络以及传输网络上的视频数据以无线方式被手机接收，该系统受工作条件、环境的影响小，只要有 4G 网络信号，该系统就能正常工作。

3. 无人机视频与数据传输

近年来，无人机以其低成本、高灵活性和安全性等特点广泛应用于航拍、电力、消防、农业、勘测和救援等多个领域，然而，不同的应用领域和应用场景对无人机通信网络也存在不同的需求。无人机和地面站的数据传输距离一般在 $2 \sim 20$ km，在应用上受到很大限制。无人机与移动通信网结合将有效增加无人机的数据传输距离，可大大拓展无人机的应用场景。一种采用 4G 网络进行数据传输的无人机数据传输系统组成框图如图 7.5 所示。

图 7.5　采用 4G 网络进行数据传输的无人机数据传输系统组成框图

4G 数据传输模块采用串口转 4G 的 DTU 模块 Gport - G43 实现，该模块能够将来自串口的数据转换为 4G 信号发射，也能将接收的 4G 信号转换为串口数据输出，由微控制器与4G 模块两部分构成，是一个嵌入式 ASIC 芯片，支持移动、联通 2G/3G/4G 和电信 4G 网络的数据传输，且支持最大下行速率 150 Mb/s 和最大上行速率 50 Mb/s。Gport - G43 的处理器为 Cortex - M3，主频为 96 MHz，操作系统为 FreeRTOS，支持 UART 转 2G/3G/4G 数据传输，串口速率最高为 460 800 b/s。

无人机的等待传输数据(控制数据和状态数据)通过 UART 口送到安装在无人机上的4G 数据传输模块，将数据转换为符合 4G 格式要求的信号后由天线向外发射，经 4G 网络传输后，被接收端的 4G 数据传输模块接收，经处理将接收数据从 UART 口输出，以满足无人机近距离实时控制和远距离实时控制的要求。

无人机拍摄的视频由于带宽宽，数据量大，采用上面基于 Gport - G43 的方案无法实现实时传输。另一种基于 4G 网络的无人机视频传输系统组成框图如图 7.6 所示，安装在无人机上的视频采集与处理模块、4G 无线传输模块可采用大唐移动公司推出的便携式视频通信终端 TD - LTE 无线多模块视频终端来实现，与图 7.5 的无人机数据传输系统相比，其工作过程相同，主要区别是前后端模块不同，不再赘述。

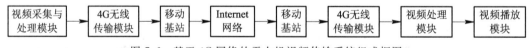

图 7.6　基于 4G 网络的无人机视频传输系统组成框图

7.2　供电系统设计

7.2.1　供电系统概述

电源是专门提供持续电能支持的电力源泉，作为电子设备的重要组成部分发挥着不可替代的作用。其效率、性能及质量的好坏，会对整个系统的稳定性、可靠性以及高质量运转产生直接影响，一旦出现故障，将导致系统无法正常工作(从电子设备出现故障情况来看，电源出现故障的概率占比非常高)。为了实现电子系统的节能化、自动化、智能化、机电一体化以及高效率与高品质用电目标，电源正朝着应用技术高频化、硬件结构模块化、产品性能绿色化的方向发展。

电子系统与电子产品的供电方式常见有交流电供电、电池供电与油机供电三种类型。电池分为化学电池与物理电池两大类，如干电池、蓄电池、锂电池等属于化学电池，太阳能电池属于物理电池。对于某一具体的设备来说，可采用单电源供电，也可采用双电源供电。采用双电源供电的目的主要是为了保证设备的不间断工作，而且双电源供电通常以交流电为主用，以蓄电池或油机为备用。如电子挂钟、电子手表、遥控器等就是采用单一电池供电，电视机采用单一交流电供电，而雷达系统等军用电子设备通常会采用交流电、油机以及蓄电池等多种供电方式。

对于交流电供电的电子设备来说，通常把安装在设备内部的电源称为机内电源，也称为机架电源或二次电源，而与设备独立的电源称为基础电源或一次电源。一次电源主要是将交流电转换为48 V的直流电，而机内电源主要是将48 V的直流电转换为设备所需要的各种电压，如3.3 V、5 V以及12 V等。采用交流电供电的电子设备依据供电设备安装位置的不同又可分为集中供电方式、分散供电方式、混合供电方式以及一体化供电方式等，目前使用最多的为一体化供电方式。所谓一体化供电方式是指电子设备与电源设备（包括一次与二次电源设备）均安装在同一机架内，由外部交流电源供电的方式。采用这种供电方式时，通常电子设备位于机架上部，整流模块与蓄电池组安装在机架下部。双电源一体化供电系统如图7.7所示，其以交流电为主用供电，以蓄电池为备用供电。市电正常供电时，变压器实现AC/AC转换，220 V/50 Hz的交流电变换为所需的交流电压值。整流模块实现AC/DC转换，将交流电转换为48 V的直流电，该直流电经直流配电屏后，送到各个DC/DC模块，产生设备所需的直流电压，如5 V、12 V等等。DC/DC模块有两个作用，一是改变电压幅度，二是稳定电压，使输出幅度保持不变。48 V电压同时送到DC/AC模块（也称为逆变），将直流电转换为所需的交流电，供设备使用。在交流电供电时，蓄电池处于充电状态；当无交流电时，蓄电池组提供的48 V直流电经直流配电屏配电后，送往DC/DC模块与DC/AC模块后，产生设备所需的电压。

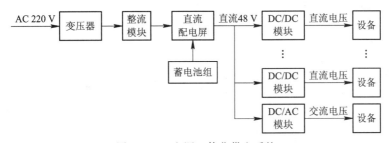

图7.7　双电源一体化供电系统

单电源一体化供电系统如图7.8所示，图(a)和图(b)分别对应多整流模块与单整流模块方式。在多整流模块方式中，采用多抽头变压器将220 V的交流电变换为各种大小的交流电，不同大小的交流电一方面送到各个整流模块与DC/DC模块，产生设备需要的各种直流电压，另一方面直接送到设备，供需要交流供电的器件使用。采用多整流模块供电的优点为各个整流模块与DC/DC模块可依据各路直流需提供的功率选择合适的元件，缺点为必须采用多抽头变压器，增加了变压器的复杂性，同时重量也会增加。在单整流模块方式中，整流模块产生 48 V 或 15 V 的直流电压作为各个 DC/DC 模块与 DC/AC 模块的公共输入。该方式的优点是变压器抽头少，制作简单，且只有一个整流模块，元件少，电源的可靠性增加，缺点是设备所需要的各种电压均来自同一个整流模块，对整流模块要求输出功率大，用于整流模块的元件必须为大功率器件，同时对整流模块的散热也提出了较高要求。

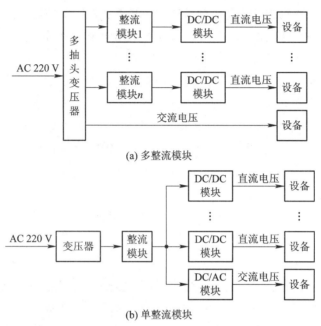

(a) 多整流模块

(b) 单整流模块

图 7.8 单电源一体化供电系统

对于便携式电子产品与野外工作环境的电子设备，主要采用电池供电方式，且无一例外均采用可充电电池。由于电池容量受限，在设计该类产品时应尽量选择低功耗器件，以有效增加电池连续工作的时间。对于电池供电的电子产品，除了需设计好电池供电与监测电路外，充电电路或电源适配器也应作为产品的一部分需要一并设计。

7.2.2　直流稳压电源的组成与性能指标

电子电路中的电源一般是低压直流电，将 220 V/50 Hz 交流电变换成直流电的直流稳压电路组成框图如图 7.9 所示。220 V 交流电首先经变压器变成低压交流电，再用整流电路变成脉动的直流电压（或电流），并用滤波电路滤除脉动直流电压（或电流）中的交流成分，最后经稳压电路输出满足要求的稳定电压（或电流）。通常要求该输出电压（或电流）尽量不随电网电压和负载的变化而变化，且纹波小。在如图 7.9 所示的组成框图中，变压电路其实就是一个铁芯变压器，因此，下面主要讨论整流电路、滤波电路以及稳压电路。

图 7.9　直流稳压电路组成框图

直流稳压电源的主要技术指标包括：

1）输入电压与变化范围

输入电压也就是额定输入电压，对于 220 V/50 Hz 的交流电来说，额定电压为 220 V，额定频率为 50 Hz。一般允许输入电压与频率在一定范围内变化，通常用额定值的百分比表示，该变化范围越大，则电源的适应能力越强。如某直流稳压电源允许输入电压变化范围为额定电压的 +5%～10%，频率变化范围为额定值的 ±4%，则对于 220 V/50 Hz 交流输入电压来讲，当输入电压在 198～231 V 范围、输入频率在 48～52 Hz 范围时，直流稳压电源均能输出满足要求的电压(或电流)值。

2）输出电压(或电流)与调节范围

输出电压(或电流)即额定输出电压(或电流)，指直流稳压电源正常工作时所允许输出的最大电压(或电流)值。如对于 5 V/1 A 的稳压电源，允许输出的最大电压为 5 V，最大电流为 1 A。许多稳压电源通过调节，可使输出电压(或电流)在一定范围变化。如台湾明纬公司生产的双组输出开关电源 D-60B，一路输出直流电压/额定电流为 5 V/3 A，电流可调范围为 0.3～6 A，另一路输出直流电压/额定电流为 24 V/1.8 A，电流可调范围为 0.2～2.2 A。

3）输出电压(或电流)稳定度

输出电压(或电流)稳定度是衡量直流稳压电源抗电网不稳定的一个重要指标，通常用抗电网不稳定度 S_r 表示。定义为输出直流电压相对变化量与输入交流电压相对变化量之比，S_r 越小越好，通常为千分之几。也有的文献将"负载电流保持为额定范围内的任何值，输入电压在规定的范围内变化所引起的输出电压相对变化 $\Delta U_o/U_o$ 的百分值"称为稳压器的电压稳定度。

4）转换效率

转换效率是衡量电能是否有效利用的指标，定义为输出功率与输入功率之比。转换效率越高，意味着电能的利用率越高，即直流电源本身损耗的电能越少。如输入 100 W 的功率，经直流稳压电源后输出的功率为 60 W，则转换效率为 60%，直流稳压电源本身损耗了 40 W 的功率。转换效率太低，不仅电能没有得到很好利用，而且由于直流稳压电源要损耗大量功率，这对直流稳压电源的元件以及散热也提出了更高要求。

5）纹波电压

理想的低压直流电源应该是非常平滑的波形，但实际上经过滤波的直流电源波形会有小幅波动，这个波动就是纹波。电压源与电流源的纹波分别用纹波电压与纹波电流来表示，是代表电源品质的一项重要指标，要求纹波越小越好。纹波电压也可以用最大纹波电压、纹波系数以及纹波电压抑制比表示。最大纹波电压定义为在额定输出电压和负载电流条件下，输出电压的纹波(包括噪声)绝对值的大小通常以峰峰值或有效值表示；纹波系数定义为在额定负载电流下，输出纹波电压的有效值与输出直流电压之比；纹波电压抑制比为在规定的纹波频率(例如 50 Hz)条件下，输出电压中的纹波电压与输出电压中的纹波电压之比。

6）电源内阻

理想电源的内阻为零，电流可以畅通无阻的通过。而实际上，在生产制造过程中，由于受工艺、材料等诸多因素的影响，内阻不可能为零。当电源正常携带负载时，内阻与负载串联，会产生分压作用。内阻的存在会降低负载上的电压，减小电源输出电流，降低电源的输出功率，从而使转换效率下降。由于内阻上消耗的功率对电源来说不仅无效，而且有害，比如内阻产生的热量使电源内部的温度升高甚至会导致电源损坏，因此，电源内阻越小越好。

7）温度系数

环境温度的变化会影响元件参数的变化，从而引起稳压器输出电压变化，这种现象称为温度漂移。温度系数表示温度漂移的大小，分为绝对温度系数与相对温度系数。绝对温度系数是指温度变化 1℃引起输出电压值的变化，单位是 V/℃或 mV/℃；相对温度系数是指温度变化 1℃引起输出电压相对变化（$\Delta U_{\text{o}}/U_{\text{o}}$）。

8）平均无故障时间

平均故障间隔时间 MTBF 是衡量直流稳压电源的可靠性指标，它反映了电源的时间质量。定义为相邻两次故障之间的平均工作时间，也称为平均故障间隔。

7.2.3 整流与滤波电路

1. 整流电路

整流电路的作用是将变压器输出的交流电压变换为脉动的直流电压（电流）。整流电路一般为功率电路，应根据应用场合所要提供的输出电压与电流值选择合适的大功率器件，以免被烧坏。在实际应用中，为了保证整流管安全工作，要求整流管提供的整流电流以及加在其上的反向电压均应小于管子本身能承受的最大整流电流与最大反向电压，并能承受最大总有效值电流与最大峰值电流。同时在设计电路时，还必须考虑整流二极管的充分利用问题。

考虑到电网电压的频率低（50 Hz），以及大电流工作时整流电路的输出负载电阻又较小，因此整流电路输出电压的锯齿状波动都比较大。为了提高输出负载的滤波能力，除了采用几千微法的大电解电容作为负载电容外，还往往需要另加滤波网络。

整流电路的主要性能指标包括输出直流电压及其调节范围、输出整流电流及其调节范围、纹波因数 r 以及电源变压器次级绕组的利用系数 F 等。其中纹波系数 r 用于评价输出负载对纹波电压的滤波能力，为负载上基波及其各次谐波分量电压的总有效值/负载上直流电压值，r 越小，输出负载的滤波能力就越强。电源变压器次级绕组的利用系数 F 为直流输出功率 P_{o} 与次级绕组提供的功率 P 之比，P 等于次级绕组上交流电压的有效值与总电流的有效值的乘积。显然，F 越大，为获得一定的直流输出功率 P_{o}，要求变压器次级绕组的伏安容量 P 就越小，这样，变压器的体积、重量、成本就越小。

整流电路有半波整流、全波整流、桥式整流以及倍压整流，常用的为前三种。各自优缺点为：半波整流电路的优点是电路简单，元件少，缺点是交流电压中只有半个周期得到利用，输出直流电压低；全波整流电路的优点为输出电压高，输出电流大，电源利用率高，缺点是要求变压器具有中心抽头，体积大，比较笨重；桥式整流电路具有变压器利用率高、平均直流电压高、整流元件承受的反压较低等优点。

半波整流、全波整流、桥式整流性能比较如下：

（1）全波整流比半波整流有更大的输出电压与电流，更小的纹波系数，而桥式整流与半波整流有相同的输出电压与电流，但桥式整流通过变压器次级绕组的电流是极性正负交替的脉冲电流，全波整流则电流方向始终一致。

（2）半波整流与全波整流加到整流管的最大反向电压相同，而桥式整流加到整流管的最大反向电压只有半波整流和全波整流的一半。

（3）在输出功率 $P_\circ$ 相同时，要求桥式整流电路的变压器次级绕组伏安容量 P 为全波整流的 $\sqrt{2}/2$ 倍，为半波整流的 $\sqrt{2}$ 倍，也就是说桥式整流的利用系数比全波整流电路高，全波与桥式整流电路的输出整流电压随负载电阻变化较半波整流小。

通过上面的比较可以看出，全波整流电路与桥式整流电路比半波整流电路的输出整流电压大，纹波系数小，输出电压随负载变化也小，而桥式整流电路不仅保持了全波整流电路的所有优点，而且还具有电源变压器结构简单（次级绕组无中心抽头）、利用系数高的优点，因此，在实际设备中得到广泛应用。桥式整流电路的四个二极管可用集成硅整流桥器件代替，使用方便。

2. 滤波电路

滤波电路的作用为将整流电路输出的脉动直流电变成平滑的直流电。滤波电路分为电容滤波电路、电感滤波电路以及组合滤波电路，电容滤波电路与电感滤波电路分别如图7.10(a)、图7.10(b)所示，组合滤波电路又分为由电感与电容构成的L型滤波电路与Ⅱ型滤波电路，由电阻与电容构成的L型滤波电路与Ⅱ型滤波电路以及由晶体管、电容、电阻构成的电子滤波电路分别如图7.10(c)～图7.10(g)所示。

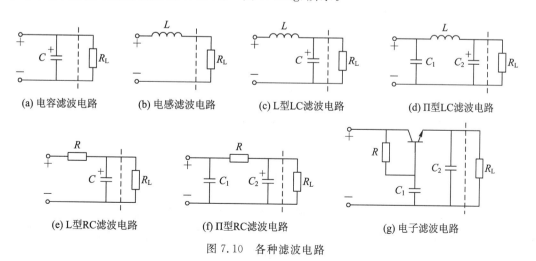

(a) 电容滤波电路　　(b) 电感滤波电路　　(c) L型LC滤波电路　　(d) Ⅱ型LC滤波电路

(e) L型RC滤波电路　　(f) Ⅱ型RC滤波电路　　(g) 电子滤波电路

图 7.10　各种滤波电路

在上面各种类型的滤波电路中，由电容、电阻构成的滤波电路结构简单，所以由电容、电阻构成的滤波器用得较多，而电感体积较大，同时电感的电阻很小，对输出的直流几乎不起作用，所以由电感、电阻构成的滤波器用得较少。

7.2.4 串联线性稳压电路

电网电压的不稳定、负载电流的大范围变动以及纹波电压的存在等因素均会引起整流电路输出电压的不稳定，直流稳压电路的作用就是克服上述不稳定因素的影响，输出稳定的直流电压。

稳压电路的主要性能指标为稳压系数与输出电阻。稳压系数 S 指稳压器的输出电压相对变化量 $\Delta U_o/U_o$ 与输入电压相对变化量 $\Delta U_i/U_i$ 的比值，它表示稳压器对输入电压不稳定的抑制。显然，S 越小，抑制能力越强。输出电阻指输入电压一定时，稳压器输出电压变化量 ΔU 与输出电流变化量 ΔI 的比值，它表示输出负载变化引起输出电压不稳定的抑制能力。输出电阻越小，抑制负载电流变化引起输出电压不稳定的能力越强。

常用的稳压电路有简单稳压管稳压电路、串联线性稳压电路、开关稳压电路等几种，其中简单稳压管稳压电路稳压性能较差，且仅适用于负载电流不大以及负载变化较小的场合。下面对串联线性稳压电路、开关稳压电路进行讨论。

串联线性稳压电路是一种由调整管、取样电路、基准电压源和比较放大器等构成的自动电平控制电路，其组成框图如图 7.11 所示，其中用于调制电压的调整管（晶体三极管或复合管）工作在线性放大状态。在实际应用中广泛使用的是集成串联稳压电路，其工作电压由几伏到几十伏，工作电流由几百毫安到几安，最大功耗可达几十瓦，典型的有 7800 与 7900 系列，前者输出正电压，后者输出负电压。集成串联稳压电路组成与图 7.11 类似，考虑到调整管与负载串联，当输出负载过载（即负载电阻减小）或短路时，通过调整管的电流和加在其上的电压以及相应的耗散功率均迅速增大，并有可能超过极限参数而导致损坏，同时还会有因芯片过热而发生热击穿的危险，因此，在集成串联稳压电路中除了上述的基本组成外，一般都加有过流、过压和过热的保护电路。

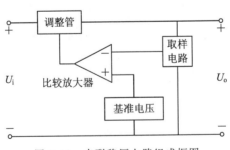

图 7.11　串联稳压电路组成框图

集成串联稳压电路按其输出方式不同分为输出电压可调式稳压电路、输出电压固定式稳压电路和具有正负电压对称输出的稳压电路，因为通常只有输入、输出、公共端（调整端）三个引脚，所以又称为三端式集成串联稳压器。常用连接电路如图 7.12 所示，其中 78 系列输出正电压，79 系列输出负电压，XX 表示输出的电压值，电解电容用于滤除脉冲干扰，无极性电容用于滤除高频干扰。由图可见，除滤波元件外不需要外接其他元件，使用十分方便。

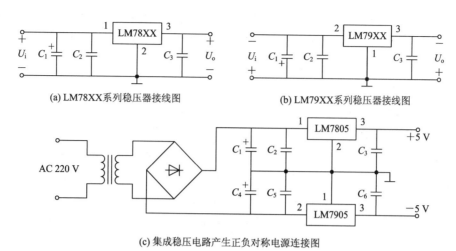

(a) LM78XX系列稳压器接线图　　　　　(b) LM79XX系列稳压器接线图

(c) 集成稳压电路产生正负对称电源连接图

图 7.12　集成串联稳压器常用连接图

串联稳压电路的调整管必须工作在线性放大区，否则将消耗大量的输入功率，从而造成这种稳压电路的效率降低。调整管的效率一般为 40%～60%。稳压器的输出电压与输入电压的差值越大，调整管的管耗就越大，稳压电路的效率就越低。对于集成串联稳压器来说，通常要求输入端与输出端间的电压差不低于 2 V。

7.2.5　开关稳压电路

与线性稳压电路的调整管工作在线性放大状态不同，开关稳压电路的调整管工作在高频开关状态，并且可通过控制调整管的开、关时间来调整输出电压。正是由于调整管工作于开关状态，调整管的管耗大大下降，发热较低，一方面有效提高了稳压器的转换效率，使开关稳压器的转换效率可达 80%～95%，且几乎不随输出电压减小而下降；另一方面由于不需要体积或重量非常大的散热器，因此体积较小，重量较轻，通常体积和重量只有线性电源的 20%～30%。但开关稳压电源由于频率较高，会对电网及周围设备造成干扰，而且电路较复杂，输出波纹较大，可见开关稳压电源与线性稳压电源都有各自的优点与不足。为了发挥各自优势，在实际应用中大多采用组合使用的方式，即使用开关稳压电路进行初步的变换，供纹波、精度要求不高的电路使用，同时，使用低压差线性稳压电路获取精密的、低纹波的电压供诸如运算放大器、模/数转换器使用。

开关稳压电源根据调整管与负载的连接方式不同，可分为串联型、并联型与脉冲变压器耦合型三种。串联型与并联型开关稳压电源是指开关管与负载分别采用串联或并联连接的一种电源电路。脉冲变压器耦合型开关稳压电源是指开关管与脉冲变压器的一次绕组串联后与整流电路并联、负载电路与脉冲变压器二次绕组并联的电源电路。

开关稳压电源根据拓扑结构不同，可分为降压型（Buck）、升压型（Boost）与升降压型（Buck - Boost）三种。降压型开关稳压电源的输出电压极性与输入电压相同，输入电压高于输出电压；升压型开关稳压电源输出电压极性与输入电压也相同，但输入电压低于输出电压；升降压型开关稳压电源的输出电压可以高于、低于或等于输入电压，且输出电压极性可反转。

开关稳压电源根据开关管的激励方式不同，可分为自激式和他激式两种。自激式开关稳压电源是利用电源电路中的正反馈电路完成自激振荡来启动电源，而他激式开关稳压电源电路是专门设计一个振荡器来启动电源。

开关稳压电源根据使用的器件种类不同，可分为由分立元件组成的开关稳压电源和由集成电路组成的开关稳压电源。

开关稳压电源根据稳压的控制方式不同，可分为脉冲宽度调制型（PWM）、脉冲频率调制型（PFM）和混合型（即脉宽—频率调制）三种。脉冲宽度调制型开关稳压电源是指开关周期恒定，由相关电路通过改变脉冲宽度来改变占空比的一种稳压电路；脉冲频率调制型开关稳压电源是指导通脉冲宽度恒定，由相关电路通过改变开关工作频率来改变占空比的一种稳压电路；混合型开关稳压电源是指导通脉冲宽度和开关工作频率均不固定，彼此都能改变的一种稳压电路，是以上两种方式的混合。

开关稳压电源根据使用开关管的类型不同，可分为晶体管、VMOSFET 管和晶闸管三种类型。

开关稳压电源组成框图如图 7.13 所示。

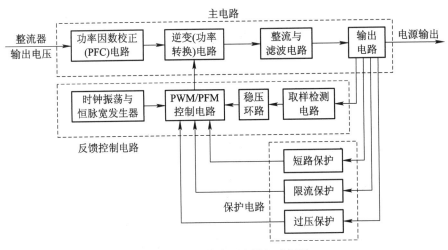

图 7.13　开关稳压电源组成框图

开关稳压电源由主电路、反馈控制电路与保护电路三部分组成。主电路包括功率因数校正（PFC）电路、逆变（功率转换）电路、整流与滤波电路、输出电路，用于将整流器输出的直流电压变换成所需的稳定直流电压，即 DC/DC 变换。反馈控制电路包括时钟振荡与恒脉宽发生器、PWM/PFM 控制电路、稳压环路以及取样检测电路，用于调整开关调整管的导通与截止时间，稳定输出电压。保护电路由短路保护、限流保护以及过压保护等组成，以便在出现电路短路、电流以及电压过大等情况时不损坏开关稳压电源，起保护作用。在主电路中，功率因数校正（PFC）电路的主要作用为：通过升高整流器输出的直流电压，迫使交流输入电流与交流输入电压的波形与相位基本相同，从而使功率因数接近于 1。逆变电路又称为功率转换电路或直流变换电路，是开关稳压电源的核心，其主要作用为：把整流电路或功率因数校正电路输出的直流电压转换成幅值等于输入电压幅值的脉冲电压，脉冲的占空比由 PWM/PFM 控制电路来调节，即实现 DC/AC 转换。一旦输入电压被转换成交流方波，其幅值就可以通过变压器来升高或降低。整流与滤波电路的作用为将交流波形转换为所需的直流电压输出，即 AC/DC 转换。

开关稳压电源通过反馈控制电路控制 PWM/PFM 的占空比，达到使输出电压在输入电压与负载变化时保持稳定的目的。反馈控制电路首先对输出电压进行取样检测，并将取样检测信号在稳压环路的作用下形成控制信号，然后由该控制信号控制开关调整管的导通与截止时间，以改变 PWM/PFM 信号的占空比，从而进一步改变交流脉冲电压的占空比，使输出电压稳定。

对于电池供电的电子产品，电池供电电路本身比较简单，但由于大部分采用的是可充电电池，因此，在电池供电的电子产品中，充电电路也是供电电路的一部分。充电电路既可以独立于电子产品而单独存在，也可以安装在产品内部，对外只有一个交流 220V/50Hz 的电源插座接口。目前广泛采用的充电电路均为开关稳压电路，由将交流市电转换为直流电的整流与滤波电路、开关稳压电路两大部分组成。整流多采用半波整流的方式，滤波主要采用电容滤波，开关稳压电路大多采用自激励反激式脉冲变压器耦合型的稳压方式，由振荡器、高频变压器、稳压控制电路、二次整流与滤波电路、短路与过流保护电路等组成，其工作原理与其他稳压电源相同。

7.2.6　电源模块设计与应用中的注意事项

电源电路作为电子产品的一个基本组成部分，不仅容易出现故障，而且由于功率较大，设计不合理时，会造成电磁干扰，影响其他单元电路工作。因此，在电源模块设计与应用中需注意以下事项。

（1）电源模块设计成独立的印制电路板，且采用金属罩屏蔽，以减小电磁干扰。

（2）由电源模块输出的直流电压在各个单元电路使用前一般再进行一次滤波，滤波电路可采用简单的电容滤波形式或由电容与电感构成的 Ⅱ 型滤波形式。

（3）对于需要大电流的电源，在条件许可的条件下，在布线时电源线尽量宽一些。

选择使用 DC/DC 模块电源，除了最基本的电压转换功能外，还有以下几个方面需要考虑。

（1）额定功率一般建议实际使用功率是模块电源额定功率的 30%～80%，这个功率范围内模块电源各方面性能发挥都比较充分而且稳定可靠。负载太轻会造成资源浪费，太重则对温升、可靠性等不利。

（2）在选择 DC/DC 模块的封装时，一是在功率满足要求的条件下体积尽量小，以便给系统其他部分留下更多空间；二是尽量选择符合国际标准封装的产品。

（3）一般厂家的模块电源都有几个温度范围产品可供选用，即商品级、工业级、军用级等。在选择模块电源时一定要考虑实际需要的工作温度范围，因为温度等级不同，材料和制造工艺不同，价格相差很大，选择不当会影响使用。

（4）选择隔离电压较高的产品，因为高的隔离电压可以保证模块电源具有更小的漏电流，更高的安全性和可靠性，并且电磁干扰特性也更好一些。

（5）尽量选择保护功能完善的 DC/DC 模块。有关统计数据表明，模块电源在预期有效时间内失效的主要原因是外部故障条件下损坏,而正常使用失效的概率很低。选择保护功能完善的产品,在模块电源外部电路出现故障时模块电源能够自动进入保护状态而不至于永久失效,外部故障消失后能自动恢复正常。模块电源的保护功能应至少包括输入过压、欠压,软启动保护和输出过压、过流、短路保护,大功率产品还应有过温保护等。

(6)尽量选择转换效率高的模块。转换效率越高,电源本身损耗就越小,元件温升就越低,使用寿命就越长,同时能源浪费也就越小。

7.2.7 电源实例分析

某电子设备采用市电供电的方式,需要的电源分为交流与直流两类,其中交流电源包括220V/50Hz、6V/50Hz 以及 28V/50Hz 三种,直流电源包括—15 V、+15 V、+5 V(1.2A)、+5 V(1A)四种。直流电源的主要性能指标如表 7.1 所示,供电控制关系图如图 7.14 所示。

表 7.1　直流电源主要性能指标

输出电压/V	最大输出电流/A	电压调整率	电流调整率	纹波电压/mV
+5(1)	0.8	≤±0.5%	≤±1%	≤10
+5(2)	1.2	≤±0.5%	≤±1%	≤10
+15	0.3	≤±0.5%	≤±1%	≤15
−15	0.2	≤±0.5%	≤±1%	≤15

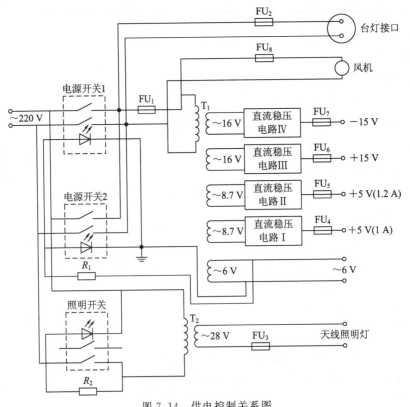

图 7.14　供电控制关系图

按下"电源开关1"或"电源开关2"时，经保险丝 FU_2 给"台灯接口"提供 220 V 交流电压输出，经保险丝 FU_1 和 FU_8 给"风机"提供工作电压。同时 220 V 交流电压经变压器 T_1 提供 5 路交流电压输出，其中 4 路交流电压经直流稳压电源和保险丝 $FU_4 \sim FU_7$ 提供所需的直流电压，第 5 路 6 V 交流电压经 R_1 给两开关的指示灯提供电源，使指示灯亮。按下"照明开关"时，一方面 220 V 交流电压经电阻 R_2 使开关指示灯亮，另一方面，经变压器 T_2 提供 28 V 交流电压，经保险丝 FU_3 给天线照明灯提供工作电压。

为了确保各直流电源电压互不干扰，四个直流稳压电源采用的是相互独立的结构，且每路均由整流电路、稳压电路和滤波电路组成。整流电路采用的是桥式全波整流，滤波电路采用简单的电容滤波，稳压电路由三端可调式集成稳压器及外围电路组成。根据每一模块输出的直流电压不同，三端可调式集成稳压器采用的器件则不同，但内部均有短路保护电路以及调整管安全工作区保护电路和芯片过热保护电路，以保证直流稳压器在短路、过流、输入输出电压差过大以及调整管功耗过大或芯片过热等情况下不被损坏。以 5 V(1 A) 稳压电源为例，其直流稳压电路如图 7.15 所示。

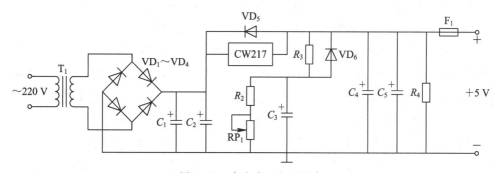

图 7.15　直流稳压电源电路

220 V 的交流电压经变压器 T_1 降压后，输出 8.7 V 的交流电压，此交流电压经 $VD_1 \sim VD_4$ 组成的桥式全波整流电路将交流变为直流，然后经 C_1、C_2 滤波后，加到稳压电路。稳压电路中，CW217 为最大输出电流 1.5 A、输出电压在 $1.2 \sim 37$ V 连续可调的三端可调式集成稳压器。RP_1、R_2、R_3 的值决定输出电压的大小，C_2、C_4 的作用是防止 CW217 内部产生寄生振荡，C_3 的作用是改善输出电压的纹波，VD_5、VD_6 的作用是防止输入、输出短路损坏 CW217。最后，稳压电路输出电压经 C_4、C_5 进一步滤波后作为各单元电路的 5 V(1 A)电源。

7.3　常用总线与接口技术

7.3.1　总线与接口技术概述

具有总线的系统相比于非总线的系统在系统的设计、生产、使用和维护方面有很多优越性，如硬件易于实现规模化设计，支持多厂家产品，易于实现系统升级，具有良好的可维修性以及便于组织生产等。同时，万物互联与智能诊断技术的发展也促使了标准化总线技术与接口技术在现代电子设备中的加速应用。本节主要对一些典型的总线与接口技术进行介绍。

总线是一种描述电子信号传输线路的结构形式，是一组信号线的集合，也是在一种系统中各功能部件进行信息传输的公共通道。通过总线与接口可实现系统内各部件间以及系统与系统间的信息传输、交换、共享和逻辑控制等。总线标准是指国际上正式公布、推荐或工业界广泛使用的各个部件互连的总线规范。各生产厂家只有按照总线规范设计和生产产品，才能方便灵活实现不同厂家产品的互联互通。无论哪种标准总线规范，一般应包括机械结构规范、电气规范以及功能结构规范三个方面的内容。机械结构规范用于规定总线扩展槽的各种尺寸、模块插卡的各种尺寸与总线插头、总线接插件以及安装尺寸等的规格与位置。电气规范用于规定总线上每根线工作时的有效电平、信号动态转换时间、负载能力、各电气性能的额定值及最大值。功能结构规范是总线的核心，用于规定总线上每条信号的名称和功能以及相互作用的协议，通常以时序和状态来描述信息交换、流向和管理规则。总线功能结构规范包括：数据线、地址线、读写控制逻辑线、模块识别线、时钟同步线、触发线以及电源与地线等；中断机制，含中断线数量、直接中断能力以及中断类型等；总线主控仲裁；应用逻辑，如挂钩联络线、复位、自启动、状态维护等。

总线的种类很多，按功能划分，可分为地址总线 AB(Address Bus)、数据总线 DB(Data Bus)和控制总线 CB(Control Bus)。在有的系统中，数据总线和地址总线可以在地址锁存器控制下被共享，也即复用。顾名思义，地址总线用于传送地址，数据总线用于传送数据信息与命令字，控制总线是用于传送控制信号和时序信号，如读/写信号、片选信号、中断申请信号、复位信号、总线请求信号、设备就绪信号等。总线按传输数据的方式划分，可分为串行总线和并行总线。在串行总线中，二进制数据逐位发送到目的器件，而并行总线的数据从最高位到最低位通过多条数据线同时传输到目标器件，虽然并行总线传输速度高于串行总线，但成本较高，也不适用于长距离传输。常见的串行总线有 SPI、I^2C、USB、IEEE1394、RS232、CAN 等，而 IEEE1284、ISA、PCI 则为并行总线。总线按时钟信号是否独立，可分为同步总线和异步总线。同步总线的时钟信号独立于数据，在总线中有一根单独的时钟信号线，而异步总线的时钟信号是从数据中提取出来的，在总线中不需要专门的时钟信号线。如 SPI、I^2C 为同步串行总线，而 RS232 为异步串行总线。

对于微处理器系统总线，除了上面的分类外，还可分为内部总线、系统总线和外部总线。内部总线是微处理器系统内部各外围芯片与处理器之间的总线，用于芯片一级的互连；而系统总线是微处理器系统中各插件板与系统板之间的总线，用于插件板一级的互连；外部总线则是微处理器系统和外部设备之间的总线，微处理器系统作为一种设备，通过该总线和其他设备进行信息与数据交换，用于设备一级的互连。典型的内部总线有 I^2C(Inter-Integrated Circuit，内部集成电路)总线、SCI(Serial Communication Interface，串行通信接口)总线、UART(Universal Asynchronous Receiver Transmitter，通用异步收发器)总线、SPI(Serial Peripheral Interface，串行外设接口)总线、JTAG(Joint Test Action Group，联合测试行动小组)总线、CAN(Controller Area Network，控制器局域网)总线以及 GPIO

(General Purpose Input Output，通用输入/输出)总线等；系统总线有 ISA(Industrial Standard Architecture，工业标准体系结构)总线、EISA(Extended Industry Standard Architecture，扩展工业标准结构)总线、VESA(Video Electronics Standard Association，视频电子标准协会)总线、PCI(Peripheral Component Interconnect，外围设备互连)总线等；外部总线有 RS‐232 总线、RS‐485 总线、IEEE‐488 总线以及 USB(Universal Serial Bus，通用串行总线)总线等。下面对电子系统中应用较多的串行总线进行讨论，并对典型系统总线——PCI 总线进行简单介绍，为电子系统设计选择总线类型提供参考。

7.3.2 RS‐232C/ RS‐422/ RS‐485 总线与接口

串行通信的数据一位一位地传输，需要的数据线少，成本低，在分散控制系统中得到广泛应用。例如，设备与上位机的通信通常都采用串行通信的方式。RS‐232C/RS‐422/RS‐485 总线均为串行总线，其串行接口所直接面向的并不是某个具体的通信设备，而是一种串行通行的标准接口。它们要进行串行通信，必须按接口标准设计接口电路。

1. RS‐232C 总线与接口

RS‐232C 的全称为 EIA‐RS‐232C(Electronic Industrial Associate‐Recommended Standard 232C)，是美国电子工业协会制定的一种串行物理接口标准，其中 232 为标识号，C 表示修改次数。RS‐232C 总线标准设有 25 条信号线，但应用中并不一定需要利用所有的信号线，对于一般双工通信，采用其中的一条发送线、一条接收线及一条地线即可。RS‐232C 标准规定的数据传输速率为每秒 50、75、100、150、300、600、1200、2400、4800、9600、19200 波特。由于 RS‐232C 标准规定，驱动器允许有 2500 pF 的电容负载，其通信距离受此电容限制，再加上 RS‐232C 采用的是单端传输方式，不能抑制共模干扰，因此，RS‐232C 总线一般用于 20 m 以内的通信。其接口标准如表 7.2 所示。

表 7.2 RS‐232C 接口标准

引脚号	1	2	3	4	5	6	7	8	9
信号名	保护地	数据发送	数据接收	请求发送	清除发送	数传机就绪	信号地	数据载波检出	未定义
缩写名	PG	TxD	RxD	RTS	CTS	DSR	SG	DCD	—
引脚号	10	11	12	13	14	15	16	17	18
信号名	未定义	未定义	辅信道接收信号检测	辅信道清除发送	辅信道数据发送	发送器定时时钟	辅信道数据接收	接收器定时时钟	未定义
缩写名	—	—	—	—	—	—	—	—	—
引脚号	19	20	21	22	23	24	25		
信号名	辅信道请求发送	数据终端就绪	信号质量测定器	振铃指示	数据信号速率选择器	发送器定时时钟	未定义		
缩写名	—	DTR	—	RID	—	—	—		

RS-232C 对电气特性、逻辑电平的规定为:当 TxD、RxD 的数据电压为 $-3\sim15$ V 时为逻辑 1,$+3\sim15$ V 时为逻辑 0;当 RTS、CTS、DSR、DTR、DCD 等控制线的信号电压为 $3\sim15$ V 时为信号有效(接通,ON 状态,正电压),为 $-15\sim-3$ V 时为信号无效(断开,OFF 状态,负电压)。

虽然 RS-232C 标准定义了 25 根信号线,但实际进行异步通信时,只需 9 个信号(2 个数据信号、6 个控制信号以及 1 个地信号)。由于 RS-232C 未定义连接器的物理特性,因此出现了 DB-25 型和 DB-9 型两种连接器,但引脚定义不同。DB-25 型连接器的外形与信号分配如图 7.16 所示,DB-9 型连接器的外形与信号分配如图 7.17 所示。

图 7.16 DB-25 型连接器外形与信号分配   图 7.17 DB-9 型连接器外形与信号分配

采用 RS-232C 可进行近距离与远距离通信,但二者所使用的信号线不同。近距离通信的传输距离一般在 15 m 以内,而超过 15 m 的远距离通信需加调制解调器(MODEM),所使用的信号线也较多。在远距离通信中,若通信双方的 MODEM 之间采用专用电话线,则使用 $2\sim8$ 号信号线进行联络与控制;若在双方 MODEM 之间采用普通电话线进行通信,则还要增加 20 号(DTR)与 22 号(RI)信号线进行联络。近距离通信时,不需采用调制解调器,通信双方可直接相连,在这种情况下,只需使用少数几根信号线。最简单的情况是在通信中根本不要控制联络信号,只需使用 TxD、RxD 以及信号地线即可实现全双工异步串行通信。接口标准规定,近距离通信时的速率应选择低于 20 kb/s,在码元畸变小于 4% 的情况下,作用距离在 15 m 以内。由于在实际应用中码元畸变在 20% 以内时也能正常传输信息,因此,近距离传输时的作用距离在15 m 以内实际上是一个保守值。

2. RS-422 总线与接口

RS-422 总线标准又称为双端接口电气标准或平衡传输电气标准,是针对 RS-232C 的传送距离近、容易产生电平偏移、抗干扰能力差和传送速率偏低等不足而制定的,其输入/输出均采用差分驱动,具有抗干扰能力强,不存在电平偏移,传输速率可达到 10 Mb/s 等特点。它采用的是 RS-449 机械规范,但实际中均采用 DB-9 型连接器,用得较多的引脚分配与定义如表 7.3 所示。

表 7.3 RS‑422 引脚分配与定义

引脚号	1	2	3	4	5	6	7	8	9
信号名	Tx−	Tx+	Rx+	Rx−	GND	RTS− *	RTS+ *	CTS+ *	CTS− *
信号说明	发数据信号负端	发数据信号正端	收数据信号正端	收数据信号负端	信号地	请求发送信号负端	请求发送信号正端	清除发送信号正端	清除发送信号负端

注：有 * 号的信号在有的板卡中不提供

3. RS‑485 总线与接口

RS‑422 只能实现点对点的两点直连通信，RS‑485 则可以多点互连通信，具有较强的抗干扰能力与长距离传输特性。其特点如下：

(1) RS‑485 标准采用差动发送/接收，共模抑制比高，抗干扰能力强。

(2) 传输速率高，允许最大传输速率可达 10 Mb/s(传输距离 15 m)，传输信号的摆幅小(200 mV)。

(3) 传送距离远，采用双绞线，在不用调制解调器的情况下，传输速率为 100 kb/s 时，传输距离为 1.2 km，若传输速率减小，传输距离可进一步增加。

(4) 能实现多点对多点的通信，允许平衡电缆上连接 32 对发送/接收器。

RS‑422 总线与 RS‑485 总线的主要电气规范完全相同，将 RS‑422 通信总线中的"Rx+"和"Tx+"连在一起作为 RS‑485 总线的"DATA+"，将"Rx−"和"Tx−"连在一起作为 RS‑485 总线的"DATA−"，即可构成 RS‑485 通信总线。

使用 RS‑485 进行通信时，通常会采用总线驱动器，常用的总线驱动器有 75176、MAX485 系列等。不同的总线驱动器可以提供不同的最大通信速率与最大通信节点数，如 MAX1482 的最大速率为 256 kb/s，最大节点数为 256，MAX1487 的最大速率为 2500 kb/s，最大节点数为 128。RS‑485 的通信速率随传输距离增加而下降，在长距离传输以及干扰环境下工作时，应在总线的始端与末端加入终端匹配电阻与驱动器保护电路，以减少终端反射和削弱干扰信号。在 RS‑485 通信网络中，主站可以和各从站点对点通信，也可以对所有从站进行广播式通信。

7.3.3 USB 总线与接口

1. USB 概述

USB 总线为通用串行总线，是一种外部总线标准。由于在速度、可扩展性等方面有很大的优势，目前得到了广泛的应用。具有如下优点：

(1) USB 接口体积小巧，具有明显的体积优势。

(2) USB 为共享接口技术，支持多个外设的连接。USB 采用"菊花链"式的扩展连接方式，多个 USB 设备可以通过 USB 集线器连接到同一计算机的 USB 端口。一个 USB 主控制器最多可以连接 127 个外部设备。

(3) USB 支持即插即用技术。当计算机上新连接一个 USB 设备时，操作系统会自动扫描、检测硬件的连接，并通过对该设备的识别来加载对应的驱动程序，以保证设备的正常工作。即插即用技术实现了设备的自动配置，不必每次连接设备都重启计算机。

(4) USB 支持热插拔技术。用户可以随时断开 USB 设备与计算机的连接，此时操作系统扫描到硬件的改动，会自动停止该设备的资源。

(5) 传输速度快。USB1.0 传输速度为 1.5 Mb/s，USB1.1 为 12 Mb/s，USB2.0 速度为 480 Mb/s，USB3.0 提供 10 倍于 USB2.0 的传输速度，可达到 4.8 Gb/s。

(6) 具有外部供电能力。计算机上的 USB 接口可以输出 5 V 电压和 500 mA 的电流，可作为低功耗设备的电源使用。

USB 总线(电缆)包含 4 根信号线，即 D+、D-、电源以及地，用于传送信号和提供电源。其中 D+ 与 D- 为信号线，用于传送信号，是一对双绞线，数据线 D+ 常标为 DATA +、USBD+、PD+ 或者 USBDT+，数据线 D- 常标为 DATA -、USBD-、PD- 或者 USBDT-。电源提供 4.75~5.25 V 的电源电压和最大值为 500 mA 的电流，电源常标为 V_{cc}、Power、5 V 或者 V_{USB}，地常标为 GND 或者 Ground。USB 接口有标准 A 口、标准 B 口、mini-USB 以及 micro-USB 四种机械结构规范。当数据线 D+ 和 D- 的电压差大于 200 mV 时表示输出为 1，电压差小于 200 mV 时表示输出为 0。

2. USB 设备

USB 设备分为 Hub 设备和功能设备两种。Hub 设备即集线器，是 USB 即插即用技术的核心，用于完成 USB 设备的添加、插拔检测和电源管理。Hub 设备不仅能向下层设备提供电源和设置速度类型，而且能为其他 USB 设备提供扩展端口。集线器由中继器和控制器构成，中继器负责连接的建立与断开，用于控制器管理主机与集线器间的通信及帧定时。每个集线器控制器都有一个帧定时器，主机传来的帧开始标志激活帧定时器的定时功能，且定时器的相位和周期将与帧开始标志保持一致。功能设备能在总线上发送和接收数据和控制信息，是一种完成某项具体功能的硬件设备，也是插在 Hub 上的外部设备，如移动硬盘。

USB 外设本身应包含一定数量的能由 USB 设备驱动程序直接操作的独立寄存器端口(称为端点)。当外设插入时，系统给每个 USB 外设分配一个唯一的逻辑地址，由于每个设备上的端点都有不同的端点号，因此，通过设备的逻辑地址与端点号，主机 USB 系统软件即可与每个端点通信。需要说明的是，一个设备不管有多少个端点，但必须有一个零端点。USB 系统软件通过该零端点读取 USB 设备的描述寄存器(这些寄存器提供了识别设备的必要信息、定义端点的数目及用途)，以识别设备类型，并决定如何对这些设备进行操作。

主机与 USB 设备的端点间通过主机的 USB 系统软件传送功能性数据与控制性的数据，通常将 USB 设备的端点和主机软件之间建立的数据收/发连接称之为管道。一个 USB 设备可以有多个管道传送数据，零端点所对应的管道称为默认管道，主要用于控制类型数据的传输。除此之外，还应有一个端点支持接收数据的管道和一个端点支持发送数据的管道。

USB 设备通过描述器报告其属性与特点。描述器是有一定格式的数据结构。每个 USB

设备都必须有设备描述器、设置描述器、接口描述器和端点描述器。每个 USB 设备只有一个设备描述器，包含设备设置所用的默认管道的信息与设备的一般信息。设置描述器可以是一个，也可以是多个，包含设置的一般信息和设置时所需的接口数。接口描述器提供接口的一般信息，也用于指定具体接口所支持的设备类型和同该接口通信时所用的端点描述器数，但不将零端点计数在内。端点描述器用于定义通信点，包含所支持的传输类型(4 种)和最大传输速率，一个接口可以有一个或多个端点描述器。用户驱动程序通过设备描述器获取有关信息，特别是在设备接入时，USB 系统软件根据这些信息判断和决定如何操作。

3. USB 系统组成与拓扑结构

USB 系统由硬件与软件两大部分组成。硬件包括 USB 主机、USB 设备(包括 Hub 设备与功能设备)和连接电缆。USB 主机(Host)是一个带有 USB 主控制器的 PC，是 USB 系统的主控者，在 USB 系统中，只有一个主机。包含于主机的 USB 主控制器/根 Hub(USB Host Controller/Root Hub)分别完成对传输的初始化和设备的接入，且主控制器负责产生由主机软件调度的传输数据，并传送给根 Hub。通常每次 USB 交换都在根 Hub 组织。USB Hub 提供更多的接口，用于系统扩展，多个 USB Hub 采用逐级串行连接的方式与根 Hub 相连。USB 功能设备为实际执行系统功能的部分，包括打印机、扫描仪等。软件包括 USB 设备驱动程序、USB 驱动程序以及主控制器驱动程序。USB 设备驱动程序通过 I/O 请求包给 USB 设备发送请求，完成对目标设备传输的设置。USB 驱动程序在设备设置时读取描述寄存器，获取 USB 设备的特征，并根据这些特征，在请求发生时组织数据传输。主控制器驱动程序完成对 USB 交换的调度，并通过根 Hub 或其他的 Hub 完成对交换的初始化。USB 总线通过在物理上连接成一个层叠的星型结构，实现 USB 设备与 USB 主机的连接。USB 总线拓扑结构如图 7.18 所示。

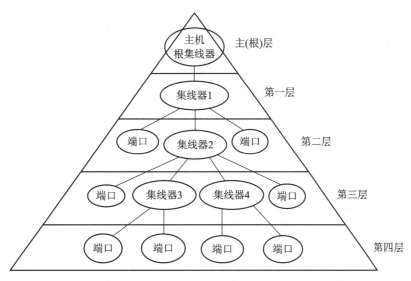

图 7.18 USB 总线拓扑结构

USB 协议定义了 USB 系统中主机与 USB 设备间的连接与通信。拓扑结构是星状的层层向上方式，也可看成是级联方式，最上层为 USB 主控器，集线器是每个星的中心，每根线段表示一个点到点的连接。与其他总线所采用的存储转发技术不同，USB 总线不会对下层的设备引起延迟。

4. USB 的数据传输

USB 的数据传输以包为基本方式，分为标志包、数据包以及握手包三种类型。标志包由主机发送，包含有设备地址码、端口码、传输方向和传输类型等信息。数据包为数据源向数据目的地发送的数据或无数据传送的标志信息，一个数据包最多 1023 B。握手包为数据接收方向数据发送方回发的是否正常接收的反馈信息。USB 的数据传输支持控制信号流、块数据流、中断数据流、实时数据流等数据流类型。其中，控制信号流的作用为当 USB 设备加入系统时采用控制信号流发送控制信号；块数据流用于发送大量数据；中断数据流用于传输少量随机输入信号，包括事件通知信号等；实时数据流用于传输连续的固定速率的数据。

与数据流类型对应，USB 数据传输有控制传输、块传输、中断传输以及同步传输 4 种传输模式。

控制传输为双向传输，由零端点完成，主要用于 USB 设备第一次被 USB 主机检测到时和 USB 主机交换信息，可提供设备配置以及特殊用途，传输出错将重传。其传输过程为：总线空闲状态→主机发设置标志→主机传送数据→端点返回成功信息→总线空闲状态。

块传输既可以单向，也可以双向，主要用于对传输时间和传输速度均无要求的大批量数据的传送，包传输出错重传。其传输过程为：端点可用且主机收数据时，总线空闲状态→发送输入标志→端点发送数据→主机通知成功信息→总线空闲状态；端点可用且主机发数据时，总线空闲状态→发送输出标志→主机发送数据→端点返回成功信息→总线空闲状态；端点不可用或外设出错时，总线空闲状态→发送输入（或输出）标志→端点（或主机）发送数据→端点请求重发或外设出错→总线空闲状态。

中断传输为仅输入到主机的单向传输，用于不固定的少量数据传输，传输时设备需要主机为其服务，且传输出错将在下一个查询中重传。其传输过程为：端点可用时，总线空闲状态→主机发输入标志→端点发送数据→主机通知成功信息→总线空闲状态；端点不可用或外设出错时，总线空闲状态→主机发送输入标志→端点请求重复或外设出错→总线空闲状态。

同步传输可以单向，也可以双向，用于传送连续性和实时性的数据，传输速率固定，实时性要求高，忽略传输错误。其传输过程为：总线空闲状态→主机发输入（或输出）标志→端点（或主机）发送数据→总线空闲状态。

7.3.4 IEEE1394 总线与接口

1. IEEE1394 总线概述

IEEE1394 总线是在 Apple 公司提出的"Fire Wire"基础上改进、完善的高性能串行总线标准，先后有 IEEE1394 - 1995、IEEE1394a - 2000、IEEE1394b - 2002、IEEE1394c -

2006、IEEE1394 - 2008 等版本。IEEE1394 - 1995 版本存在一些模糊的定义，在未将 IEEE1394 作为新接口标准推行以前采用并不多。IEEE1394a - 2000 是 IEEE1394 - 1995 的 改进版，传输速率达到了 400 Mb/s，并提供了仲裁加速器，改善了总线重置速率，增加了 总线的挂起/恢复及电源管理的能力。IEEE1394b - 2002 对 IEEE1394 - 1995 与 IEEE1394a - 2000 做了进一步修订，最高传输速率可达 800 Mb/s，但插头从 6 芯变为 9 芯，需经转接线 连接。IEEE1394c - 2006 提供了一项重大改进技术，新的接头规格和 RJ45 相同，并使用 5 类双绞线 CAT - 5 和相同协议，可使相同端口的 IEEE1394 设备连接到 IEEE802.3 的设备 上，传输速率仍为 800 Mb/s。IEEE1394 - 2008 由 IEEE 协会颁布，传输速率可达 3.2 Gb/s，且规范与 IEEE1394 接口兼容。IEEE1394 总线特征如下：

（1）遵从 IEEE1212 控制和状态寄存器结构标准。

（2）总线传输类型包括块读写与单个 4 字节读写，传输方式有等时与异步两种。

（3）自动地址分配，具有即插即用能力。

（4）采用公平仲裁和优先级相结合的总线访问方式，保证所有节点有机会使用总线。

（5）提供背板传输与电缆传输两种传输方式，拓扑结构灵活。

（6）支持多种数据传输速率。

（7）两个设备之间采用电缆连接，最大距离为 72 m。

（8）IEEE1394 标准的接口信号线采用 6 芯电缆与 6 针插头，其中 4 根信号线组成两对 双绞线传送信息，两根电源线向被连接设备提供电源。

IEEE1394 总线的主要特点如下：

（1）通用性强。IEEE1394 采用树型或菊花链结构，以级联方式在一个接口上最多可连 接 63 个不同种类的设备，为微机外设与电子产品提供了统一接口。

（2）传输速率高。最高传输速率可达 3.2 Gb/s，适用于高速设备。

（3）实时性好。高速率传输与等时传送方式结合，使数据传输的实时性好，特别适用于 图像与声音等多媒体传输业务。

（4）为被连接设备提供电源，能提供(4~10) V/1.5 A 的电源。

（5）系统中设备关系对等。与 USB 总线只能由主机发送指令不同，IEEE1394 总线上 的任何设备都可以主动发送请求，总线上的任何两个设备可以直接连接，不需要通过 PC 的控制，对电子产品互连更为有利。

（6）连接简单，使用方便。IEEE1394 采用设备自动配置技术，支持热插拔和即插即用，设备加入与拆除后，会自动调整拓扑结构，重设系统的外设配置。

2. IEEE1394 机械与电气规范

IEEE1394 规范支持两种类型的线缆，即 IEEE1394 - 1995 规范的 6 针连接器与线缆和 IEEE1394a - 2000 规范的 4 针连接器与线缆。前者的连接器在线缆两端相同，并在节点间、 两端都可以插入；后者没有电源针，使用这种连接器的线缆可在线缆一端用 4 针连接器，另一端用 6 针连接器，或者两端都是 4 针连接器。6 针连接器的插头与插座如图 7.19 所示，信号分配与物理意义如表 7.4 所示。

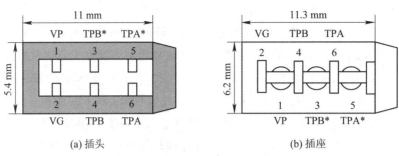

(a) 插头 (b) 插座

图 7.19 6 针连接器的插头与插座

表 7.4 信号分配与物理意义

位置号	信号名称	物 理 含 义
1	VP	线缆电源(电压范围 8~40 V)
2	VG	线缆地线
3	TPB*	双绞线 B,传送差分数据,接收差分选通信号
4	TPB	
5	TPA*	双绞线 A,传送差分选通信号,接收差分数据
6	TPA	

6 针连接器的插座形状相对较小(11.3 mm×6.2 mm),由外壳和接触圆片组成。当插入插头时,插头体接入插座外壳使插头体内的接触圆片与插槽的接触圆片接触连接。

现在常见的 4 针连接器为 6 针连接器的改进产品,没有电源引脚,命名为 iLink。4 针连接器的插头与插座如图 7.20 所示。

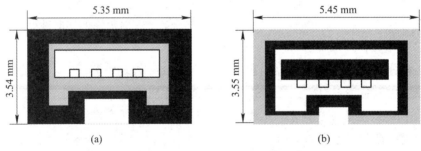

(a) (b)

图 7.20 4 针连接器的插头与插座

6 针连接器主要用于台式计算机,4 针连接器比 6 针连接器小得多,主要用于笔记本电脑和 DV。

IEEE1394 的 4 导线和 6 导线线缆的电气特性一致,线缆的标准电气特征和参数如下:

(1) 最大线缆长度为 4.5 m。

(2) 差模的特种电阻为 110 Ω,共模的特种电阻为 33 Ω。

(3) 信号衰减。100 MHz 时最大衰减为 2.3 dB/m;200 MHz 时最大衰减为 3.2 dB/m;400 MHz 时最大衰减为 5.8 dB/m。

（4）TPA 至 TPB 交叉干扰在 1～500 MHz 范围内小于等于−26 dB。

3. IEEE1394 拓扑结构

IEEE1394 总线既可用于内部总线连接，又可用于设备之间的电缆连接。内部连接采用背板连接方式，设备之间的连接采用电缆连接方式。两种不同连接方式相连时需要使用桥接器（即转换器）完成数据的接收、重新封装以及转发。背板连接时，节点（地址化的实体设备）通过分布在总线上的插槽插入总线。节点的物理地址由背板上的插槽位置设定，背板连接方式的传输速率有 12.5 Mb/s、25 Mb/s、50 Mb/s 三种。电缆连接时，IEEE 总线设备设计成可以提供多个接头，允许采用菊花链或树形拓扑结构，利用电缆将不同节点的端口连接，每个端口由终端、收发器以及简单逻辑组成。两节点间距离不超过 4.5 m，支持的传输速率为 100 Mb/s、200 Mb/s 以及 400 Mb/s 三种。每个节点有唯一地址，地址宽度为 64 位。其中高 16 位为节点标识号，高 16 位中的高 10 位为总线标识号，全为 1 时，表示广播到所有总线上；另外高 6 位为物理节点标识号，全为 1 表示广播到网络上所有节点。其余 48 位供内部使用，分别用作命令寄存器、状态寄存器以及一般存储器的地址。可见 IEEE1394 总线一共可以寻址 1023 个总线，每个总线可连接 63 个节点，每个节点最大有 2^{48} 个存储空间。

用 IEEE1394 总线连接的设备采用的是内存编址的方法，各设备就像内存的存储单元一样可以将设备资源作为寄存器或内存，因此可进行处理器到内存之间数据的直接传送，不必经过 I/O 通道，有很大的优越性。

4. IEEE1394 的数据传输

IEEE1394 总线支持异步传输与等时传输，总线的使用以 125 μs 为时间周期，等时传输最多占用 100 μs，异步传输最少占用 25 μs。

异步传输需以固定的速率传送数据，通过唯一的地址确定节点，不要求有稳定的总线宽度，也不需要规则地使用总线。异步传输需先发请求信号，待目标接收设备回传响应信号后才能传输数据，并使用 CRC 校验验证数据，当发生错误时，由软件控制重传。

等时传输要求以稳定的间隔传送数据，使用一个信道号而不是唯一的地址来表示目标节点。等时数据流根据信道号向一个或多个节点广播。等时传输方式要求有规则的总线访问，比异步传输有更高的总线优先权，而且只需要发送请求信号，而目标设备不需要发送响应信号，效率更高。希望执行等时传输的应用程序必须向等时资源管理节点申请总线时间分配，一旦获得时间分配，信道就能在每个 125 μs 周期（时隙）内获得保证的时间传输数据。

7.3.5 CAN 总线与接口

1. CAN 总线概述

CAN（Control Area Network，控制器局域网）总线最初由德国 Bosch 公司推出，用于汽车内部测量与执行部件之间的数据通信，其总线规范已被国际标准化组织制定为国际标准，是一种串行通信总线。由于得到了摩托罗拉、飞利浦、西门子以及 NEC 等公司的支持，现已广泛应用于离散控制领域，因此，CAN 总线也是最有前途的现场总线之一。所谓现场总线系统是指应用在生产现场、在微机化测量控制设备之间实现双向串行多节点数字通信的系统，也称为开放式、数字化、多点通信的底层控制网络。现场总线技术将专用的微处理器置入传统的电子设备，采用可进行简单连接的双绞线等作为总线，把多个电子设备连接成网络系统，并按公开、规范的通信协议，实现数据传输与信息交换。基于现场总线的电子系统以现场总线为纽带，将挂接在总线上、作为网络节点的智能设备连接在一起，形成一个开放的、全分布式的通信网络系统。

CAN 总线由于具有可靠性高、成本低、容易实现等优点，因此在现场总线的实际工程应用中占据了较大份额，特别是在汽车电子领域得到了广泛应用，并且由于 CAN 总线协议的完全透明性、可扩展性以及组建系统的灵活性使得在工业控制、小区智能监控等热点领域有着广泛的应用前景。CAN 总线有如下特点：

（1）通信方式灵活。CAN 为多主工作方式，网络上任何一个节点均可在任意时刻主动向网络上其他节点发送信息，而不分主从，且无需站地址等节点信息。

（2）CAN 网络上的节点信息分为不同的优先级，可满足不同的实时要求。

（3）CAN 采用非破坏性总线仲裁技术。当多个节点同时向总线发送信息时，优先级较低的节点会主动退出发送，而最高优先级的节点可不受影响地继续传输数据，从而大大节省了总线冲突仲裁时间，特别是在网络负载很重的情况下也不会出现网络瘫痪情况。

（4）CAN 只需通过报文滤波即可实现点对点、一点对多点及全局广播等几种方式传送接收数据，无需专门的"调度"。

（5）CAN 的直接通信距离最远可达 10 km，通信速率最高可达 1 Mb/s。

（6）CAN 总线上的节点数主要取决于总线驱动电路，目前可达 110 个，报文标识符可达 2032 种（CAN2.0A），扩展标准（CAN 2.0B）的报文标识符几乎不受限制。

（7）CAN 总线通信格式采用短帧格式，传输时间短，受干扰概率低，具有极好的检错效果，可满足通常工业中控制命令、工作状态及测试数据的一般要求，同时，也不会占用过长的总线时间，保证了通信的实时性。

（8）CAN 总线的每帧信息都有 CRC 校验及其他检错措施，保证了通信的可靠性。

（9）CAN 总线通信接口中集成了 CAN 协议的物理层和数据链路层功能，可完成对通信数据的成帧处理，包括位填充、数据块编码、循环冗余校验、优先级判断等多项工作。

（10）CAN 的通信介质可为双绞线、同轴电缆或光纤，选择灵活。

（11）CAN 节点在错误严重的情况下具有自动关闭输出功能，保证其他节点的操作不受影响。

2. CAN 的通信协议

CAN 总线的模型结构只有物理层、数据链路层以及应用层 3 层。为了实现 CAN 总线的信息传输，其通信协议如下：

（1）CAN 总线采用载波监听多路访问（CSMA）的方式判断总线是否空闲，当网络上存在至少 3 个空闲位时，判定总线处于空闲状态。一旦总线处于空闲状态，CAN 控制器便采用硬同步技术使所有 CAN 控制器同步于帧起始的前沿，并开始访问总线。

（2）当总线空闲时，任何节点均可发送报文，但只有具有最高优先权的节点会赢得总线的访问权。在总线空闲时，若同时有两个及以上节点发送报文，则出现的总线访问冲突借助标识号 ID 解决。若具有相同标识号的数据帧与远程帧同时发送，数据帧优先于远程帧。在仲裁期间，每一个发送器都对发送位电平与总线上检测到的电平进行比较，若相同则该单元继续发送，否则，不再发送。具体过程为：当总线空闲时呈隐性电平，此时任一节点都可以向总线发送一个显性电平作为帧的开始，并同时检测总线上的电平，若两者电平相同则继续发送下一位，不同说明网络上有更高优先级的信息帧正在发送，则停止发送，总线竞争结束。剩余节点继续上述过程直到总线上只剩下一个节点发送的电平，总线竞争结束，优先级最高的节点获得总线的使用权，继续发送信息帧的剩余部分，直到全部发送完毕。

（3）总线上的信息以不同格式、长度有限的报文按帧方式发送。一个报文的内容由标识号 ID 命名，ID 不指出报文的目的地址，但描述了数据的含义，并定义了报文在总线访问期间的静态优先权。网络中所有节点均可接收报文，并借助报文滤波决定该报文是否使自己激活。

帧起始域、仲裁域、控制域、数据域和 CRC 序列均使用位填充技术进行编码。在 CAN 总线中，编码时每连续 5 个相同状态的电平插入 1 位与之相补的电平，还原时每 5 个相同状态的电平后的相补电平将被删除，从而保证数据的透明性。

（4）当一个节点需要另一个节点发送数据时，可通过发送一个远程帧实现，且发送的远程帧与接收的数据帧采用相同标识号命名。

（5）为了获得尽可能高的数据传输可靠性，在每个 CAN 节点中均设有检测、标注和自检功能。检测错误的措施包括发送自检、CRC 校验、位填充和报文格式检查等。当检测到位错误、填充错误、形式错误或应答错误时，检测到错误的节点的 CAN 控制器将发送一个出错标志，即已损报文由检验出错误的节点进行标注，出错的报文所在节点在收到错误标注后自动重发。如果不存在新的错误，从检出错误到下一个报文发送的恢复时间最多为 29 个位时间。CAN 节点能识别永久性故障和暂时扰动，还可自动关闭故障节点。

（6）所有接收器均对接收到的报文的相容性进行检查，并回答一个相容报文，以及标注一个不相容报文。

（7）一些 CAN 控制器会发送一个或多个超载帧以延迟下一个数据帧或远程帧的发送。

（8）CAN 的数据传输率在不同的系统中可以不同，但在一个给定的系统中，此速率固定且唯一。

3. CAN 报文的帧结构与帧格式

CAN 的信号传输采用短帧格式，每帧的有效字节数为 8 个，因而传输时间短，受干扰的概率低。当节点严重错误时，具有自动关闭的功能，可切断该节点与总线的联系，使总线上的其他节点及其通信不受影响，具有较强的抗干扰能力。

CAN 通信协议 2.0A 规定了 4 种不同的帧格式：数据帧、远程帧、错误帧以及超载帧。其中数据帧用于传送数据，远程帧用于请求数据，超载帧用于扩展帧序列的延迟时间，而当局部检测出错误时则产生错误帧。对于数据帧与远程帧来说，不管哪种帧均被称为帧间空间的域位分开，而超载帧和错误帧前面没有帧间空间，且多个超载帧之间也不被帧间空间隔开。

1) 数据帧

数据帧由 7 个不同的位、域组成，即由帧起始标志位、仲裁域、控制域、数据域、CRC 检查域、ACK 应答域以及帧结束标志位组成。数据域长度可为零。在 CAN2.0B 协议中有两种不同的数据帧格式，其主要区别在仲裁域中标识号 ID 的长度，具有 11 位标识号的帧称为标准帧，具有 29 位标识号的帧称为扩展帧。

帧起始标志位(SOF)标志数据帧与远程帧的起始，它以一个比特的显性位(逻辑 0)出现，只有在总线处于空闲状态时，才允许节点发送。起始位的出现意味着总线空闲状态的结束，且有节点发送信息，所有节点都要同步于首先开始发送的那个节点的帧起始前沿。

对于 CAN2.0A 协议来说，仲裁域由标识号和远程发送请求位(RTR)标志组成，标识号长度为 11 位，并以从高位到低位的顺序发送，其中最高 7 位不能全为隐性位(逻辑 1)。在数据帧中，RTR 位总是设成 0，远程帧中该位必须为 1。对于 CAN2.0B 协议来说，标准格式与扩展格式的仲裁域则不同。标准格式中，仲裁域由 11 位标识号和远程发送请求位 RTR 组成，而在扩展格式中，仲裁域由 11 位标识号(即 SRR+IDE)+18 位标识号组成(共 29 位标识号)，其中 IDE 在标准格式中属于控制域，以显性电平(逻辑 0)发送，而在扩展格式中属于仲裁域，以隐性电平(逻辑 1)发送。需要说明的是：显性电平具有优先特性，只要有一个单元输出显性电平，总线上即为显性电平；隐性电平具有包容特性，只有所有的节点都输出隐性电平，总线上才为隐性电平。

控制域由两个保留位 R1、R0 和 4 位数据长度码(DLC)组成，两个保留位必须发送显性位。数据长度码的值为数据域中数据的字节数。

数据域由数据帧中被发送的数据组成，可包括 0~8 个字节。CRC 域由 CRC 序列以及 CRC 界定符组成。应答域(ACK)由应答间隙和应答界定符组成。在应答域中，发送器发送两个隐性位，且一个正确接收到有效报文的接收器在应答间隙发送一个显性位报告给发送器。所有接收到匹配 CRC 系列的节点在应答间隙内把显性位写入发送器的隐性位来报告。应答界定符是应答域的第二位，必须为隐性。帧结束标志位由 7 个隐位组成的标志序列来界定。

2) 远程帧

远程帧被用来请求总线上某个远程节点发送自己想要接收的某种数据，具有发送远程消息的节点收到远程帧后，发送远程数据给请求节点。远程帧由帧起始标志位、仲裁域、控制域、CRC 检查域、ACK 应答以及帧结束标志位组成。与数据帧相比，远程帧没有数据域，且仲裁域中的 RTR 为 1。

3) 错误帧

错误帧由错误标志与错误界定符组成。其中错误标志由来自各站的错误标志叠加得到。在报文传输过程中，检测到任何一个节点出错，即于下一位开始发送错误帧，通知发送端停止发送。

4) 超载帧

超载帧由超载标志与超载界定符组成。当某节点要求缓发下一个数据帧与远程帧时，向总线发超载帧。超载帧还可以引发另一次超载帧，但以两次为限。

下面以 CAN2.0B 协议为代表，介绍数据帧的格式。

(1) CAN2.0B 协议数据标准帧格式。

CAN 标准帧信息为 11 个字节，包括信息与数据两部分，前 3 个字节为信息部分，后 8 个字节为传输的数据。CAN2.0B 协议数据标准帧格式如表 7.5 所示。

表 7.5　CAN 2.0B 协议数据标准帧格式

字节	D7	D6	D5	D4	D3	D2	D1	D0
字节 1	FF	RTR	R1	R0	DLC			
字节 2	报文识别码 ID.10～ID.3							
字节 3	报文识别码 ID.2～ID.0			RTR				
字节 4	数据 1							
字节 5	数据 2							
字节 6	数据 3							
字节 7	数据 4							
字节 8	数据 5							
字节 9	数据 6							
字节 10	数据 7							
字节 11	数据 8							

表 7.5 中字节 1 为帧信息，其中 FF 表示帧格式；在标准帧中，FF＝0，RTR 表示帧的类型，RTR＝0 表示为数据帧，RTR＝1 表示远程帧；R1、R0 为保留位，必须发送显性电平；DLC 为数据帧中数据的长度，数据的字节数必须是 0～8 个字节，但接收方对 DLC＝9～15 的情况并不视为错误。DLC 与数据长度的关系如表 7.6 所示。

表 7.6　DLC 与数据长度的关系

数据字节数	数据长度码（DLC）			
	DLC3	DLC2	DLC1	DLC0
0	0	0	0	0
1	0	0	0	1
2	0	0	1	0
3	0	0	1	1
4	0	1	0	0
5	0	1	0	1
6	0	1	1	0
7	0	1	1	1
8	1	0	0	0

表 7.5 中字节 2、3 为报文识别码，11 位有效；字节 4～11 为实际数据。

(2) CAN2.0B 协议数据扩展帧格式。

扩展帧信息为13个字节,同样包括信息与数据两部分,前5个字节为信息部分,后8个字节为数据。CAN2.0B数据扩展帧格式如表7.7所示。

表7.7 CAN 2.0B 协议数据扩展帧格式

字节	D7	D6	D5	D4	D3	D2	D1	D0
字节1	FF	RTR	X	X	DLC			
字节2	报文识别码 ID.28～ID.21							
字节3	报文识别码 ID.20～ID.13							
字节4	报文识别码 ID.12～ID.5							
字节5	报文识别码 ID.4～ID.0					X	X	X
字节6	数据1							
字节7	数据2							
字节8	数据3							
字节9	数据4							
字节10	数据5							
字节11	数据6							
字节12	数据7							
字节13	数据8							

表7.7中字节1为帧信息,字节2～5为报文识别码,29位有效,FF=1,RTR=0;字节6～13为实际数据。

4. CAN 报文的滤波技术

在CAN总线中,有多种传送与接收数据的方式,如点对点、一点对多点以及全局广播等。这些方式的选择与转换是通过CAN总线中的报文滤波技术实现的,无需专门的调度。消息过滤基于标识符进行,可选择的屏蔽寄存器能将任何标识符位设置成不关心,这可用来选择映射到附属的接收缓冲的标识符组。如果屏蔽寄存器的每位都实现为可编程的,这些位就可以使能或禁止对消息的过滤。屏蔽寄存器的长度可以是整个标识符,也可以是其中的一部分。下面以SJA1000(一个独立的SAN控制器)为例简要介绍报文滤波的原理。

在SJA1000中,无论是何种传输方式,都是将CAN的某一地址存在验收滤波器中。借助于验收滤波器,CAN控制器能够允许RXFIFO(接收缓冲器)只接收识别码与验收滤波器预设值一致的信息。验收滤波器由验收代码寄存器(ACRn)和验收屏蔽寄存器(AMRn)组成,要接收信息的位模式在验收代码寄存器中定义,验收屏蔽寄存器允许定义某些位为"不影响"(即可为任意值)。模式寄存器用于设置滤波模式,有单滤波模式与双滤波模式两种。

在单滤波模式中,验收代码寄存器与验收屏蔽寄存器均为4字节,用ACR0～ACR3以及AMR0～AMR3表示。寄存器字节和信息字节之间位的对应关系取决于接收帧的格式。如果接收的是标准帧格式的信息,验收代码寄存器只使用ACR0与ACR1的高4位来存放11位识别码和RTR位,验收屏蔽寄存器也只使用AMR0与AMR1的高4位存放信息。接收信息中的 11 位标识码以及 RTR 位首先与验收代码寄存器存储的 11 位标识码以及 RTR 位按位处理，输出的 12 位信息再与验收屏蔽寄存器按位处理，最后，输出 12 位逻辑与。若输出为逻辑 1，则接受；若输出为逻辑 0，则不接受。如果接收的是扩展帧格式的信息，验收代码寄存器使用 ACR0～ACR3 来存放识别码和 RTR 位（ACR3.1、ACR3.0 未使用），验收屏蔽寄存器也使用 AMR0～AMR3 存放信息。对接收信息中的 29 位标识码以及 RTR 位的处理方式与标准格式相同。同样处理后若输出为逻辑 1，则接受；若输出为逻辑 0，则不接受。

在双滤波模式中，一条接收的信息要与两组滤波器比较来决定是否接收信息，当两组滤波器至少有一组发出接受信号时，则接收的信息有效。寄存器字节和信息字节之间位的对应关系取决于接收帧的格式。在双滤波模式中，4 字节的验收代码寄存器与验收屏蔽寄存器均被设置成 2 个短的验收代码寄存器与验收屏蔽寄存器，以供两组滤波器使用。具体如下：如果接收的是标准帧格式的信息，则第一组滤波器中的验收代码寄存器由 ACR0、ACR1 以及 ACR3 的低 4 位组成，验收屏蔽寄存器由 AMR0、AMR1 以及 AMR3 的低 4 位组成，第二组滤波器中的验收代码寄存器由 ACR2、ACR3 的高 4 位组成，验收屏蔽寄存器由 AMR2、AMR3 的高 4 位组成。第一组滤波器比较 RTR 位、11 位识别码以及信息的第一个数据字节，第二组滤波器只比较 RTR 位与 11 位识别码。对信息是否接受的判断过程与单滤波模式相同，即两组滤波器只要其中一个判断为接受，则接受信息；若二者都判断为不接受，则不接受信息。如果接收的是扩展帧格式的信息，则第一组滤波器中的验收代码寄存器由 ACR0、ACR 组成，验收屏蔽寄存器由 AMR0、AMR1 组成，第二组滤波器中的验收代码寄存器由 ACR2、ACR3 组成，验收屏蔽寄存器由 AMR2、AMR3 组成。两组滤波器都只比较识别码的前两个字节。对信息是否接受的判断过程与单滤波模式也相同。

5. CAN 总线系统的构成

CAN 总线作为现场总线的一种，是一种有效支持分布式控制或实时控制的串行通信网络。从网络的拓扑结构来看，按照 CAN 总线协议，CAN 总线可以是任意的拓扑结构，常见的有总线拓扑、环形拓扑、星形拓扑以及网状拓扑 4 种拓扑结构。从原理与实现的角度来看，只要有两个 CAN 节点以及将它们连接成一体的通信介质（典型为双绞线）就可以构成一个 CAN 总线系统。由 CAN 总线构成的控制网络一般由控制器节点、传感器节点、执行器节点以及其他的监控节点（如人机界面）组成，CAN 作为控制局域网还可以通过网关和其他网络互联构成大型复杂的控制网络系统。CAN 总线控制系统结构如图 7.21 所示。

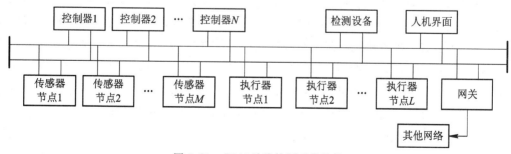

图 7.21　CAN 总线控制系统结构

对图 7.21 说明如下：

（1）一个单回路的最小控制系统由一个控制器、一个传感器和一个执行器组成。

（2）以 CAN 为基础的控制系统可以由多个互不相关的控制回路组成，而它们共享 CAN 总线。

（3）图 7.21 所示的局域网控制系统可以作为大型控制系统的一个子系统，通过网关可与其他系统建立联系。

尽管 CAN 总线无所谓主节点和从节点，可用于多主式通信方式的场合，但在某些具体的应用中，为了系统的可靠性和整体设计的考虑还是需要分主节点与从节点，这样 CAN 总线也可用于主从式通信方式。由 CAN 总线构成的简单主从节点控制系统如图 7.22 所示，通常上位机节点为系统的主节点，其他节点为从节点。主节点通常由个人计算机与 CAN 接口组成，CAN 接口可采用 CAN 适配卡实现；从节点一般由微处理器与 CAN 接口组成，CAN 接口由以 CAN 总线控制器与 CAN 总线收发器为核心的电路实现。主节点负责监控各个从节点，向从节点发布指令，并接收、处理从节点传来的数据；从节点完成某一特定的任务，如将传感器数据传送到主节点，或执行主节点的指令将主节点传来的数据输出到执行器，并执行相应的动作；CAN 接口电路负责各个节点的串行通信，两个电阻为 CAN 线路的匹配电阻。

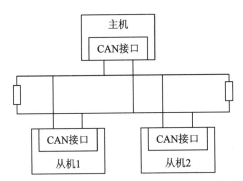

图 7.22　CAN 总线构成的简单主从节点控制系统

6. CAN 总线常用芯片

与 CAN 总线相关的芯片主要是总线控制器与总线收发器。总线收发器是 CAN 总线控制器与总线之间的接口芯片，其作用是对总线提供差动发送能力和对总线控制器提供差动接收能力，国内用得最多的是飞利浦的 PCA82C250。总线控制器完成 CAN 通信协议所要求的几乎所有功能，既有独立的控制器芯片，如飞利浦的 SJA1000，又有集成到微处理器中的控制器芯片，如飞利浦的 8 位微处理器 P8XC59X、摩托罗拉的 16 位微处理器 68HC912 以及 32 位微处理器 MC6837X。有的 DSP 芯片也带有 CAN 控制器，如 TI 公司的 TMS320LF24 系列。下面简单介绍 CAN 总线收发器芯片与控制器芯片。

1）CAN 总线收发器 PCA82C250/251

收发器 PCA82C250/251 可以用 1 Mb/s 的速率在两条有差动电压的总线电缆上传输数据，具有以下特点：

（1）完全符合 ISO11898 标准，其中 82C251 符合 ISO11898 – 24V 标准。

（2）速率高（最高达 1 Mb/s）。

（3）具有抗瞬间干扰和保护总线的能力。

（4）差分接收，抗共模干扰与电磁干扰能力强。

（5）限流电路防止电源与地短路。

（6）低电流待机模式。

（7）未上电的节点对总线无影响。

该芯片有 8 个引脚，依次为 TxD（数据发送）、GND（地）、V_{CC}（电源）、RxD（数据接收）、V_{REF}（参考电压输出）、CANL（低电平 CAN 电压输入/输出）、CANH（高电平 CAN 电压输入/输出）、R_S（斜率电阻输入）。该芯片有三种工作模式，分别为高速模式、斜率控制模式以及待机模式，其中前两种模式为正常工作模式。工作模式由引脚 8 选择。

当引脚 8 的电压小于 0.3 V 或接地时，选择高速模式。该模式的总线输出信号切换速度快，适合执行最大的传输速率与最大的总线长度，主要用于普通的工业应用，总线电缆一般使用屏蔽电缆以防干扰。

当引脚 8 与地之间接一个合适电阻（16.5～140 kΩ），使引脚 8 的电压在 0.5 V 左右时，工作于斜率控制模式。该模式不需要使用屏蔽电缆，其总线传输速率较低，且传输距离也有限，适用于对传输速率与传输距离要求都不高的场合。

当引脚 8 的输出电压大于 0.75 V 时，工作于待机模式。该模式可节省功耗，但从待机模式到正常工作模式有一个延迟。

2）带 CAN 接口的 TMS320LF2407

TMS320LF2407 是 TI 公司的一款主要用于控制的定点 DSP 芯片，其中 TMS320LF2407A 提供了适合 2.0B 规范的 CAN 模块作为内部外设，其引脚 70（CANRX）、72（CANTX）与通用输入/输出（GPIO）引脚复用，可通过专用寄存器设置该引脚是通用输入/输出引脚还是 CAN 的收/发引脚。

TMS320LF2407A 的 CAN 模块是一个全 CAN 控制器，是 16 位的内部外设模块，具有以下特性：

（1）支持 2.0B 规范，标准数据帧和远程帧以及扩展数据帧和远程帧。

（2）为 0～8 字节数据长度提供 6 个信箱，其中两个为接收信箱，两个为发送信箱，另外两个可配置成接收/发送信箱。

（3）为信箱 0、1 和信箱 2、3 配置有本地接收屏蔽寄存器。

（4）标准或扩展信息标识号可配置。

（5）波特率可设置，中断表可编程。

（6）配置的错误计数器可读。

（7）有自测试模块。

对该内部外设的读写分为寄存器访问与 RAM 访问两种，对于控制寄存器与位置寄存器采用寄存器访问方式，对于信箱采用 RAM 访问方式。CAN 模块结构如图 7.23 所示。

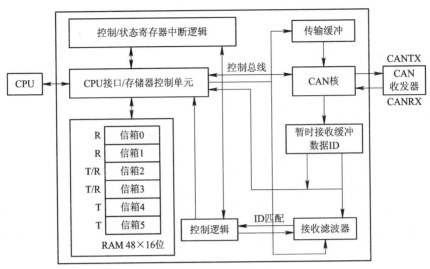

图 7.23　CAN 模块结构

信箱位于 RAM 48×16 位的双口 RAM 中，能被 CPU 和 CAN 进行读写操作。当访问 RAM 时，地址总线用地址位 0 确定在 32 位字中是选用低(0)16 位字还是高(1)16 位字。RAM 中的定位由地址总线的 5～1 位确定。CAN 模块针对外围终端扩展(PIE)控制器有两种中断请求：信箱中断和错误中断。对于 CPU 这两种中断都能被确定为高优先级请求还是低优先级请求。CAN 信箱可以产生多级中断，通过读 CAN – IFR 寄存器可确定中断优先级。

由于 DSP 芯片已经集成了 CAN 控制器，因此，DSP 与 CAN 总线的接口电路简单，只要在控制器的输出端接上 CAN 收发器即可实现与 CAN 总线的通信。TMS320LF2407 的 CAN 接口电路如图 7.24 所示，PCA82C250T 为 CAN 收发器，提供对总线的差动接收与发送，电阻 R_4 为 CAN 终端的匹配负载，由于 DSP 为 3.3 V 供电，收发器为 5 V 供电，因此 R_1、R_2、R_3 与二极管 VD_1 为电平转换电路。实现程序可参考相关书籍。

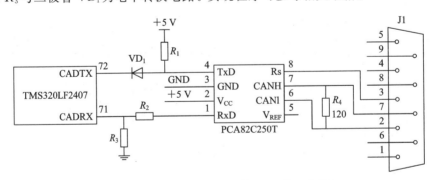

图 7.24　TMS320LF2407 的 CAN 接口电路

7.3.6　PCI 总线与接口

1. PCI 总线

PCI 总线是一种用于微处理器系统中各插件板与系统板之间互连的总线。在 PCI 总线之前主要采用 ISA、VESA 总线，其中，ISA 总线是为适应 8/16 位数据总线要求而推出的一种总线，共 98 个引脚。EISA 总线在 ISA 总线的基础上发展起来，与 ISA 总线兼容，采用双层插座，共 98×2 个引脚。PCI 总线是由 Intel 公司推出的一种最流行的局部总线，主要解决高速图形处理和 I/O 吞吐能力问题，在主板上插槽的体积比 ISA 总线小，功能比 VESA、ISA 有极大改善，但与 ISA、EISA 总线不兼容，且不受处理器限制。几乎在 PCI 总线推出的同时，还推出了 VESA 总线。该总线定义了 32 位数据线，且可通过扩展槽扩展到 64 位，使用 33 MHz 时钟频率，最大传输率达 132 Mb/s，可与 CPU 同步工作，是一种高速、高效的局部总线。考虑到 PCI 总线使用的广泛性以及受篇幅限制，这里主要介绍 PCI 总线的性能特点、总线规范与总线信号定义，其他内容可查阅相关书籍。

1）PCI 总线的性能与特点

PCI 总线是一种较先进的高性能局部总线，同时支持多组外围设备，不受制于处理器，可为中央处理器及高速外围设备提供数据传输通道。其主要性能如下：

（1）总线时钟频率为 33.3 MHz/66.6 MHz。

（2）总线宽度为 32 位/64 位。

（3）最大数据传输速率在工作频率为 33 MHz、总线宽度为 32 位的条件下为 133 Mb/s。

（4）支持 64 位地址寻址，适应 5 V 和 3.3 V 电源环境。

（5）具有突发传输、并发工作、自动配置、中断方式以及仲裁方式等总线控制方式。

PCI 总线的主要特点有：

（1）为 PCI 局部总线设计的器件是针对 PCI 而不是针对处理器，因此，设备的设计独立于处理器的升级。

（2）每个 PCI 局部总线支持约 80 个 PCI 功能、10 个电气负载。

（3）在全部读/写传送中可实现突发传输。32 位 33 MHz 的 PCI 局部总线的读写传送峰值速率为 132 Mb/s，64 位 33 MHz 的 PCI 传输峰值速率为 264 Mb/s。对于 64 位 33 MHz 的 PCI 局部总线，传送速率可达 528 Mb/s。

（4）64 位总线宽度，64 位扩展的完全定义。

（5）全面支持 PCI 局部总线主设备，并行总线操作，访问时间快。

（6）地址、命令和数据均进行奇偶校验。

（7）定义了长卡、短卡和变高短卡 3 种插卡尺寸以及 PCI 连接器。

2）PCI 总线规范与总线信号

PCI 总线规范包括电气规范与机械规范。在电气规范中定义了所有 PCI 元件、系统扩展板的电气性能与约束，以及扩展板连接器的引脚分配，并提供 5 V 和 3.3 V 两种信号环境。PCI 扩展卡分为长卡和短卡两种，长卡提供 31613 mm^2 的设计空间，用来实现一些复杂系统，短卡提供以较小的成本和功耗来实现一定的功能。扩展板的连接有 32 位和 64 位两种接口。32 位扩展板的连接器引脚逻辑数目为 124，但实际上只有 120 个引脚，其中键位占去了 4 个引脚的位置，连接器可接受 5 V 信号环境的板卡，若旋转 $180°$ 即可接受 3.3 V

信号环境的板卡。64 位扩展卡的连接器结构与 32 位扩展板的连接器相同，引脚数目为 184 个。32 位扩展板的连接器的系统信号是 64 位扩展板连接器的子集，所以 32 位扩展板与 64 位扩展板可以互换使用，32 位扩展板在 64 位扩展板连接器上直接可以以 32 位方式进行数据传输，而 64 位扩展板在 32 位扩展板连接器上时需要配置成 32 位方式进行数据传输。在系统板的共享插槽中同时只能安装一个扩展板。

在 PCI 应用系统中，如果某设备取得了总线控制权，就称其为主设备，被主设备选中进行通信的设备称为从设备或目标节点。相应地接口信号线分为必选与可选。主设备至少需要 49 条必选信号，从设备需要 47 条必选信号。利用这些信号线便可处理数据、地址，实现接口控制、仲裁及系统功能。PCI 总线必选信号定义如下：

（1）系统信号。

CLK（系统时钟信号，输入）：对所有 PCI 设备均为输入信号，最高频率为 33 MHz/66 MHz，最低频率 0 Hz。除 RST、INTA – INTD 外，所有 PCI 的其他信号均为 CLK 的上升沿有效。

RST（系统复位信号，输入）：低电平有效。

（2）地址与数据信号。

AD[31:0]（地址/数据复用信号，输入输出）：共 32 位，用于传输地址与数据。

C/BE[3:0]（总线命令/字节使能复用信号，输入输出）：共 4 位，地址有效时传输命令，数据有效时，字节使能。

PAR（校验信号，输入输出）：高电平有效，是针对 AD[31:0]和 C/BE[3:0]进行奇偶校验的校验位。

（3）接口控制信号。

FRAME（帧周期信号，输入输出）：低电平有效。由当前的主设备驱动，表示一次访问的开始与持续。该信号有效表示总线传输的开始，在有效期间说明数据传输正在进行。当数据传输进入最后一个数据期，该信号变为无效。

IRDY（主设备准备好信号，输入输出）：低电平有效。该信号有效说明引起本次传输的设备可以完成一个数据期，但要与 TRDY 配合，同时有效才能完成数据传输，否则进入等待周期。

TRDY（从设备准备好信号，输入输出）：低电平有效。该信号有效说明从设备已经做好当前数据传输的准备工作，可进行数据传输。同样要与 IRDY 配合，同时有效才能完成数据传输，否则进入等待周期。

STOP（停止数据传输信号，输入输出）：低电平有效。有效时表示从设备要求主设备终止当前的数据传送。该信号由从设备发出。

LOCK（锁定信号）：低电平有效。有效时表示驱动它的设备所进行的操作可能需要多次传输才能完成，表示该设备的操作将独占总线资源。

IDSEL（初始化设备选择信号，输入）：在参数配置进行读写传输时，作为片选信号。

DEVSEL(设备选择信号,输入输出):低电平有效。该信号有效表示驱动它的设备已成为当前访问的从设备,即总线上的某一设备已被选中。

(4) 仲裁信号。

REQ(总线占有请求信号,输入输出):低电平有效。该信号有效表示驱动它的设备要求使用总线。它是点到点的信号线,任何主设备都有其自身的 REQ 信号。

GNT(总线占用允许信号,输入):低电平有效。该信号有效表示允许申请占用总线的设备使用总线。它也是点到点的信号线,任何主设备都有其自身的 GNT 信号。

(5) 错误报告信号。

PERR(数据奇偶校验错误报告信号,输入输出):低电平有效。对于每个数据接收设备,若发现接收数据有错误,应在接收到数据后的两个时钟周期内将该信号激活,该信号的持续时间与数据的多少有关。

SERR(系统错误报告信号,输入输出):低电平有效。该信号的作用是报告地址奇偶错、特殊命令中的数据奇偶错以及它们可能引起灾难性后果的系统错误。

PCI 总线可选信号定义如下:

(1) 中断接口信号。

INTA、INTB、INTC、INTD(中断信号,输入输出):低电平有效,电平触发。对于单功能设备,只有一条中断线,多功能设备最多有四条中断线。如果一个设备要实现一个中断,则使用 INTA,使用两个中断,使用 INTA 与 INTB,依次类推。

(2) 64 位总线扩展信号。

64 位总线扩展信号包括:扩展的 32 位地址和数据多路复用信号 AD[63:32]、总线命令和字节使能多路复用扩展信号 C/BE[7:4]、64 位传输请求 REQ64、64 位传输允许信号 ACK64 以及奇偶双子校验 PAR64,其含义与上同,不再赘述。

(3) 高速缓存支持信号。

SBO(窥探返回信号,输入输出):低电平有效。该信号有效表示命中了一个修改行。要覆盖时需先执行回写。该信号无效,而 SDON 有效时表示窥探内容无用,可直接覆盖。

SDON(查询完成信号,输入输出):高电平有效。用来表示当前查询的状态。该信号有效表示查询已完成,否则,表示正在查询。

(4) 测试访问端口/边界扫描信号。

TCK(测试时钟,输入):测试用时钟。

TDI(测试数据,输入):用于将测试数据与测试命令串行输入到设备。

TDO(测试数据,输出):用于将测试数据与测试命令串行输出到设备。

TMS(测试方式选择,输入):用于控制测试访问端口控制器的状态。

TRST(测试复位):低电平有效。用于初始化测试访问端口控制器。

PCI 主板插槽引脚如表 7.8 所示。

表 7.8　PCI 主板插槽引脚

引脚号	5 V 系统环境		3.3 V 系统环境		注　释
	B 面	A 面	B 面	A 面	
1	−12 V	TRST	−12 V	TRST	32 位连接器开始
2	TCK	+12 V	TCK	+12 V	
3	地	TMS	地	TMS	
4	TDO	TDI	TDO	TDI	
5	+5 V	+5 V	+5 V	+5 V	
6	+5 V	INTA	+5 V	INTA	
7	INTB	INTC	INTB	INTC	
8	INTD	+5 V	INTD	+5 V	
9	PRSNT1	保留	PRSNT1	保留	
10	保留	+5 V(I/O)	保留	+3.3 V(I/O)	
11	PRSNT2	保留	PRSNT2	保留	
12	地	地	连接器定位键	连接器定位键	3.3 V 32 位定位键位置
13	地	地	连接器定位键	连接器定位键	
14	保留	保留	保留	保留	
15	地	RST	地	RST	
16	CLK	+5 V(I/O)	CLK	+3.3 V(I/O)	
17	地	GNT	地	GNT	
18	REQ	地	REQ	地	
19	+5V	保留	+3.3 V(I/O)	保留	
20	AD[31]	AD[30]	AD[31]	AD[30]	
21	AD[29]	+3.3 V	AD[29]	+3.3 V	
22	地	AD[28]	地	AD[28]	
23	AD[27]	AD[26]	AD[27]	AD[26]	
24	AD[25]	地	AD[25]	地	
25	+3.3 V	AD[24]	+3.3 V	AD[24]	
26	C/BE[3]	IDSEL	C/BE[3]	IDSEL	
27	AD[23]	+3.3 V	AD[23]	+3.3 V	
28	地	AD[22]	地	AD[22]	
29	AD[21]	AD[20]	AD[21]	AD[20]	
30	AD[19]	地	AD[19]	地	
31	+3.3 V	AD[18]	+3.3 V	AD[18]	
32	AD[17]	AD[16]	AD[17]	AD[16]	
33	C/BE[2]	+3.3 V	C/BE[2]	+3.3 V	
34	地	FRAME	地	FRAME	
35	IRDY	地	IRDY	地	
36	+3.3 V	TRDY	+3.3 V	TRDY	

引脚号	5 V 系统环境		3.3 V 系统环境		注　释
	B 面	A 面	B 面	A 面	
37	DEVSEL	地	DEVSEL	地	
38	地	STOP	地	STOP	
39	LOCK	+3.3 V	LOCK	+3.3 V	
40	PERR	SDONE	PERR	SDONE	
41	+3.3 V	SBO	+3.3 V	SBO	
42	SERR	地	SERR	地	
43	+3.3 V	PAR	+3.3 V	PAR	
44	C/BE[1]	AD[15]	C/BE[1]	AD[15]	
45	AD[14]	+3.3 V	AD[14]	+3.3 V	
46	地	AD[13]	地	AD[13]	
47	AD[12]	AD[11]	AD[12]	AD[11]	
48	AD[10]	地	AD[10]	地	
49	地	AD[09]	地	AD[09]	
50	连接器定位键	连接器定位键	地	地	5V 定位键位置
51	连接器定位键	连接器定位键	地	地	
52	AD[08]	C/BE[0]	AD[08]	C/BE[0]	
53	AD[07]	+3.3 V	AD[07]	+3.3 V	
54	+3.3 V	AD[06]	+3.3 V	AD[06]	
55	AD[05]	AD[04]	AD[05]	AD[04]	
56	AD[03]	地	AD[03]	地	
57	地	AD[02]	地	AD[02]	
58	AD[01]	AD[00]	AD[01]	AD[00]	
59	+5 V(I/O)	+5 V(I/O)	+3.3 V(I/O)	+3.3 V(I/O)	
60	ACK64	REQ64	ACK64	REQ64	
61	+5 V	+5 V	+5 V	+5 V	
62	+5 V	+5 V	+5 V	+5 V	32 位连接器结束
	连接器定位键	连接器定位键	连接器定位键	连接器定位键	64 位连接器
	连接器定位键	连接器定位键	连接器定位键	连接器定位键	隔断处
63	保留	地	保留	地	64 位连接器开始
64	地	C/BE[7]	地	C/BE[7]	
65	C/BE[6]	C/BE[5]	C/BE[6]	C/BE[5]	
66	C/BE[4]	+5 V(I/O)	C/BE[4]	+3.3 V(I/O)	
67	地	PAR64	地	PAR64	
68	AD[63]	AD[62]	AD[63]	AD[62]	
69	AD[61]	地	AD[61]	地	
70	+5 V(I/O)	AD[60]	+3.3 V(I/O)	AD[60]	

第 7 章　其他单元电路设计

217

引脚号	5 V 系统环境		3.3 V 系统环境		注　释
	B 面	A 面	B 面	A 面	
71	AD[59]	AD[58]	AD[59]	AD[58]	
72	AD[57]	地	AD[57]	地	
73	地	AD[56]	地	AD[56]	
74	AD[55]	AD[54]	AD[55]	AD[54]	
75	AD[53]	+5V(I/O)	AD[53]	+3.3 V(I/O)	
76	地	AD[52]	地	AD[52]	
77	AD[51]	AD[50]	AD[51]	AD[50]	
78	AD[49]	地	AD[49]	地	
79	+5 V(I/O)	AD[48]	+3.3 V(I/O)	AD[48]	
80	AD[47]	AD[46]	AD[47]	AD[46]	
81	AD[45]	地	AD[45]	地	
82	地	AD[44]	地	AD[44]	
83	AD[43]	AD[42]	AD[43]	AD[42]	
84	AD[41]	+5 V(I/O)	AD[41]	+3.3 V(I/O)	
85	地	AD[40]	地	AD[40]	
86	AD[39]	AD[38]	AD[39]	AD[38]	
87	AD[37]	地	AD[37]	地	
88	+5 V(I/O)	AD[36]	+3.3 V(I/O)	AD[36]	
89	AD[35]	AD[34]	AD[35]	AD[34]	
90	AD[33]	地	AD[33]	地	
91	地	AD[32]	地	AD[32]	
92	保留	保留	保留	保留	
93	保留	地	保留	地	
94	地	保留	地	保留	

2. Compact PCI 总线技术

Compact PCI 总线是当今最先进的微型计算机总线之一,它将外围部件直接与微处理器互连,提高了数据的传输速度。由于 Compact PCI 总线有众多优点,于是工业界将其引入仪器测量和工业自动化控制的应用领域,便产生了 Compact PCI 总线规范。该规范是由 PCI 工业计算机制造商联盟制定的一种新型的开放工业计算机标准,用于工业和嵌入式应用。在电气、逻辑和软件功能等方面 Compact PCI 总线与 PCI 标准完全兼容。Compact PCI 模块以插卡的方式安装在支架上,并使用标准的欧式卡外形。具有以下特点:

(1) 标准的欧式卡尺寸(IEEE 1101.1 机械标准)。

(2) 卡采用垂直安装方式,以确保散热。

(3) 前面板可实现访问 I/O 连接器,后面板可由用户定义 I/O 引脚。

（4）分级的电源引脚，支持热切换卡。

Compact PCI 的最大传输速度可达 132 Mb/s（32 位）和 264 Mb/s（64 位）。Compact PCI 系统由机箱、总线底板、电路插卡以及电源部分组成。插卡上电路通过总线底板彼此相连，系统底板提供＋5 V、＋3.3 V、±12 V 电源给各电路插卡。Compact PCI 主系统最多允许有 8 块插卡，总线底板上的连接器标以 P1～P8，插槽标标以 S1～S8，从左到右排列。其中一个插槽被系统占用，则称为系统槽，其余供外围插卡使用。一般规定最左边和最右边的槽为系统槽。系统插卡上装有总线仲裁、时钟分配、全系统中断处理和复位等功能电路，用来管理各个外围插卡。

1）Compact PCI 机械结构

Compact PCI 规定了单高与双高两种插卡的尺寸。3U 卡（100 mm×160 mm）和 6U（233.35 mm×160 mm）两种插卡的厚度都是 1.6 mm。3U 卡边装有一个与 JIEC1076 兼容的连接器，6U 卡下半部装有像 3U 卡的连接器，而上半部按 Compact PCI 的新标准安装 1～3 个附加连接器（插脚总数为 315 个），专供用户连接 I/O 使用。

Compact PCI 采用国际 IEC1076 连接器，引脚编号为 Z、A、B、C、D、E、F 共 7 列 47 排。在 Compact PCI 规范中把连接器定义为 J1、J2 两种连接器，各 110 个引脚。当 IEC1076 作为总线连接器时，Z、F 列要接地，其他 5 列为信号引脚。

根据应用需求，在 Compact PCI 总线机箱的底板上可配装 3U、6U 或混合式的连接器与相应插卡连接。针孔型 Compact PCI 连接器的插孔安装在总线底板上，两者插紧后有屏蔽作用，可抗电磁与射频噪声干扰。Compact PCI 连接器引脚上的信号分配与功能如表 7.9 所示。

表 7.9　Compact PCI 连接器引脚上信号分配与功能

引脚号	Z	A	B	C	D	E	F
1	GND	5 V	−12 V	TRST	+12 V	5 V	GND
2	GND	TCK	5 V	TMS	TDO	TDI	GND
3	GND	INTA	INTB	INTC	5 V	INTD	GND
4	GND	BRSV	GND	V[I/O]	INTP	INS	GND
5	GND	BRSV	BRSV	RST	GND	GNT	GND
6	GND	REQ	GND	3.3 V	CLK	AD[31]	GND
7	GND	AD[30]	AD[29]	AD[28]	GND	AD[27]	GND
8	GND	AD[26]	GND	V[I/O]	AD[25]	AD[24]	GND
9	GND	C/BE[3]	IDSEL	AD[23]	GND	AD[22]	GND
10	GND	AD[21]	GND	3.3 V	AD[20]	AD[19]	GND
11	GND	AD[18]	AD[17]	AD[16]	GND	C/BE[2]	GND

引脚号	Z	A	B	C	D	E	F
12～14 定位键							
15	GND	3.3 V	FRAME	IBDY	GND	TRDY	GND
16	GND	DEVSEL	GND	V[I/O]	STOP	LOCK	GND
17	GND	3.3 V	SDONE	SBO	GND	PERR	GND
18	GND	SERR	GND	3.3 V	PAR	C/BE[1]	GND
19	GND	3.3 V	AD[15]	AD[14]	GND	AD[13]	GND
20	GND	AD[12]	GND	V[I/O]	AD[11]	AD[10]	GND
21	GND	3.3 V	AD[9]	AD[8]	M66EN	C/BE[0]	GND
22	GND	AD[7]	GND	3.3 V	AD[6]	AD[5]	GND
23	GND	3.3 V	AD[4]	AD[3]	5 V	AD[2]	GND
24	GND	AD[1]	5 V	V[I/O]	AD[0]	ADK64	GND
25	GND	5 V	REQ64	BRSV	3.3 V	5 V	GND
26	GND	CLK1	GND	REQ1	GNT1	REQ2	GND
27	GND	CLK2	CLK3	SYSEN	GNT2	REQ3	GND
28	GND	CLK4	GND	GNT3	REQ4	GNT4	GND
29	GND	V[I/O]	BRSV	C/BE[7]	GND	C/BE[6]	GND
30	GND	C/BE[5]	GND	V[I/O]	C/BE[4]	PAR64	GND
31	GND	AD[63]	AD[62]	AD[61]	GND	AD[60]	GND
32	GND	AD[59]	GND	V[I/O]	AD[58]	AD[57]	GND
33	GND	AD[56]	AD[55]	AD[54]	GND	AD[53]	GND
34	GND	AD[52]	GND	V[I/O]	AD[51]	AD[50]	GND
35	GND	AD[49]	AD[48]	AD[47]	GND	AD[46]	GND
36	GND	AD[45]	GND	V[I/O]	AD[44]	AD[43]	GND
37	GND	AD[42]	AD[41]	AD[40]	GND	AD[39]	GND
38	GND	AD[38]	GND	V[I/O]	AD[37]	AD[36]	GND
39	GND	AD[35]	AD[34]	AD[33]	GND	AD[32]	GND
40	GND	BRSV	GND	FAL	REQ5	GNT5	GND
41	GND	BRSV	BRSV	DEG	GND	BRSV	GND
42	GND	BRSV	GND	BRST	REQ6	GNT6	GND
43	GND	USR	USR	USR	USR	USR	GND
44	GND	USR	USR	USR	USR	USR	GND
45	GND	USR	USR	USR	USR	USR	GND
46	GND	USR	USR	USR	USR	USR	GND
47	GND	USR	USR	USR	USR	USR	GND

电子系统设计与工程应用

2）Compact PCI 电气特性

Compact PCI 的电气指标与 PCI 规定的指标相同，只允许总线上有 10 个负载，且每个插卡只允许增加两个负载。Compact PCI 底板允许 8 个插卡，总线底板上所有的信号线必须串接一个 10 Ω 的限流电阻，且电阻要安装在距引脚 15.2 mm 以内的位置，起到隔离作用，以防止信号产生抖动干扰，且能减少延迟时间。需串接此电阻的信号包括地址与数据、奇偶校验信号、中断信号、高速缓存以及与 64 位总线有关的附加信号，不需要接此电阻的信号包括时钟、总线请求、总线允许、边界扫描信号以及测试复位信号。

Compact PCI 规范也对外围插卡信号线长度做了规定：32 位 PCI 信号线，从连接器引脚经串联电阻到 PCI 器件引脚的线长不应大于 38.1 mm，对 64 位 PCI 信号线不应大于 50.8 mm。对插卡需要的总线时钟采用分散提供的方式，以便使时延时间不超过 2 ns，且规定时钟信号线长不得超过 63.5 mm。

3）Compact PCI 系统扩展

一个系统的插槽数目主要取决于总线底板的驱动能力。Compact PCI 总线使用的是 CMOS 技术，只能驱动 8 个插槽。对于要求多余 8 个插槽的系统来说，使用 PCI - PCI 桥接芯片就能扩展到第二个总线段，相当于一个子 PCI 系统。在第一个 PCI 总线的 6U 插卡上安装桥接芯片，使用 J4、J5 连接器把总线信号接到规定的引脚上，即可实现总线信号的扩展。使用该技术可将 Compact PCI 与其他总线组成混合总线系统。若使用 PCI - ISA 桥接芯片，即可有效利用大量工业标准结构 ISA 插卡。

为扩展用户 I/O 模块可使用层叠模块，如 IP 子模块和 PMC 子模块，也可结合 USB 和 IEEE1394 总线。USB 能提供 12 Mb/s 的总线宽度，可将常用的 I/O 设备和仪器通过 USB 电缆连接到系统上，并能得到 Windows 环境的应用软件支持。通过使用 IEEE1394 总线也可处理非压缩动态视频信息。

3. PCI Express 总线

PCI 总线存在工作频率很难提高、工作电压无法轻易降低以及传输信号失真的问题，为解决这些问题推出了 PCI Express 总线。该总线以串行、高频率运作的方式获得高性能，其特点为高性能、高扩展性、高可靠性。该总线改良了总线的基础架构，取代共享架构，且与原来 PCI 系统兼容，即底层的操作系统与设备的驱动程序均不需改变。

PCI Express 总线系统的基本结构包括根组件(Root Complex)、交换器(Switch)以及各种终端设备(Endpoint)。根组件集成在桥芯片中，用于处理器与内存子系统以及 I/O 设备之间的连接；交换器以软件的形式呈现，以取代现有架构中的 I/O 桥接器，为 I/O 总线提供输出端。交换器可看成逻辑 PCI 到 PCI 连接桥的接口，完成不同终端设备之间的对等通信，并实现与现有 PCI 的兼容。

由于 PCI Express 总线结构不同于 PCI 结构，因此原来的 PCI 设备不能插在 PCI Express 新接口中。X1 模式的 PCI Express 总线接口插槽引脚定义如表 7.10 所示。由于 PCI Express 总线是串行的，因此不能像 PCI 总线一样在一个时钟周期完成控制信号与数据的传输，而是以数据包的形式传输各种信息。

表 7.10　X1 模式的 PCI Express 总线接口插槽引脚定义

引脚号	B 面		A 面	
	名称	说明	名称	说明
1	+12 V	+12 V 电压	PRSNT1	热插拔存在检测
2	+12 V	+12 V 电压	+12 V	+12 V 电压
3	RSVD	保留引脚	+12 V	+12 V 电压
4	GND	地	GND	地
5	SMCLK	系统管理总线时钟	JTAG2	JTAG 接口输出时钟
6	SMDAT	系统管理总线数据	JTAG3	JTAG 接口数据输出
7	GND	地	JTAG4	JTAG 接口模式输出
8	+3.3 V	+3.3 V 电压	JTAG5	JTAG 接口模式选择
9	JTAG1	JTAG 接口复位时钟	+3.3 V	3.3 V 电压
10	3.3 V AUX	3.3 V 辅助电源	+3.3 V	3.3 V 电压
11	WAKE	链接激活信号	PWRGD	电源准备好信号
12	RSVD	保留引脚	GND	地
13	GND	地	REFCLK+	差分信号对的参考时钟
14	HSOp(0)	0 号信道发送差分传输信号对	REFCLK−	
15	HSOn(0)		GND	地
16	GND	地	HSIp(0)	0 号信道接收差分信号对
17	PRSNT2	热插拔存在检测	HSIn(0)	
18	GND	地	GND	地

　　PCI Express 总线与并行体制的 PCI 没有任何相似之处，采用串行方式传输数据，依靠高频率获得高性能。PCI Express 总线可达到 2.5 GHz 的超高工作频率。PCI Express 采用全双工传输模式，最基本的 PCI Express 拥有 4 根传输线路即可（两根用于数据发送，两根用于数据接收）。PCI Express 没有沿用传统的共享式结构，而是采用点对点工作模式，每个设备都有自己的专用连接，无需向总线申请带宽，避免了多个设备争抢带宽。

　　由于系统总线主要应用于专用测试仪器仪表，所以这里只是对非常典型的 PCI 总线进行了简单介绍。除此之外，在测试仪器仪表中常用的系统总线还有 GPIB 总线、VME 总线、VXI 总线、PXI 总线以及 PXI Express 总线等。其中 GPIB 总线主要用于连接和控制多个可编程仪器与组件测试系统；VME 总线主要用于工业控制和生产管理；VXI 总线是 VME 总线扩展到仪器领域的总线；PXI 总线是 PCI 总线扩展到仪器领域的总线；PXI Express总线为 PCI Express 总线在 PXI 中的集成。这些总线的详细资料可参考相关书籍以及相关网站。

作业与思考题

7.1 嵌入式技术在电子系统中有哪些典型应用？画出其中一个应用的组成框图，并说明各个部分的作用。

7.2 画出直流稳压电源的组成框图，并回答衡量直流稳压电源的性能指标有哪些。

7.3 与线性稳压电路相比，开关稳压电路有哪些优点？

7.4 电源模块设计与应用中有哪些需要注意的事项？

7.5 在电子系统设计中，选择总线时应考虑哪些因素？

7.6 常用的串行总线有哪几种？说明各自特点。

7.7 PCI 总线、Compact PCI 总线以及 PCI Express 总线三者间的区别是什么？说明各自的应用场合。

本章参考文献

[1] 路莹，彭健钧. 嵌入式系统开发技术与应用. 北京：清华大学出版社，2011.

[2] 张晓林. 嵌入式系统技术. 北京：高等教育出版社，2008.

[3] 王田苗，魏洪兴. 嵌入式系统设计与实例开发. 北京：清华大学出版社，2008.

[4] 程克非. 嵌入式系统设计. 北京：机械工业出版社，2010.

[5] 斯洛斯. ARM 嵌入式系统开发：软件设计与优化. 沈建华，译. 北京：北京航空航天大学出版社，2005.

[6] 王元一，石永生，赵金龙. 单片机接口技术与应用(C51 编程). 北京：清华大学出版社，2014.

[7] HWANG E O. 数字系统设计(Verilog VHDL 版). 2 版. 阎波，改编. 北京：电子工业出版社，2018.

[8] 刘韬，楼兴华. FPGA 数字电子系统设计与开发实例导航. 北京：人民邮电出版社，2005.

[9] 廖日坤. CPLD\FPGA 嵌入式应用开发技术白金手册. 北京：中国电力出版社，2005.

[10] 任勇峰，庄新敏. VHDL 与硬件实现速成. 北京：国防工业出版社，2005.

[11] 黄正瑾. CPLD 系统设计技术入门与应用. 北京：电子工业出版社，2002.

[12] 徐志军，徐光辉. CPLD/FPGA 的开发与应用. 北京：电子工业出版社，2002.

[13] 周润景，苏良碧. 基于 Quartus II 的数字系统 Verilog HDL 设计实例详解. 北京：电子工业出版社，2010.

[14] 张雄伟. DSP 芯片的原理与开发应用. 5 版. 北京：电子工业出版社，2016.

[15] 刘书明，罗勇江. ADSP TS20XS 系列 DSP 原理与应用设计. 北京：电子工业出版社，2007.

[16] 周霖. DSP 通信工程技术应用. 北京：国防工业出版社，2004.

[17] 陈亮，杨吉斌，张雄伟. 信号处理算法的实时 DSP 实现. 北京：电子工业出版社，2008.

[18] 罗勇江，刘书明，肖科. Visual DSP＋＋集成开发环境实用指南. 北京：电子工业出版社，2008.

[19] Texas Instruments Incorporated. TI DSP 集成开发环境（CCS）使用手册. 彭启琮，张诗雅，常冉，等，译. 清华大学出版社，2006.

[20] 王鸿麟，景占荣. 通信基础电源. 西安：西安电子科技大学出版社，2001.

[21] 谢嘉奎. 电子线路：非线性部分. 4 版. 北京：高等教育出版社，2000.

[22] MANIKTALA S. 精通开关电源设计. 2 版. 王健强，译. 北京：人民邮电出版社，2015.

[23] BROWN M. 开关电源设计指南. 徐德鸿，译. 北京：机械工业出版社，2004.

[24] BILLINGS K，MOREY T. 开关电源手册. 3 版. 张占松，译. 北京：人民邮电出版社，2012.

[25] 孔德仁. 仪表总线技术及应用. 北京：国防工业出版社，2010.

[26] 史久根. CAN 现场总线系统设计技术. 北京：国防工业出版社，2004.

[27] 任波，李环. 现场总线技术及应用. 北京：航空工业出版社，2008.

[28] 郭琼. 现场总线技术及其应用. 北京：机械工业出版社，2011.

[29] 阳宪惠. 现场总线技术及其应用. 2 版. 北京：清华大学出版社，2008.

电子系统设计与工程应用